中 国 轻 工 业 “ 十 四 五 ” 规 划 教 材
高等职业教育建筑室内设计专业精品教材

3Dmax
模型与效果图制作

主　编◎纪玉川　赵　烽
副主编◎肖海文　赵志霞　王艳丽　陈乃超
参　编◎张付花　陈　洁　孙晓菲　李志伟
　　　　孟　昕　陈成龙

中国轻工业出版社

图书在版编目（CIP）数据

3Dmax模型与效果图制作 / 纪玉川，赵烽主编. —北京：中国轻工业出版社，2025.1

ISBN 978-7-5184-4125-9

Ⅰ. ① 3… Ⅱ. ①纪… ②赵… Ⅲ. ①三维动画软件 Ⅳ. ① TP391.41

中国版本图书馆CIP数据核字（2022）第161031号

责任编辑：陈　萍　王　宁　　责任终审：李建华　　整体设计：锋尚设计
策划编辑：陈　萍　　　　　　责任校对：朱燕春　　责任监印：张京华

出版发行：中国轻工业出版社（北京鲁谷东街5号，邮编：100040）
印　　刷：艺堂印刷（天津）有限公司
经　　销：各地新华书店
版　　次：2025年1月第1版第2次印刷
开　　本：787×1092　1/16　印张：13.75
字　　数：320千字
书　　号：ISBN 978-7-5184-4125-9　定价：59.00元
邮购电话：010-85119873
发行电话：010-85119832　010-85119912
网　　址：http://www.chlip.com.cn
Email：club@chlip.com.cn

242741J2C102ZBW

前言

教学资源库

3Dmax软件广泛应用于室内设计领域，通过在建模、渲染、灯光、材质等方面制作出的高品质作品，完成设计方案的立体呈现，更直观、有效，对室内设计师和营销人员来说具有重要作用。

本教材重点讲述三维模型和效果图制作的实践案例。共七个项目：项目一工具概述；项目二建模技术；项目三摄像机技术；项目四灯光技术；项目五材质与贴图技术；项目六VRay渲染技术；项目七案例练习。选取企业典型工作任务，由易到难递进式地培养学生的专业技能，让学生的技能提升与企业需求相适应，从而有效达成培养室内装饰设计师（三级）高技能人才的教学目标。本教材重要知识点配有微课视频，读者通过扫描书中的二维码即可进行在线学习，为培养学生的知识目标、能力目标和素质目标提供了丰富的信息化资源。

本教材内容上对接“1+X”数字创意建模职业技能等级标准，实现课证融通教学效果；结合党的二十大精神、国学经典等内容，融入“精益求精、诚信严谨”课程思政要义，加强思想精神内涵提升；围绕企业真实项目工程主线，打造“岗课赛证创”培养体系；落实以实训为导向的教学改革要求，进一步强化技能教育的类型特征，树立以学习者为中心的教学理念。

本教材适用对象是建筑装饰、环境艺术、艺术设计、家具设计与制造等专业学生，对接室内装饰设计师（三级）岗位，具有时代性、创新性、实践性与引领性，对于培养工学一体化高素质技能型人才具有示范引领作用。

本教材由山东劳动职业技术学院组织编写，纪玉川、赵烽任主编，肖海文、赵志霞、王艳丽、陈乃超任副主编，江西环境工程职业学院张付花、河南职业技术学院陈洁、山东善木信息科技有限公司孙晓菲、济南伟轩建筑装饰工程有限公司李志伟、山东劳动职业技术学院孟昕和陈成龙任参编。教材编写分工如下：项目一由赵烽、肖海文编写，项目二由纪玉川、张付花编写，项目三由陈乃超、陈成龙编写，项目四由王艳丽、陈洁编写，项目五由赵志霞、孟昕编写，项目六由孙晓菲编写，项目七由王艳丽、李志伟编写。纪玉川、赵烽负责全书统稿和定稿。

本教材在编写过程中得到了凯基鼎世（济南）装饰工程有限公司、山东玄律家居用品有限公司、济南伟轩建筑装饰工程有限公司的大力支持，表示由衷的感谢。由于编者水平有限，难免有疏漏之处，恳请广大读者批评指正。

纪玉川
2022年8月

目录

素材源文件

01 项目一

工具概述

3Dmax在室内设计中的应用非常重要，利用3Dmax软件能够呈现独具艺术魅力的室内设计效果图，它是每个室内设计师必须掌握的一款软件。本项目主要介绍3Dmax的工作界面。

知识目标

1 初识3Dmax的主要工作界面。
2 了解标题栏、菜单栏、工具栏、视图区、命令面板、动画控制区、视图导航栏等界面的主要操作。
3 掌握3Dmax的基本操作。
4 对3Dmax有一定的了解，知道3Dmax的应用范围及学习的必要性。

能力目标

1 能够掌握菜单栏中的基本操作。
2 能够掌握工具栏中的基本命令。
3 能够掌握其他工作界面辅助其他命令。

素质目标

1 通过参数标准设置与规范操作，培养严谨、诚实和精益求精的工匠精神意识。
2 培养先收集、再思维、后操作的学习习惯，增强创新精神和创新意识。
3 通过分组竞技展示，培养团队协作、交流沟通的自信自强意识，加强道德约束和团队责任感。

任务
3Dmax界面基本操作

3Dmax工作界面由标题栏、菜单栏、工具栏、视图区（视口区域）、命令面板、动画控制区、视图导航栏等组成，如图1-1-1所示。

图1-1-1　3Dmax工作界面

一、标题栏

标题栏位于工作界面的最上方，主要显示文件的名称和软件的版本。

二、菜单栏

菜单栏位于标题栏的下方，包括文件、编辑、工具、组、视图、创建、修改器、动画、图形编辑器、渲染、自定义、脚本、内容等菜单，基本包含了3Dmax的基本操作命令，如图1-1-2所示。

图1-1-2　菜单栏

三、主工具栏

“主工具栏”中集合了常用的编辑命令，如图1-1-3所示。很多编辑命令在“菜单栏”中已有，下面讲解几个常用的编辑工具。

图1-1-3　主工具栏

1. 过滤器

过滤器主要用来过滤不需要选择的对象类型，可以单独选择“几何体”“图形”“灯光”“摄像机”等。在复杂场景中，使用该工具可以提高绘图速度。

2. “按名称选择”

“按名称选择”的快捷键为“H”。激活这个工具，会弹出“从场景选择”对话框，可以通过该对话框选择对象，如图1-1-4所示。

图1-1-4　按名称选择

3. 捕捉开关

捕捉开关快捷键为“S”，配合“移动”命令使用，包含2D捕捉、2.5D捕捉、3D捕捉。2D捕捉主要用于捕捉二维平面上的点；2.5D捕捉主要捕捉三维物体离我们最近的点；3D捕捉主要捕捉三维空间中任何位置的点。

在“捕捉开关”上单击鼠标右键，可以打开“栅格和捕捉设置”对话框，在该对话框中可以设置捕捉类型和捕捉的相关选项，如图1-1-5所示。

4. 角度捕捉切换

角度捕捉切换快捷键为“A”，主要配合“旋转”命令使用，可以用来指定捕捉的角度，以此来进行精确旋转。激活该工具，会弹出“栅格和捕捉设置”对话框，可以在“角度”后面输入旋转角度，如图1-1-6所示。

5. 百分比捕捉切换

百分比捕捉切换主要配合“缩放”命令使用，可以将对象按照设置的百分比进行放大或缩小。激活该工具，会弹出“栅格和捕捉设置”对话框，可以在“百分比”后面输入缩放的百分比数值，如图1-1-6所示。

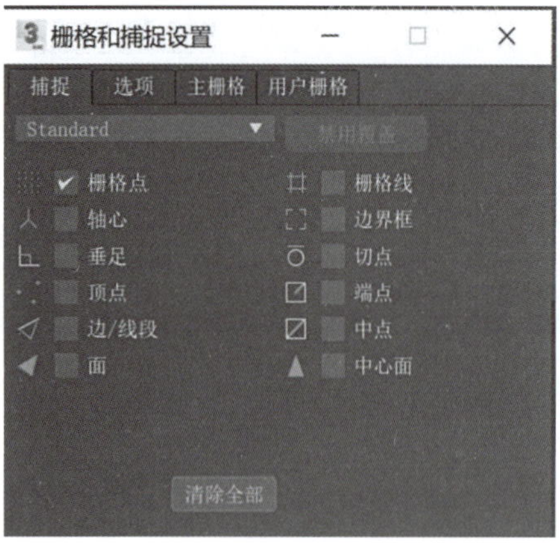

图1-1-5　捕捉开关

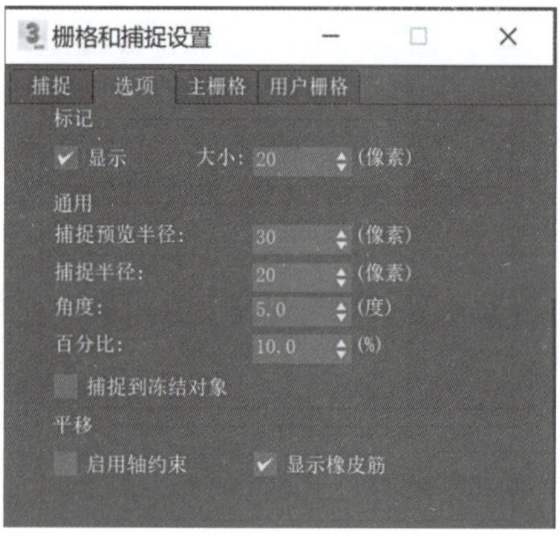

图1-1-6　角度捕捉切换

6. 镜像

使用镜像工具可以围绕一个轴心镜像出一个或多个副本对象。激活该工具，会打开“镜像：屏幕 坐标”对话框，如图1-1-7所示。在该对话框中，可以对“镜像轴”“克隆当前选择”等进行设置。

7. 对齐

对齐是作图中经常会用到的工具，使用该工具可以将当前选定对象与目标对象进行对齐。激活该工具，会弹出“对齐当前选择”对话框，如图1-1-8所示。

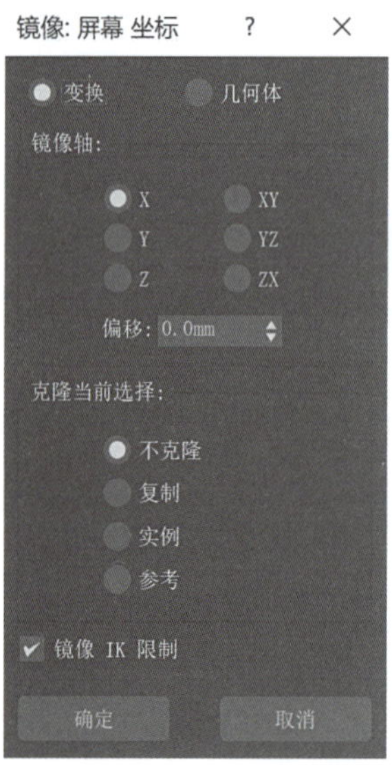

图1-1-7　镜像

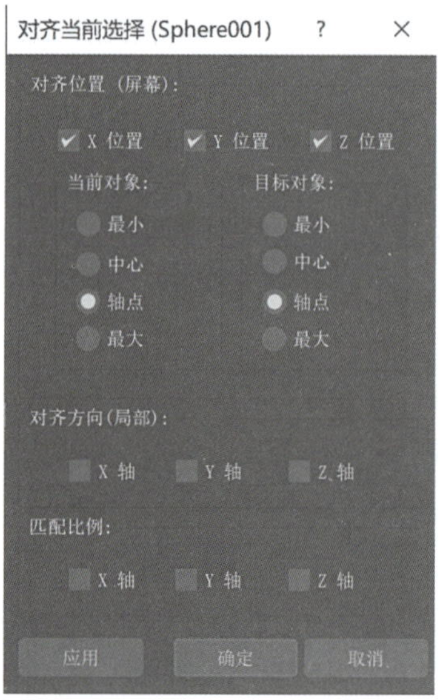

图1-1-8　对齐

四、视口区域

视口区域是操作界面最大的一个区域，默认状态下为四个视图显示，包括顶视图（T）、前视图（F）、左视图（L）、透视图（P）。在这些视图中，可以从不同角度对场景中的对象进行编辑和观察，如图1-1-9所示。

图1-1-9　视口区域

五、命令面板

视图中对象的操作都可以在命令面板中完成。命令面板由创建面板、修改面板、层次面板、运动面板、显示面板和实用程序面板等组成，如图1-1-10所示。

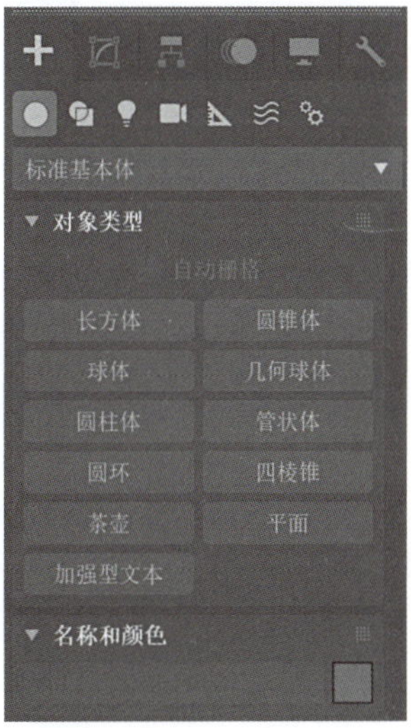

图1-1-10　命令面板

1. 创建面板

在创建面板中，可以创建“几何体”“图形”“灯光”“摄像机”等，如图1-1-11所示。

2. 修改面板

修改面板主要用来调整场景对象的参数，也可以使用该面板中的修改器修改对象的形状，如图1-1-12所示。

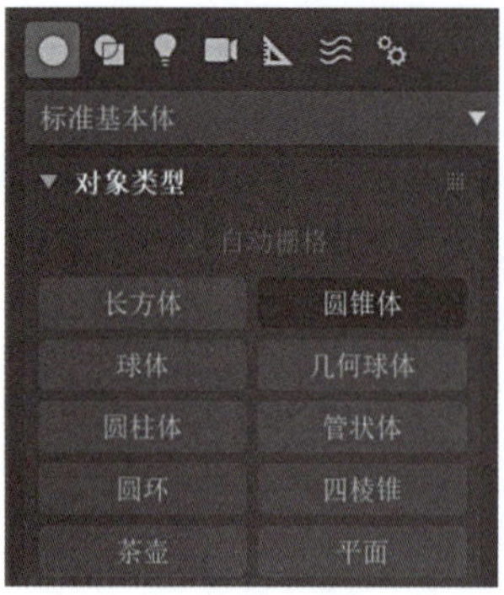

图1-1-11　创建面板

图1-1-12　修改面板

六、视图导航栏

视图导航栏在界面的右下方，主要用来控制视图的显示和导航。使用该区域的按钮可以缩放、平移和旋转活动的视图，如图1-1-13所示。

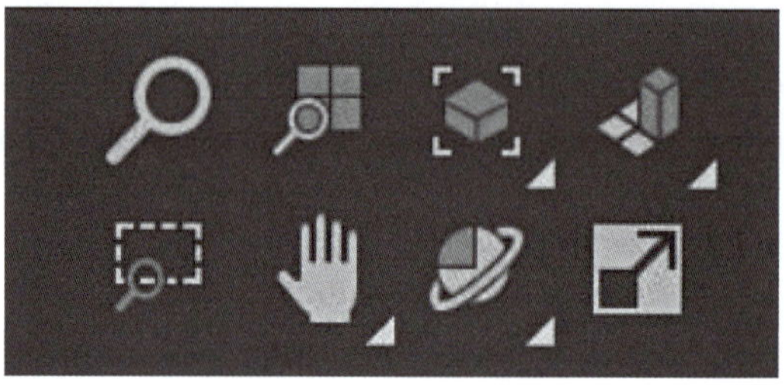

图1-1-13　视图导航栏

任务评价

1　本次任务的技能点评价

本次任务的技能点评价见表1-1-1。

表1-1-1　本次任务的技能点评价

序号	技能点评价	佐证	达标	未达标
1	菜单栏中的基本操作	能够利用移动、变换输入等基本操作辅助模型制作		
2	工具栏中的基本命令	能够利用镜像、对齐等基本命令辅助模型制作		

续表

序号	技能点评价	佐证	达标	未达标
3	视图区、命令面板、动画控制区、视图导航栏中的基本操作	能够利用视图区、命令面板中的基本命令辅助模型制作		

2　本次任务的素质点评价

本次任务的素质点评价见表1-1-2。

表1-1-2　本次任务的素质点评价

序号	素质点评价	佐证	达标	未达标
1	创新意识	能够利用工作界面中的基本操作制作出具有创意的模型		
2	团队合作精神	能够和团队成员协商合作，共同完成模型制作		
3	精益求精的工匠精神	能够充分利用对齐、移动等命令，做出精确的模型		
4	自我学习	能够运用工作界面中的相关操作和命令进行自我学习		

02 项目二

建模技术

知识目标

1 了解建模的思路。
2 掌握建模的基本方法。
3 掌握标准基本体的参数及参数修改。
4 掌握扩展基本体的参数及参数修改。
5 掌握标准基本体的建模方法。
6 掌握扩展基本体的建模方法。

能力目标

1 能够利用标准基本体制作模型。
2 能够利用扩展基本体制作模型。
3 能够利用基本几何体制作出具有创意的模型。

素质目标

1 通过模型精细制作，养成精益求精的工匠精神，潜移默化地培养学生的诚信与匠心精神和意识。
2 培养学生的创新精神和创新意识。
3 培养学生的团队协作、交流沟通以及综合职业技能。

任务一
基本几何体建模

一、标准基本体建模

标准基本体是3Dmax中自带的一些模型，用户可以直接创建出这些模型。创建标准基本体是学习3Dmax的基础。

在“创建”面板中单击“几何体”按钮，然后在下拉列表中选择几何体类型为“标准基本体”。标准基本体包含10种对象类型，分别是长方体、圆锥体、球体、几何球体、圆柱体、管状体、圆环、四棱锥、茶壶和平面，如图2-1-1所示。一些常用工具的使用频率，见表2-1-1。

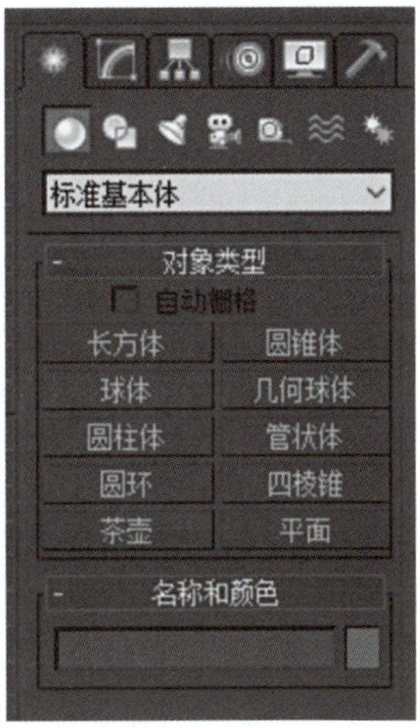

图2-1-1　几何体对象

表2-1-1　工具使用频率

工具名称	工具作用	使用频率
长方体	用于创建长方体模型	高
圆锥体	用于创建圆锥体模型	中
球体	用于创建球体模型	高
几何球体	用于创建几何球体模型	中
圆柱体	用于创建圆柱体模型	高
管状体	用于创建管状体模型	中
圆环	用于创建圆环模型	中
四棱锥	用于创建四棱锥模型	中
茶壶	用于创建茶壶模型	中
平面	用于创建平面模型	高

1. 长方体

长方体是建模中最常用的几何体，现实生活中很多物体的模型都可以直接使用长方体来创建，如桌子、凳子等。具体操作步骤如下：

（1）在“创建”\“几何体”命令面板下单击“长方体”，在视图中按住鼠标左键并拖动鼠标，拖出长方体的长度和宽度。

（2）放开鼠标左键，拖出长方体的高度。

（3）单击鼠标，完成制作。

长方体重要参数（图2-1-2）介绍如下：

（1）长度\宽度\高度：这3个参数决定长方体的外形和大小，用来设置长方体的长度、宽度、高度。

（2）长度分段\宽度分段\高度分段：这3个参数用来设置沿着对象每个轴的分段数量。

（3）生成贴图坐标：勾选此选项，可自动指定贴图坐标。

（4）真实世界贴图大小：勾选此选项，贴图大小将由绝对尺寸决定，与对象的相关尺寸无关；若不勾选此项，贴图大小将符合创建对象的尺寸。

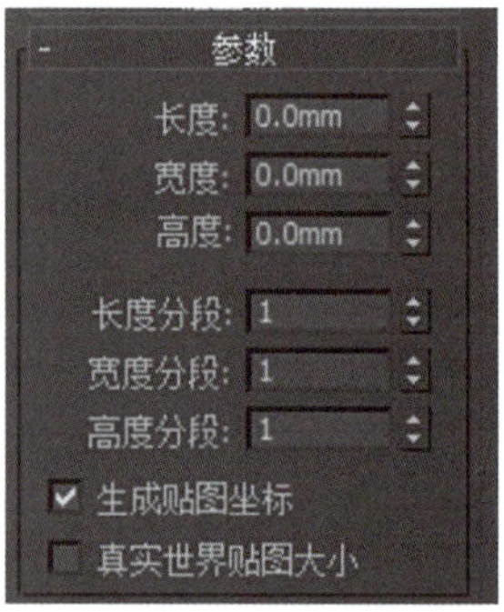

图2-1-2　长方体重要参数

课堂实例1　用长方体制作实木凳子

（1）在“创建”面板中单击“几何体”按钮，在下拉列表中选择几何体类型为“标准基本体”，如图2-1-3所示。在顶视图中创建一个长方体，如图2-1-4所示。

（2）在命令面板中单击“修改”按钮，进入“修改面板”，在“参数”卷展栏下设置长度、宽度都为300mm，高度为20mm，如图2-1-5所示。

图2-1-3　选择长方体

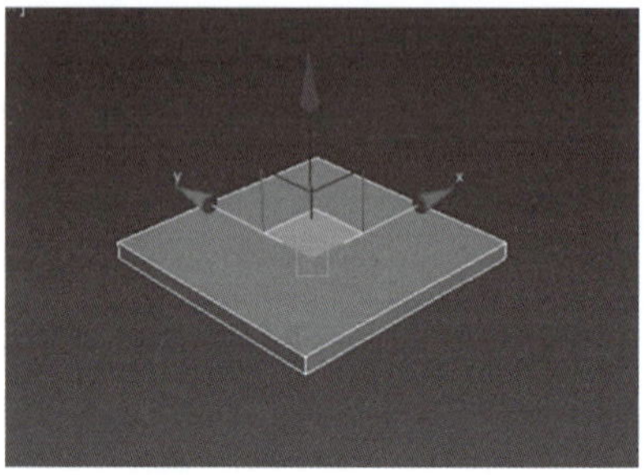

图2-1-4　创建长方体

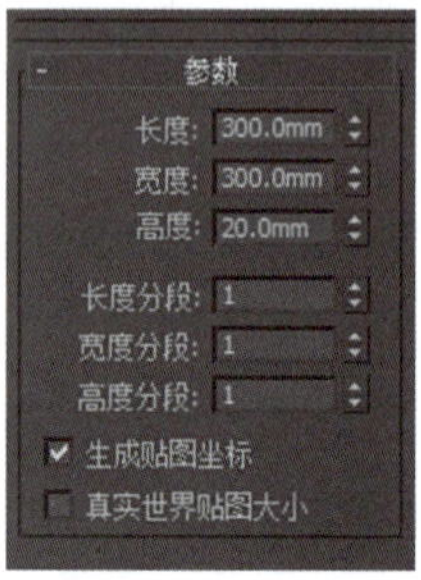

图2-1-5　参数设置

知识链接

在创建模型前，首先要设置场景单位。关于单位设置方法可参照项目一内容。

（3）使用“长方体”工具，在场景中再创建一个长方体，设置长度、宽度都为40mm，高度为450mm，如图2-1-6所示。模型效果如图2-1-7所示。

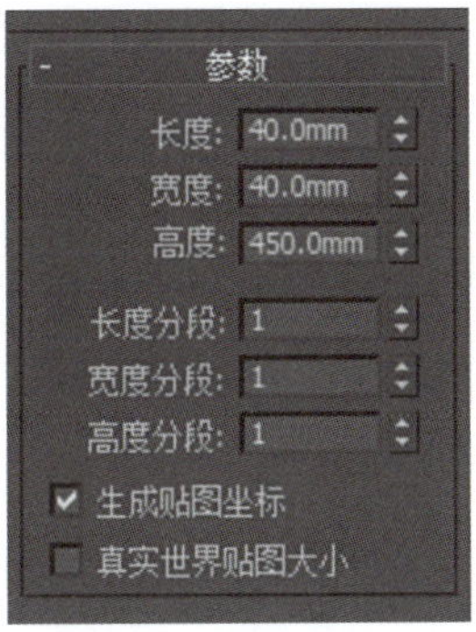

图2-1-6　参数设置

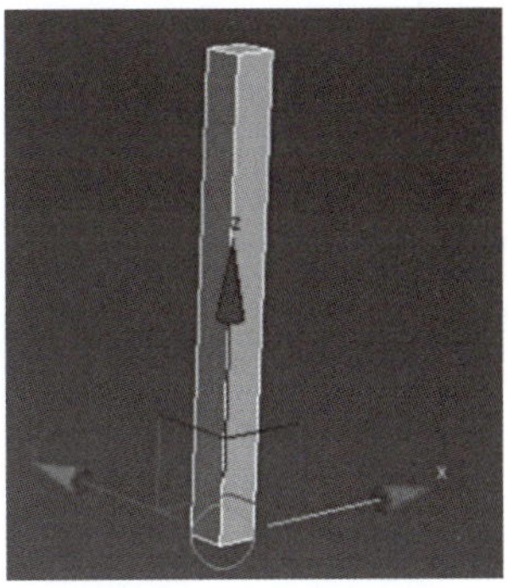
图2-1-7　长方体效果

（4）使用“选择并移动”工具将视图中的两个物体对齐，效果如图2-1-8所示。

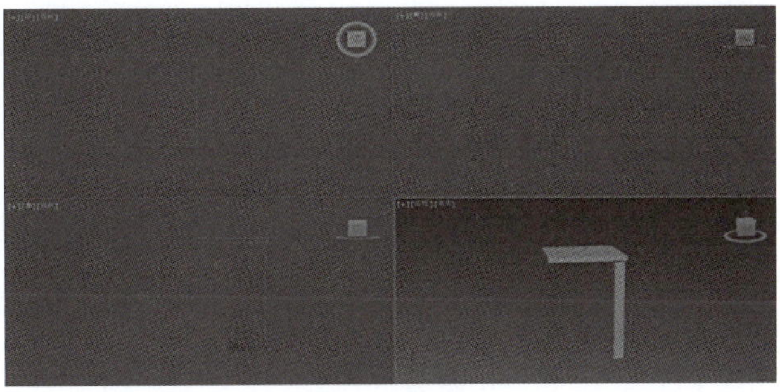
图2-1-8　对齐

（5）按A键激活“角度捕捉”工具，再按E键选择“选择并旋转”工具，将图2-1-7中的长方体在顶视图中旋转45°，如图2-1-9所示。按W键选择“选择并移动”工具，再按住Shift键在顶视图中复制3个模型，调整模型位置，如图2-1-10所示。最终实木凳子模型效果如图2-1-11所示。

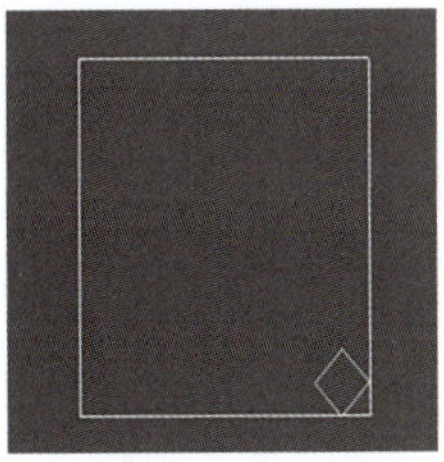
图2-1-9　旋转

图2-1-10　复制

图2-1-11　实木凳子模型

提示

为方便后期修改模型，复制时，请选择“实例”，可以大大提高作图效率。

2. 圆锥体

圆锥体可以用来制作圆锥、圆台、天台等，以及其他模型的局部。具体操作步骤如下：

（1）在“创建”\“几何体”命令面板下单击“圆锥体”，在视图中按住鼠标左键并拖动鼠标，拖出圆锥体的底面半径。

（2）松开鼠标，向上移动，拖出圆锥体的高度。

（3）单击鼠标，并向圆锥体的内侧或外侧移动鼠标，拖出圆锥体的顶面半径。

（4）单击鼠标，完成圆锥体的创建。

圆锥体重要参数（图2-1-12）介绍如下：

（1）半径1\半径2：分别设置圆锥体顶面和底面的半径，当两个值均不为0时，则创建的是圆台或棱台体；当有一个值为0时，则创建的是锥体；当两个值相等时，则创建的是圆柱体。

（2）高度：设置圆锥体的高度。

（3）高度分段：设置圆锥体高度上的分段数。

（4）断面分段：设置两端平面沿半径辐射的分段数。

（5）边数：设置断面圆周上的分段数。边数决定它属于什么锥体，值越高锥体越平滑。

（6）平滑：选中该选项，圆锥体将进行平滑处理，在渲染中形成平滑的外观。

（7）启用切片：选中该选项，将激活“切片起始位置”和“切片结束位置”设置框，可以设置切的角度。

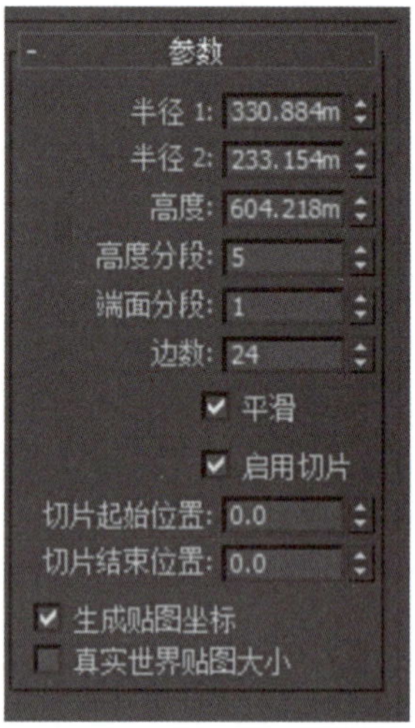

图2-1-12　圆锥体重要参数

3. 球体

球体是现实生活中常见的物体。通过调整参数，可以制作完整的球体，也可以制作半球体。具体操作步骤如下：在“创建”\“几何体”命令面板下单击“球体”，在视图中按住鼠标左键并进行拖动，即可拉出球体。

球体重要参数（图2-1-13）介绍如下：

（1）边：指在视图中创建球体时，鼠标移动的距离是球体的直径。

（2）中心：以中心放射的方式创建球体，鼠标移动的距离是球体的半径。这是软件默认的创建球体的方式。

（3）半径：设置球体半径。

（4）分段：设置表面划分的段数，值越高表面越光滑，点、线、面也越多。

（5）平滑：设置是否对球体表面进行光滑处理，默认为选中状态。

（6）半球：值在0~1，默认为0。值为0时，制作出完整的球体；随着数值的增加，球体逐渐减小；值为0.5时，为半球体；值为1时，球体消失。

（7）切除/挤压：在进行半球参数调整时发挥作用。球体被削除后，选择“切除”，原来的网格也随之被削除；选择“挤压”，原来的网格仍保留但挤入剩余的球体中。

（8）启用切片：设置是否开启切片位置。

（9）切片起始位置\切片结束位置：控制沿球体轴切片的度数。

（10）轴心在底部：在建立球体时，默认为球体轴心在球体的正中央，打开此选项，可将轴心设置在球体底部。

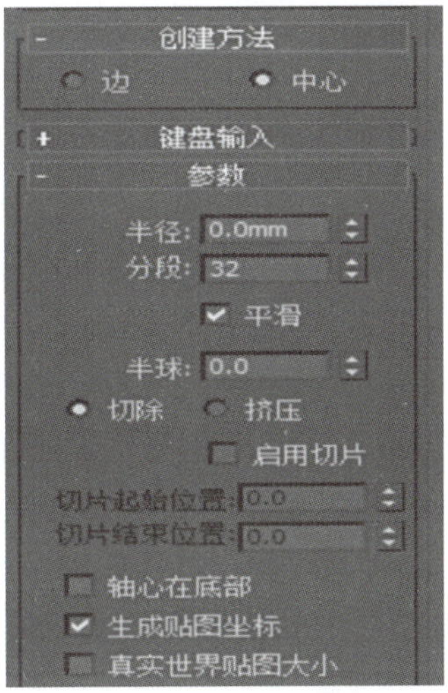

图2-1-13　球体重要参数

4. 几何球体

几何球体用于制作以三角形面拼接成的球体或半球体。它不像球体那样可以控制切片局部的大小，如果只是创建球体或半球体，它与球体基本没有区别。它的优点在于它是由三角形面拼接组成的，可以分解成三角形面或四面体、八面体等。

具体操作步骤如下：几何球体和球体的创建方法一致，在几何体命令面板中单击“几何球体”按钮后，在视图中按住鼠标左键并进行拖动，即可拉出几何球体。

几何球体重要参数（图2-1-14）介绍如下：

（1）半径：设置几何球体半径。

（2）分段：设置表面划分的线段数量，分段越多表面越光滑，点、线、面也越多。

（3）基点面类型：确定由哪种规格的多面体组成。基点面类型分为四面体、八面体、十二面体，如图2-1-15所示。

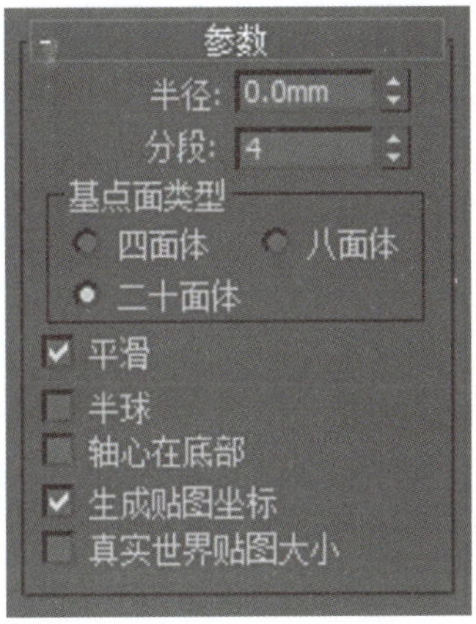

图2-1-14　几何球体重要参数

5. 圆柱体

圆柱体也是建模中常用的几何体，现实生活中很多物体的模型都可以直接使用圆柱体来创建。具体操作步骤如下：

（1）在“创建”\“几何体”命令面板下单击“圆柱体”，在视图中按住鼠标左键并拖

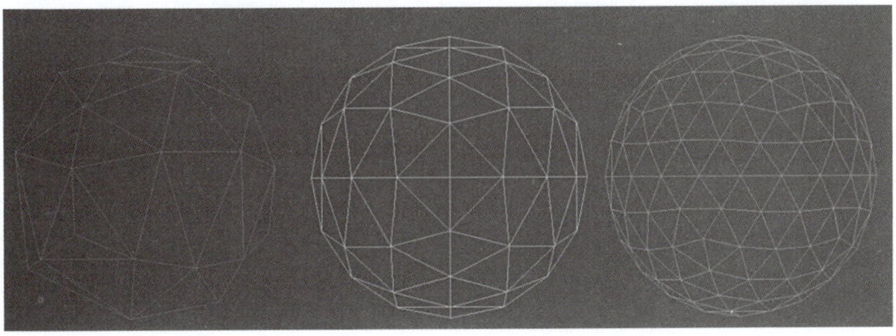

图2-1-15　基点面类型

动鼠标，拖出圆柱体的底面圆形半径。

（2）松开鼠标左键，拖出圆柱体的高度。

（3）单击鼠标，完成制作。

圆柱体重要参数（图2-1-16）介绍如下：

（1）半径：设置底面和顶面的半径。

（2）高度：设置圆柱的高度。

（3）高度分段：设置圆柱在高度上的分段数量。后期多边形建模时，经常需要设置分段数量。

（4）端面分段：设置圆柱体顶面和底面中心的同心圆分段数量。

（5）边数：设置圆柱体周围的边数。边数越多圆柱体越光滑。

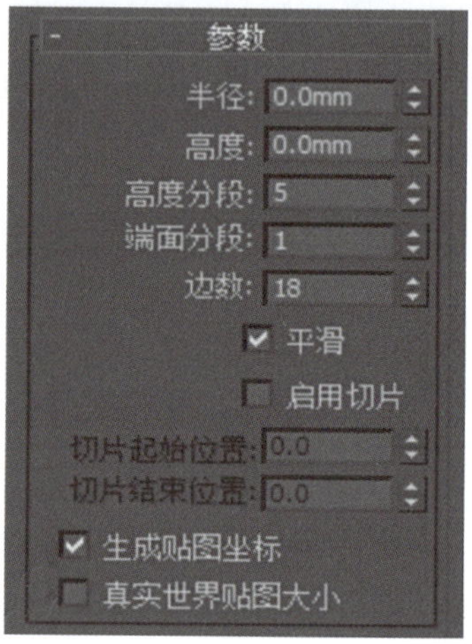

图2-1-16　圆柱体重要参数

（6）平滑：设置是否对圆柱体进行自动光滑处理。

（7）启用切片：设置是否进行切片处理。“切片起始位置\切片结束位置”可以设置沿柱轴体切片的度数。

（8）生成贴图坐标：设置是否自动指定贴图坐标。

（9）真实世界贴图大小：选择此选项，贴图大小由绝对尺寸决定，与对象的相关尺寸无关；不勾选此项，则贴图大小符合创建对象的尺寸。

课堂实例2　用圆柱体制作茶几

（1）使用“圆柱体”工具，在顶视图中创建一个圆柱体，然后在“参数”卷展栏下设置“半径”为600mm、“高度”为20mm、“边数”为36，具体参数设置及模型效果如图2-1-17所示。

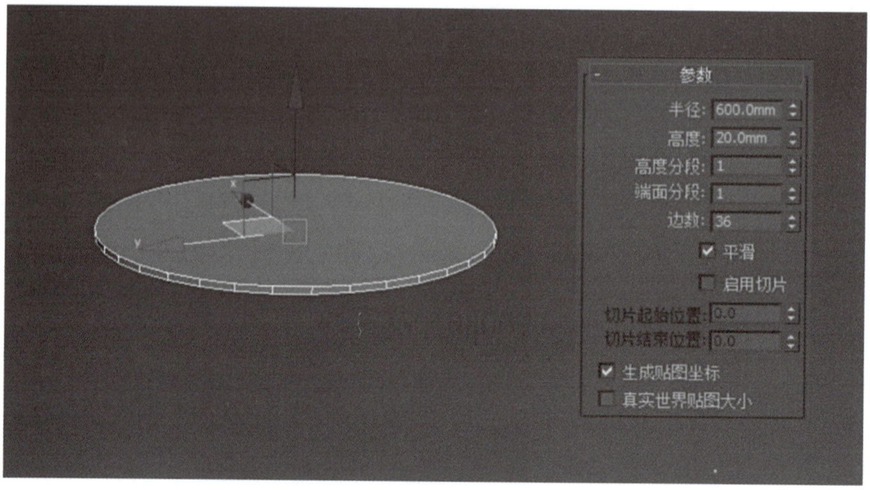

图2-1-17　圆柱体及参数

（2）使用“长方体”工具，在顶视图中创建一个长方体，然后在“参数”卷展栏下设置“长度”为60mm、“宽度”为40mm、“高度”为900mm，具体参数设置及模型效果如图2-1-18所示。

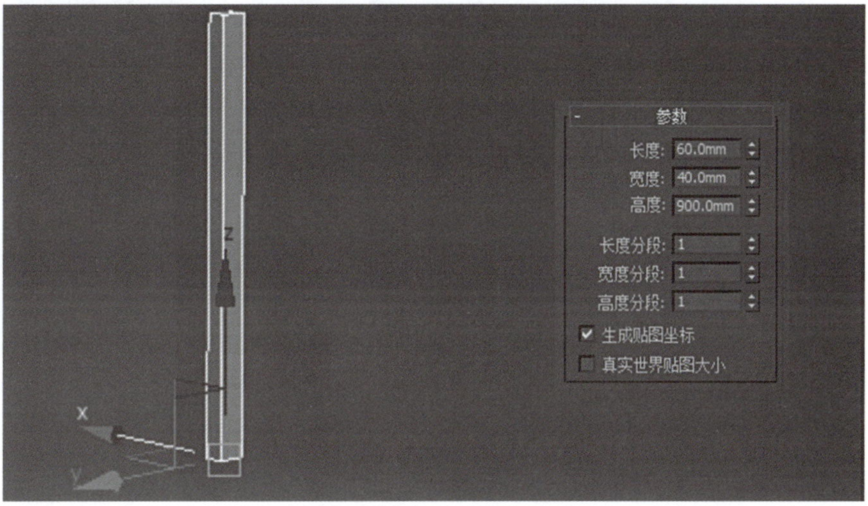

图2-1-18　长方体及参数

（3）选择上一步创建的长方体，使用“选择并旋转”和“角度捕捉切换”工具，将其旋转45°，效果如图2-1-19所示。

（4）在命令面板中单击“层次”按钮，然后单击“仅影响轴”按钮，接着在顶视图中将轴心点拖拽到桌面的中心位置，调整完成后再次单击“仅影响轴”按钮，退出“仅影响轴”模式，如图2-1-20所示。

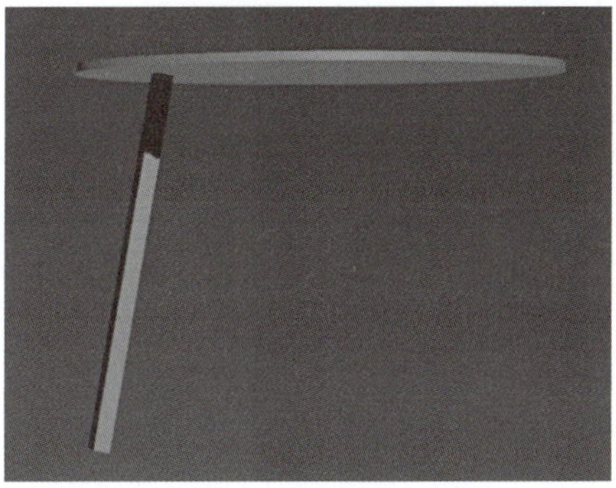

图2-1-19　选择并旋转

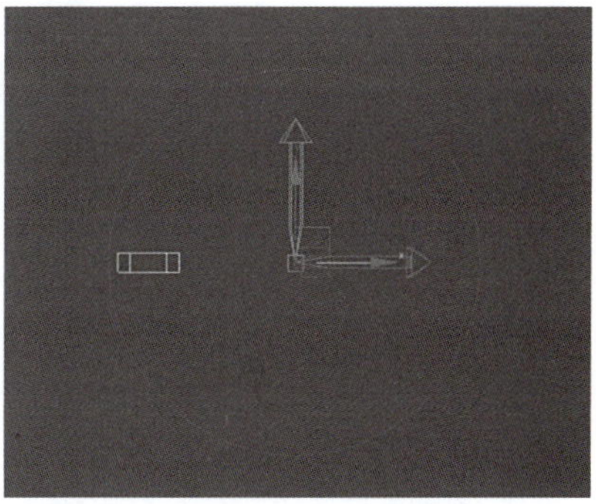

图2-1-20　仅影响轴

（5）按快捷键A，激活“角度捕捉切换”工具，然后按住Shift键，使用“选择并旋转”工具，在顶视图中旋转-90°，复制圆柱体，接着在弹出的对话框中设置“副本数”为3，如图2-1-21所示。

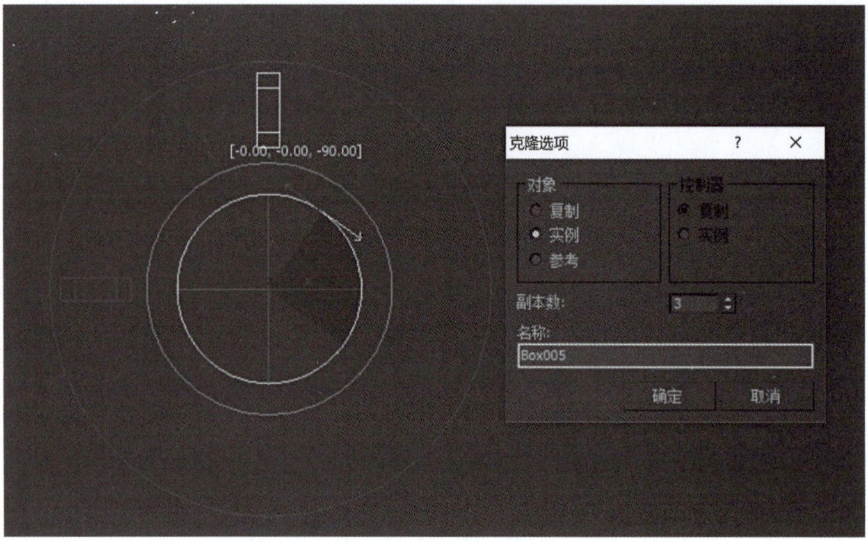

图2-1-21　选择并旋转

（6）按住Shift键，使用“选择并旋转”工具，将之前创建的圆柱体在前视图中复制一个，利用“缩放”工具，将复制的圆柱体缩放并移动到合适位置。茶几的最终效果如图2-1-22所示。

图2-1-22　茶几的最终效果

二、扩展基本体建模

扩展基本体可以创建带有倒角、圆角和特殊形状的物体，它比标准基本体更为复杂一些。

在“创建”面板中单击“几何体”按钮，然后在下拉列表中选择几何体类型为“扩展基本体”。扩展基本体包含13种对象类型，分别是异面体、环形结、切角长方体、切角圆柱体、油罐、胶囊、纺锤、L-Ext、球棱柱、C-Ext、环形波、软管、棱柱，如图2-1-23所示。切角长方体和切角圆柱体在建模中经常用到，以下重点讲这两个工具。

1. 切角长方体

切角长方体是建模中最常用的几何体，它比长方体更为复杂，常用于创建带有圆角的长方体。现实生活中的简易家具模型都可以用切角长方体制作。创建切角长方体的具体步骤如下：

（1）在“创建”\“几何体”扩展基本体命令面板下单击“切角长方体”，在视图中按住鼠标左键并拖动，拖出切角长方体的长度和宽度。

（2）松开鼠标左键，拖出切角长方体的高度。

（3）单击鼠标，拖出切角长方体的圆角半径。

（4）单击鼠标，完成制作。

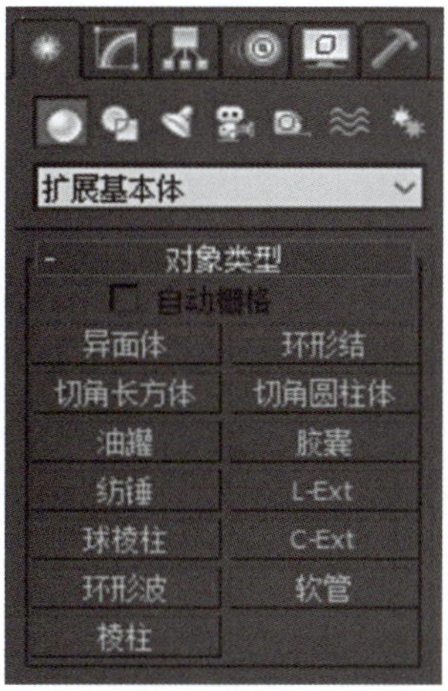

图2-1-23　扩展基本体

切角长方体重要参数（图2-1-24）介绍如下：

（1）长度\宽度\高度：这3个参数决定长方体的外形和大小，用来设置长方体的长度、宽度、高度。

（2）圆角：设置切角长方体的圆角半径。值越高圆角越明显。

（3）长度分段\宽度分段\高度分段\圆角分段：这4个参数用来设置沿着对象每个轴的分段数量。

（4）生成贴图坐标：勾选此选项，可自动指定贴图坐标。

（5）真实世界贴图大小：勾选此选项，贴图大小将由绝对尺寸决定，与对象的相关尺寸无关；不勾选此项，贴图大小将符合创建对象的尺寸。

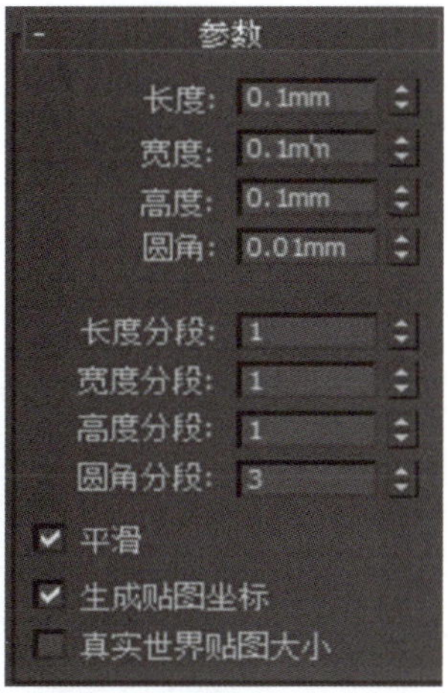

图2-1-24　切角长方体重要参数

2. 切角圆柱体

切角圆柱体常用来创建带有圆角的圆柱体，创建切角圆柱体的具体步骤如下：

（1）在“创建”\“几何体”\“扩展基本体”命令面板下单击“切角圆柱体”，在视图中按住鼠标左键并拖动，拖出切角圆柱体的底面圆形半径。

（2）松开鼠标左键，拖出圆柱体的高度。

（3）单击鼠标，拖出切角圆柱体的圆角半径。

（4）单击鼠标，完成制作。

切角圆柱体重要参数（图2-1-25）介绍如下：

（1）半径：设置切角圆柱体底面和顶面的半径。

（2）高度：设置切角圆柱体的高度。

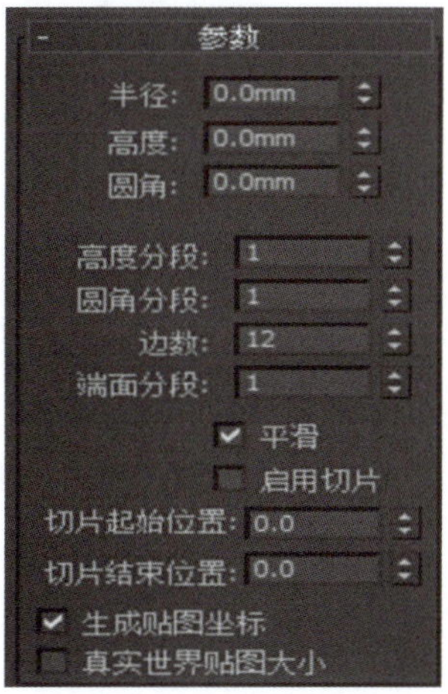

图2-1-25　切角圆柱体重要参数

（3）圆角：设置切角圆柱体的圆角半径大小。

（4）高度分段\圆角分段\端面分段：设置切角圆柱体高度、圆角、端面的分段数目。

（5）边数：设置切角圆柱体周围的边数。边数越多越光滑。

（6）平滑：设置是否对圆柱体进行自动光滑处理。

（7）启用切片：设置是否进行切片处理。“切片起始位置\切片结束位置”可以设置沿柱轴体切片的度数。

（8）生成贴图坐标：设置是否自动指定贴图坐标。

（9）真实世界贴图大小：选择此选项，贴图大小由绝对尺寸决定，与对象的相关尺寸无关；不勾选此项，则贴图大小符合创建对象的尺寸。

课堂实例3 用切角长方体和切角圆柱体制作沙发

（1）在顶视图中创建“切角长方体”，长度为1000mm，宽度为400mm，高度为100mm，圆角为10mm，效果如图2-1-26所示。

（2）按住Shift键移动复制上一步中创建的切角长方体，作为沙发的底座，设置长度为1000mm、宽度为400mm、高度为150mm、圆角为10mm，效果如图2-1-27所示。

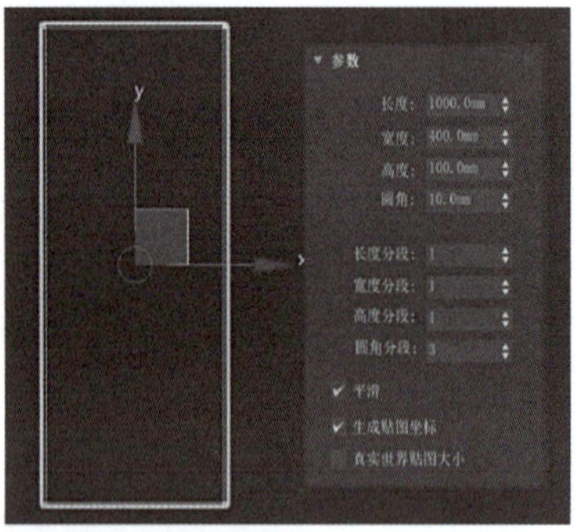

图2-1-26 切角长方体及参数

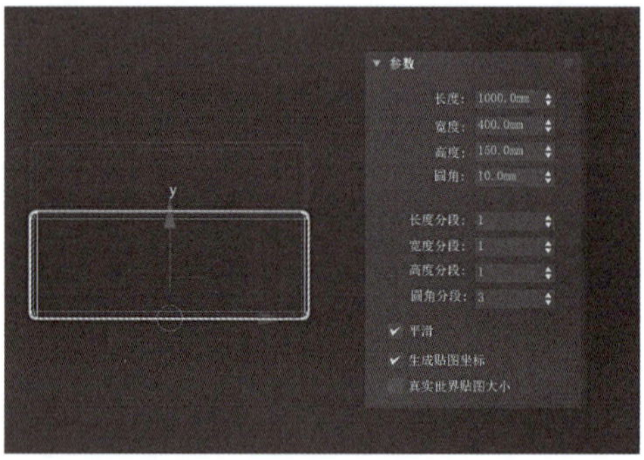

图2-1-27 沙发底座及参数

（3）在顶视图中继续创建切角长方体，长度为400mm，宽度为400mm，高度为100mm，圆角为10mm，效果如图2-1-28所示。

（4）选中步骤（3）创建的切角长方体，按住Shift键移动复制2个，如图2-1-29所示。

（5）继续创建切角长方体，作为沙发的底座，长度为400mm，宽度为400mm，高度为100mm，圆角为10mm，利用“移动”和“对齐”命令，将其移动并对齐到如图2-1-30所示位置。

（6）在前视图中创建切角长方体，作为沙发的靠背，长度为500mm，宽度为400mm，高度为100mm，圆角为10mm。按住Shift键移动复制3个，效果如图2-1-31所示。

（7）在左视图创建切角长方体，作为沙发的扶手，切角长方体尺寸为长度500mm，宽度400mm，高度100mm，圆角为10mm，如图2-1-32所示。然后再按住Shift键移动复制1个，如图2-1-32所示。

（8）在顶视图创建切角圆柱体，半径为45mm，高度为50mm，圆角为5mm。利用“移动复制”命令（复制时，选择“实例”），将切角圆柱体放在如图2-1-33所示位置。

（9）给步骤（8）创建的切角圆柱体加载“FFD2×2×2”命令，调节为如图2-1-34所示效果。沙发最终效果如图2-1-35所示。

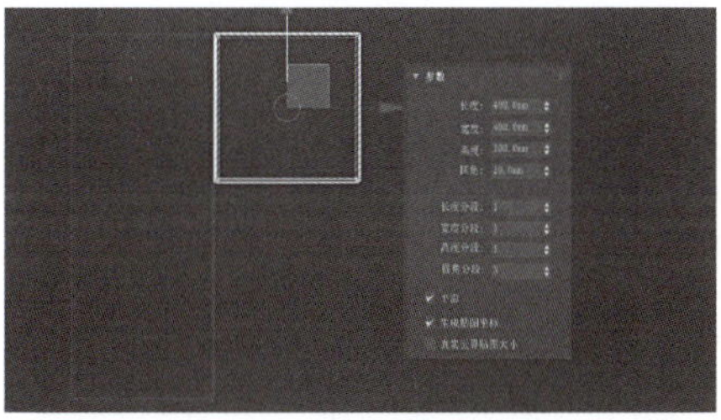

图2-1-28　切角长方体及参数

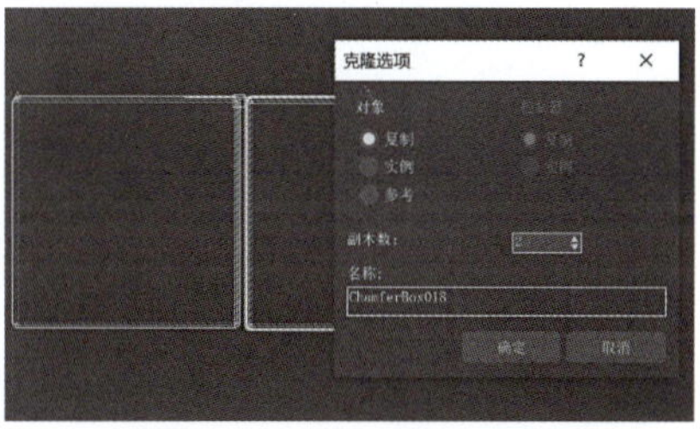

图2-1-29　移动复制（1）

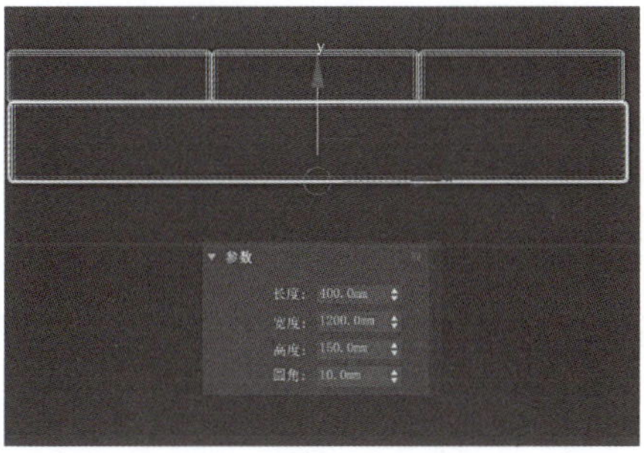

图2-1-30　移动对齐

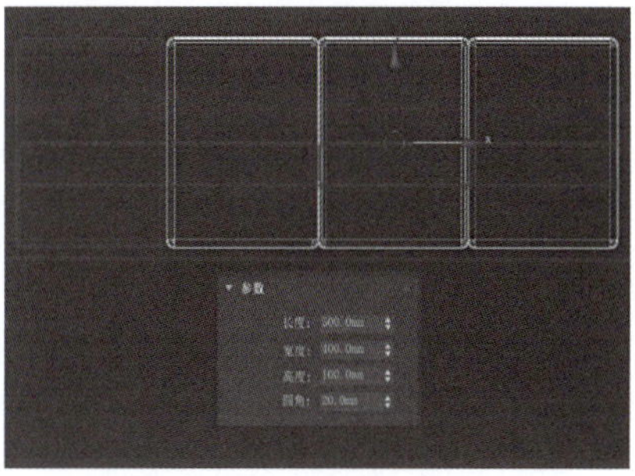

图2-1-31　移动复制（2）

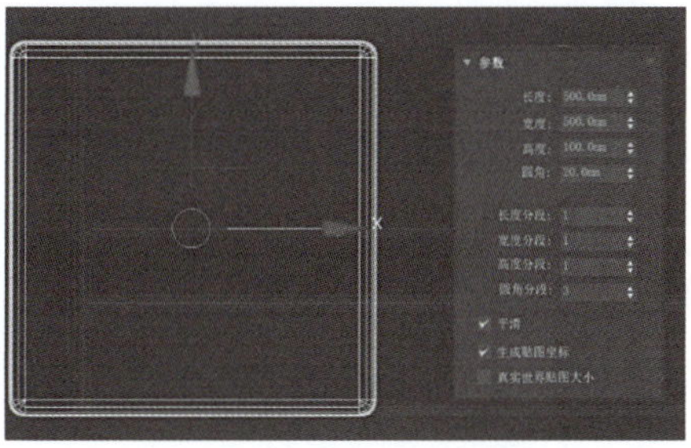

图2-1-32　沙发扶手及尺寸

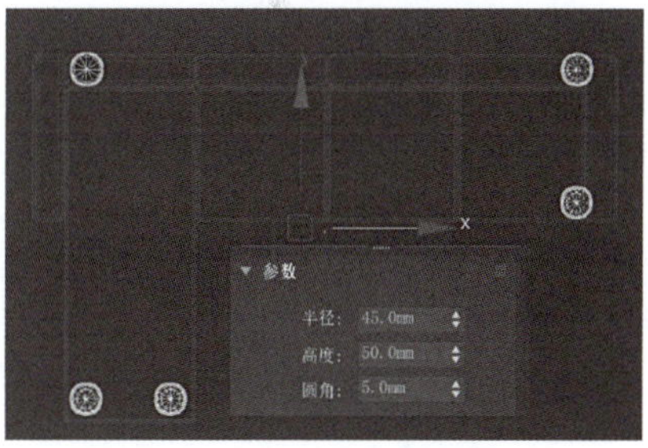

图2-1-33　移动复制（3）

知识链接

“FFD2×2×2”请参阅“项目二任务三”内容。

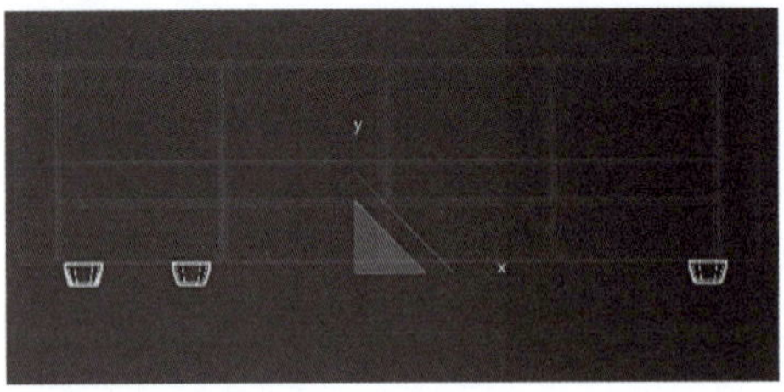

图2-1-34　FFD2×2×2

图2-1-35　沙发最终效果

任务评价

1　本次任务的技能点评价

本次任务的技能点评价见表2-1-2。

表2-1-2　本次任务的技能点评价

序号	技能点评价	佐证	达标	未达标
1	标准基本体的参数设置及修改	能够设置长方体、圆柱体等标准基本体的参数，并修改相关参数		
2	扩展基本体的参数设置及修改	能够设置切角长方体、切角圆柱体等扩展基本体的参数，并修改相关参数		
3	标准基本体的建模方法	能够用标准基本体制作模型		
4	扩展基本体的建模方法	能够用扩展基本体制作模型		

2　本次任务的素质点评价

本次任务的素质点评价见表2-1-3。

表2-1-3　本次任务的素质点评价

序号	素质点评价	佐证	达标	未达标
1	创新意识	能够利用基本几何体制作出具有创意的模型		
2	团队合作精神	能够和团队成员协商合作，共同完成模型制作		
3	精益求精的工匠精神	能够充分利用对齐等命令做出精确的模型		
4	自我学习	能够运用基本几何体的相关知识和技能进行自我学习		

任务二
二维线建模

二维线的绘制与编辑是制作三维物体最常用的方法。通过学习二维线绘制与编辑的方法和技巧，可以将二维线进行调整和编辑，以便做出复杂的三维模型。

一、样条线的类型及参数

在“创建”面板中，单击“图形”按钮，选择“样条线”图形类型后，在“对象类型”卷展栏下共有12种样条线，分别是线、矩形、圆、椭圆、弧、圆环、多边形、星形、文本、螺旋线、卵形和截面，如图2-2-1所示。本任务将讲解常用样条线。

上述样条线基本都有共同的参数，如图2-2-2所示，下面对各项参数的功能进行介绍。

1.“渲染”卷展栏

在“渲染”卷展栏，设置样条线的可渲染属性，具体参数如图2-2-3所示。

（1）在渲染中启用：选中该选项，可以渲染出样条线，并在渲染窗口中显示样条线的厚度。

（2）在视口中启用：选中该选项，可以在视图中显示样条线的厚度。

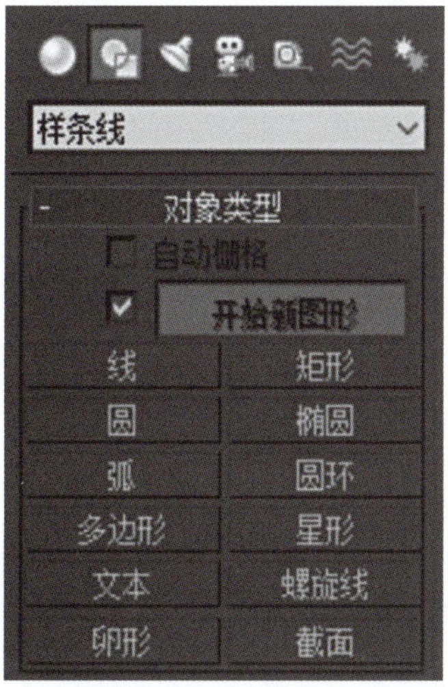

图2-2-1 样条线类型

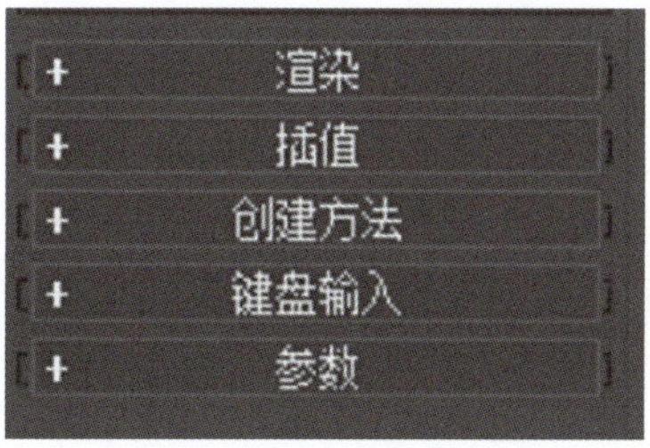

图2-2-2 样条线参数

（3）使用视口设置：选中该选项，可以为样条线单独设置显示属性，通常用于提高显示速度；不选该选项，样条线在视图中的显示设置与渲染设置相同。

（4）生成贴图坐标：设置是否应用贴图坐标。

（5）径向：将样条线渲染成圆柱形对象。其参数包括厚度、边、角度。“厚度”设置样条线视图或渲染中样条线的直径；“边”设置样条线的边数；“角度”用于调整样条线横截面的旋转位置。

（6）矩形：将样条线渲染成矩形对象。其参数包括长度、宽度、角度、纵横比。“长度”和“宽度”用来设置矩形的长和宽；“角度”用于设置样条线横截面的旋转位置；“纵横比”用于设置矩形横截面的纵横比。

（7）自动平滑：选中该选项，可以启动“阈值”，使样条线自动平滑。

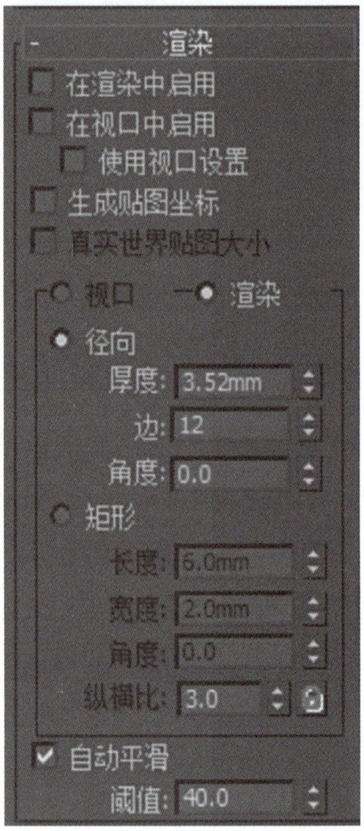

图2-2-3 “渲染”卷展栏

2. “插值”卷展栏

在“插值”卷展栏，可设置样条线的光滑程度，具体参数如图2-2-4所示。

（1）步数：设置样条线的步数，值越大，样条线越光滑。

（2）优化：选中该选项，可以删除样条线直线线段中不需要的步数。

（3）自适应：自动设置“步数”数值，以产生平滑的样条线。

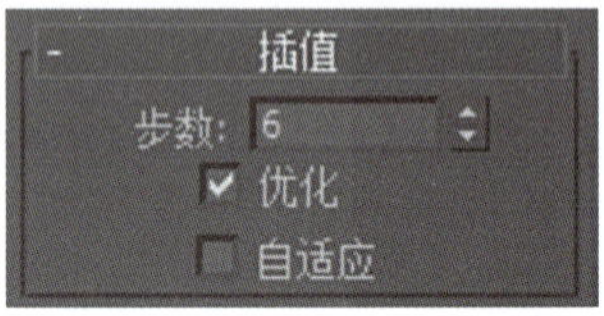

图2-2-4 “插值”卷展栏

二、样条线的绘制

1. 线

线是建模中最常用的一种样条线，其使用方法特别灵活，创建形状多样，可以是封闭的，也可以是敞开的；可以是直线，也可以是曲线。在修改命令面板中，线有三个层级，分别为顶点、线段、样条线。线主要通过“顶点”来调节形状，如图2-2-5所示。选择需要调节的顶点，然后单击鼠标右键，在弹出的菜单中可以观察到点一共有四种形式，分别是Bezier角点、Bezier、角点、平滑，如图2-2-6所示。

顶点调节如下：

（1）Bezier角点：选择该选项，原始角点的形状保持不变，但会出现两个手柄和两个可供调节方向的锚点。两个手柄互相之间不受影响；通过手柄和锚点，可以改变角点的形状。

（2）Bezier：选择该选项，原始角点的形状会发生变化，也会出现两个手柄和两个可

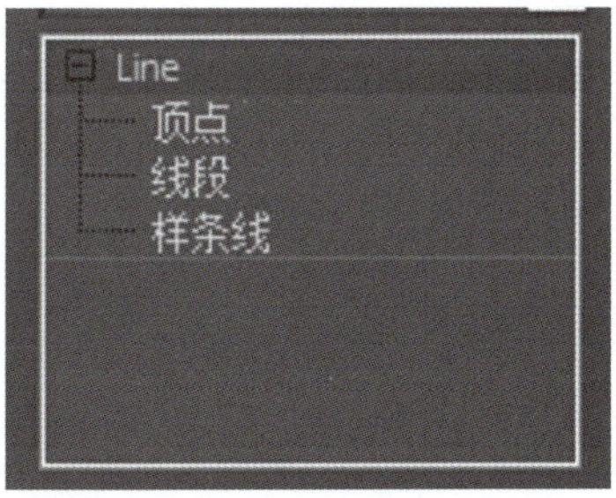

图2-2-5　线的层级

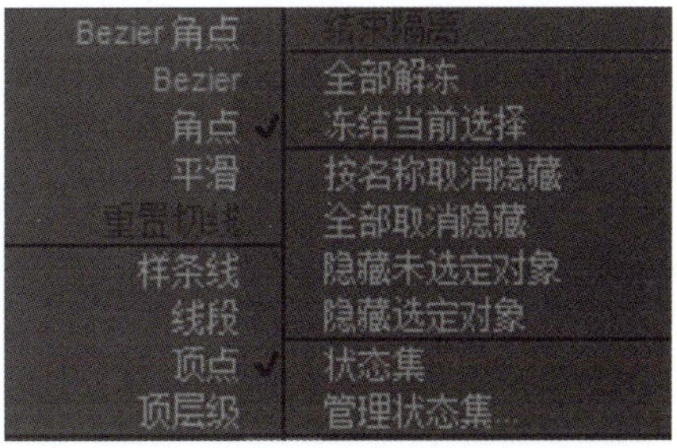

图2-2-6　顶点类型

供调节方向的锚点。两个手柄和锚点不可单独操作，调节一个手柄和锚点，另一个也会跟着变化。

（3）角点：点的原始形状。

（4）平滑：选择该选项，则选择的顶点会自动平滑，但不能继续调节顶点的形状。

线的绘图技巧如下：

（1）在视图中单击鼠标即可创建线。

（2）按住Shift键可以创建水平和垂直的线。

（3）按住鼠标不放，拖动线，即可创建平滑弯曲的线。

2. 矩形

利用“矩形”样条线可以创建出许多模型。“参数”卷展栏下包括长度、宽度和角半径3个选项。

（1）长度：设置矩形的长度。

（2）宽度：设置矩形的宽度。

（3）角半径：可以使矩形变成圆角矩形，设置角半径的大小。

3. 椭圆

“椭圆”样条线可以创建出椭圆和圆形，与圆形工具不同，椭圆有两个半径参数，分别是长度和宽度，长度设置椭圆的长度半径，宽度设置椭圆的宽度半径。按住Ctrl键，可以创建圆形。

4. 弧

“弧”样条线可以创建圆弧和扇形。激活“弧”按钮，在视图区单击并拖动鼠标，创建线段，松开鼠标完成创建线段，放开并拖动鼠标可显示弧线，再次单击确认，完成弧线的创建。

弧的重要参数（图2-2-7）介绍如下：

（1）端点-端点-中央：设置“弧”样条线以端点-端点-中央的方式进行创建。

（2）中央-端点-端点：设置“弧”样条线以中央-端点-端点的方式进行创建。

（3）半径：设置弧形的半径。

（4）从：设置弧形样条线的起始角度。

（5）到：设置弧形样条线的终止角度。

5. 多边形

“多边形”可以通过边数和点数设置样条线的形状，创建对称的多边形模型。

多边形重要参数（图2-2-8）介绍如下：

（1）半径：设置多边形半径的大小。

（2）内接\外接：内接是指多边形的中心点到角点之间的距离为内切圆的半径；外接是指多边形的中心点到角点之间的距离为外接圆的半径。

（3）边数：设置多边形边数。数值为3~100，默认边数为6。

（4）角半径：设置圆角半径大小。

（5）圆形：选中该选项，多边形可变成圆形。

6. 星形

“星形”可以创建各种形状的星形图案，还可以利用“扭曲”命令将图形进行扭曲操作。

星形重要参数（图2-2-9）介绍如下：

（1）半径1\半径2：设置星形的内、外半径。

（2）点：设置星形的顶点数目，数值为3~100，默认星形的点数为6。

（3）扭曲：设置星形的扭曲程度。

（4）圆角半径1\圆角半径2：设置星形内、外圆环上的圆角半径。

7. 文本

“文本”样条线可以在视图中快速创建出文字模型，并且可以更改文字的字体类型和大小。可以利用“渲染”和“倒角”等命令将其变成立体字。

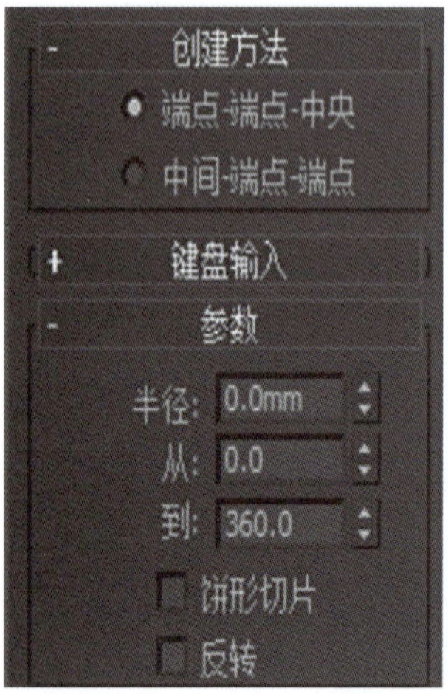

图2-2-7　弧的重要参数

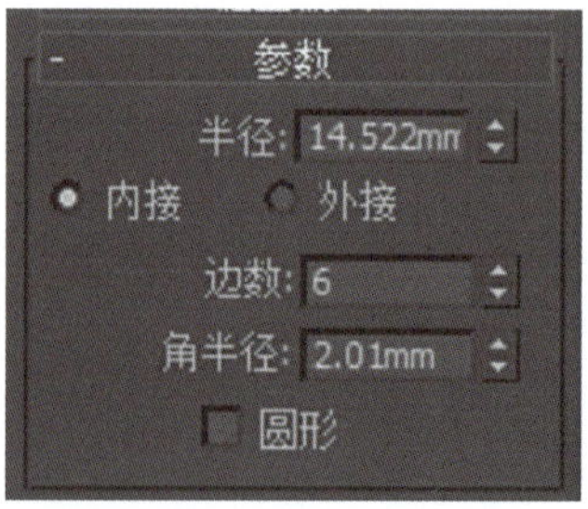

图2-2-8　多边形重要参数

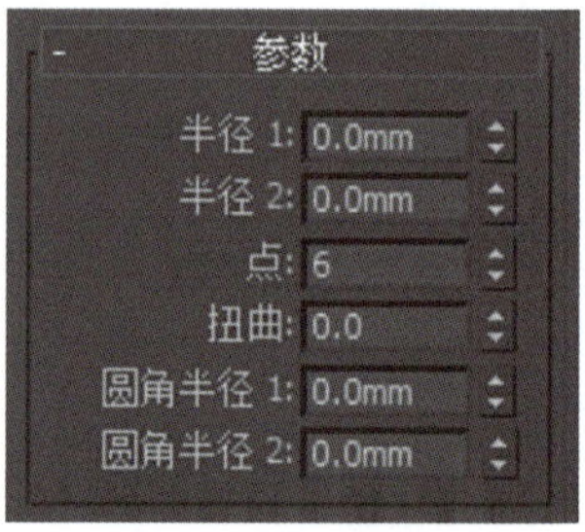

图2-2-9　星形重要参数

三、样条线的编辑

直接创建的样条线并不能满足建模的需求，可以通过编辑和修改样条线命令来满足复杂建模的需求。

将样条线转换为可编辑样条线的方法有两种：

（1）选择样条线，然后单击鼠标右键，在弹出的菜单中选择“转换为”，再选择“转换为可编辑样条线”，如图2-2-10所示。此方法没有了“参数”卷展栏，无法再修改样条线的参数。

（2）选择样条线，然后在“修改器列表”中添加“编辑样条线”命令，如图2-2-11所示。此方法保留了原始的样条线，也包含“参数”卷展栏。将样条线转换为“可编辑样条线”后，可编辑样条线包含5个卷展栏，分别是渲染、插值、选择、软选择、几何体，如图2-2-12所示。

知识链接

“渲染”“插值”卷展栏已经在前面内容中讲到，此处不再赘述。

1.“选择”卷展栏

“选择”卷展栏具体参数如图2-2-13所示。

（1）顶点：用于选择“顶点”级别，在该级别下可以对样条线的顶点进行调节。

（2）线段：用于选择“线段”级别，在该级别下可以对样条线的线段进行调节。

（3）样条线：用于选择“样条线”。

（4）命名选择：设置复制和粘贴命名选择集。复制：将命名选择集放置在复制缓冲区；

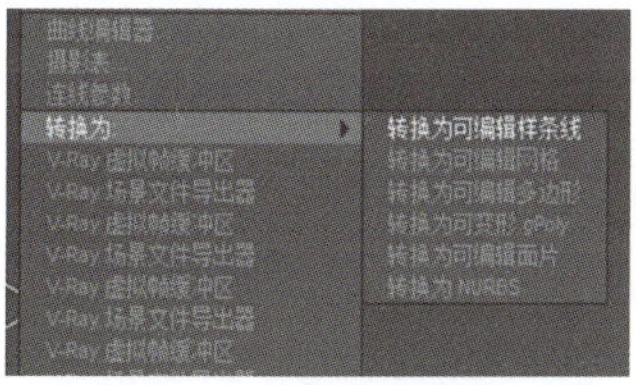

图2-2-10　样条线转换方式

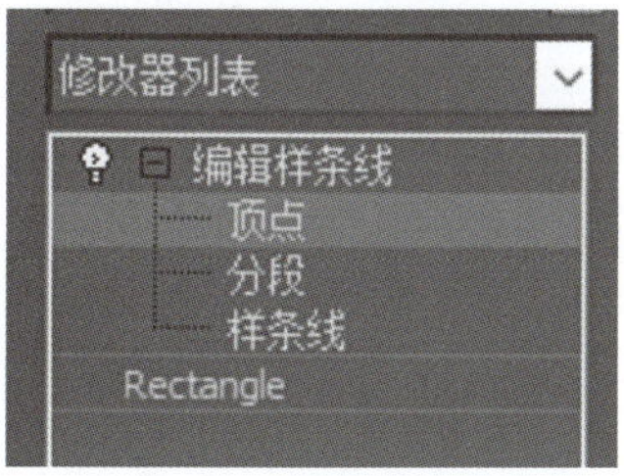

图2-2-11　样条线层级

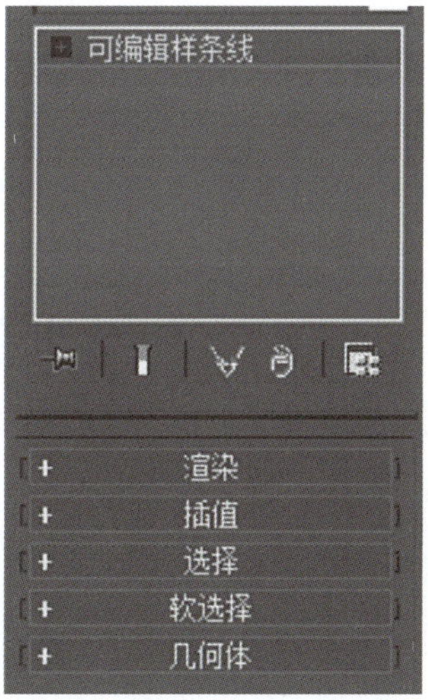

图2-2-12　可编辑样条线卷展栏

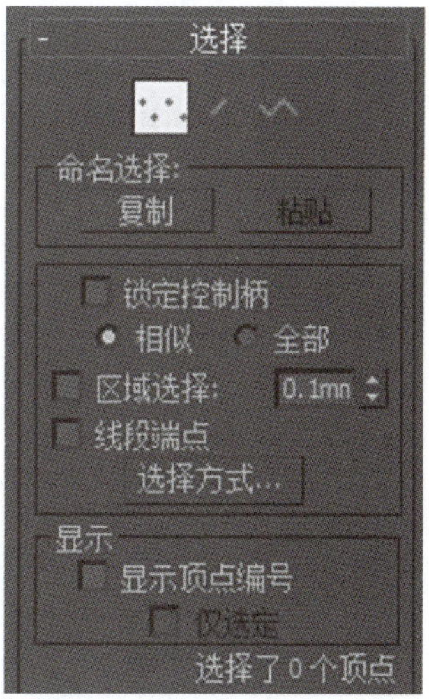

图2-2-13　“选择”卷展栏

粘贴：从复制缓冲区中粘贴命名选择集。

（5）锁定控制柄：选择该选项时，可以同时调节多个Bezier和Bezier角点的锚点；不选择该选项时，即使选择了多个顶点，每次也只能调节一个顶点的锚点。

2.“几何体”卷展栏

“几何体”卷展栏是一些编辑样条线对象和子对象的相关参数与工具，在可编辑样条线中最为重要，如图2-2-14所示。下面对“几何体”卷展栏下重要参数和工具进行讲解。

（1）新顶点类型：用于选择新顶点的类型。

①线性：新顶点具有线性切线。

②Bezie：新顶点具有Bezier切线。

③平滑：新顶点具有平滑切线。

④Bezier角点：新顶点具有Bezier角点切线。

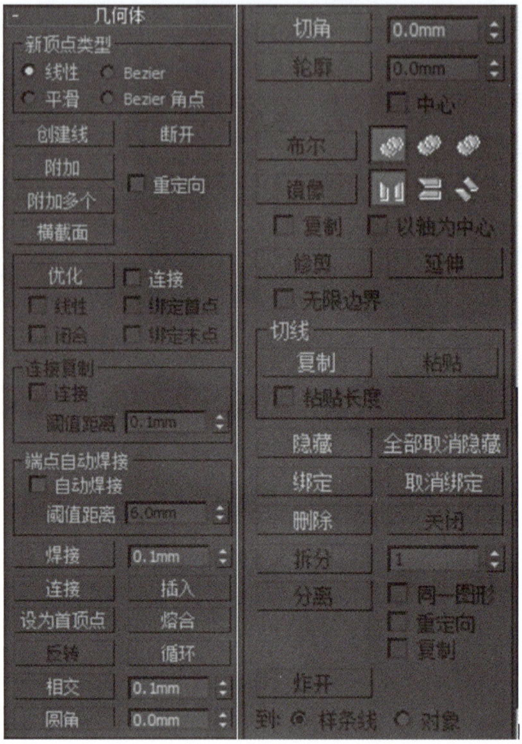

图2-2-14 “几何体”卷展栏

（2）创建线：向所选对象添加更多样条线。

（3）断开：选择一个顶点，选择“断开”命令，可以将一个顶点拆分成两个顶点。

（4）附加：将其他样条线附加到所选样条线中。

（5）附加多个：单击该命令，可以打开“附加多个”对话框，该对话框列表中包含视图中所有其他图形。

（6）重定向：单击该命令，将重新定向附加的样条线。

（7）优化：这是使用非常频繁的命令。可以在样条线上增加顶点，以便调整样条线形状。

（8）焊接：这也是使用非常频繁的命令。可以将两个顶点或同一样条线中的两个相邻顶点焊接成一个点。

（9）插入：插入一个或多个顶点，以创建其他线段。

（10）圆角：设置顶点的圆角半径。

（11）切角：设置形状角部的倒角。

（12）轮廓：这也是使用非常频繁的命令，可创建样条线的轮廓。

（13）修剪：将多余的线段删除。

（14）延伸：将端点结合在一个点上。

课堂实例1　用可编辑样条线命令制作搁物架

（1）在前视图创建“矩形”，长度为400mm，宽度为650mm，如图2-2-15所示。选中创建的矩形，按住Shift键，复制3个矩形，如图2-2-16所示。

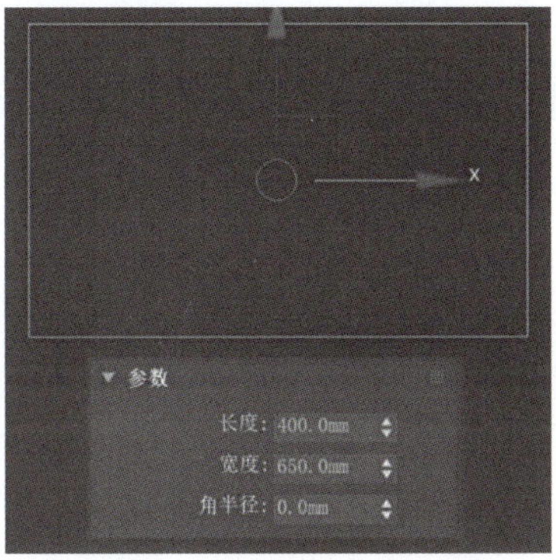

图2-2-15　矩形及参数

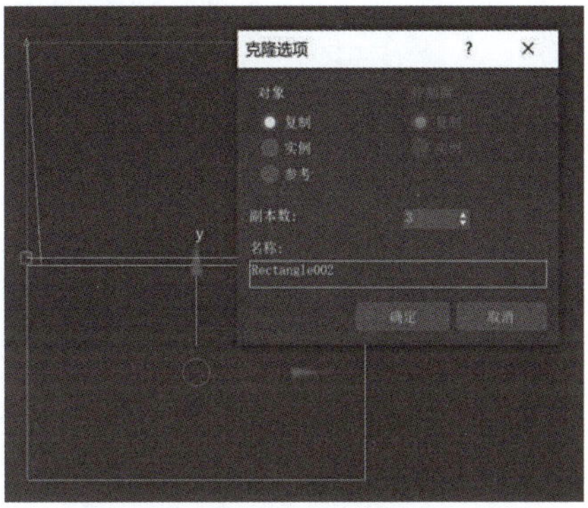

图2-2-16　移动复制

（2）以第一个矩形中心为圆心，画一个半径为325mm的圆形，如图2-2-17所示。

（3）将所有图形通过“附加”命令合并到一起，并通过“修剪”命令，将图形变成如图2-2-18所示效果。

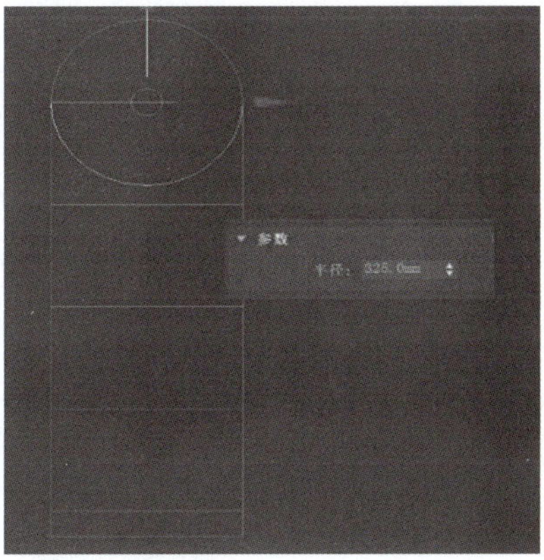

图2-2-17　圆及参数

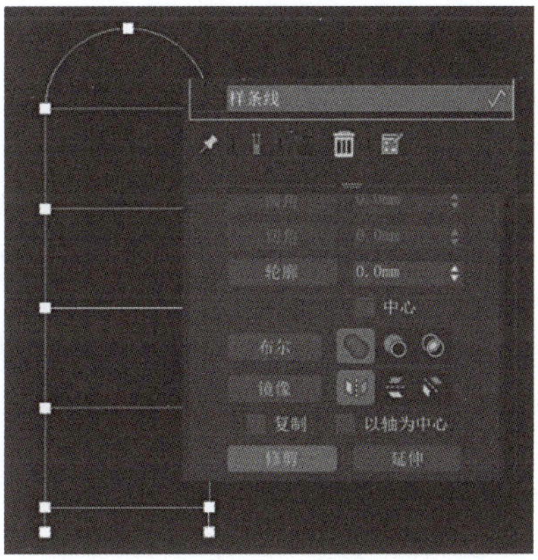

图2-2-18　修剪

（4）给图形加“可渲染”命令，并通过“复制”和“移动变换输入”命令，将图形向上“移动复制”300mm，如图2-2-19所示。

（5）在两个支架之间画长方体，尺寸和效果如图2-2-20所示。

（6）在两个支架的第二层画线，给所画的线加“可渲染”命令。按住Shift键，移动并复制，效果如图2-2-21所示。

（7）最终效果如图2-2-22所示。

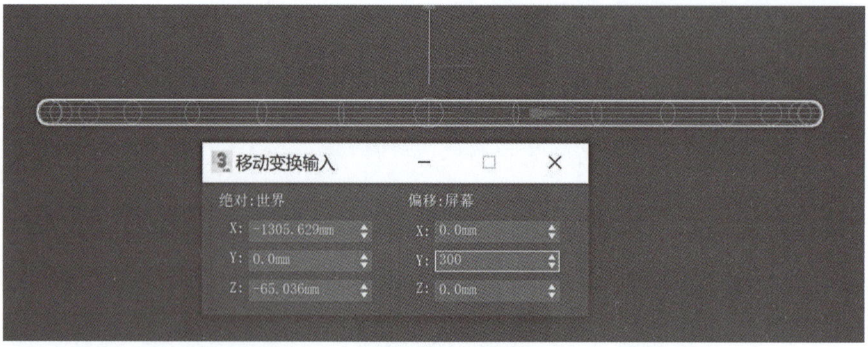

图2-2-19　移动复制

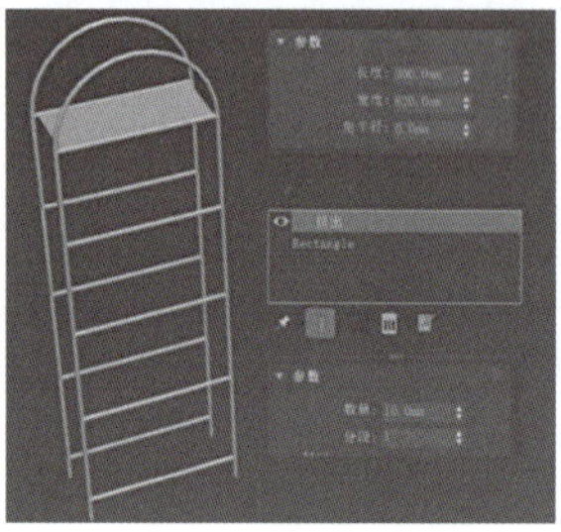

图2-2-20　矩形及参数

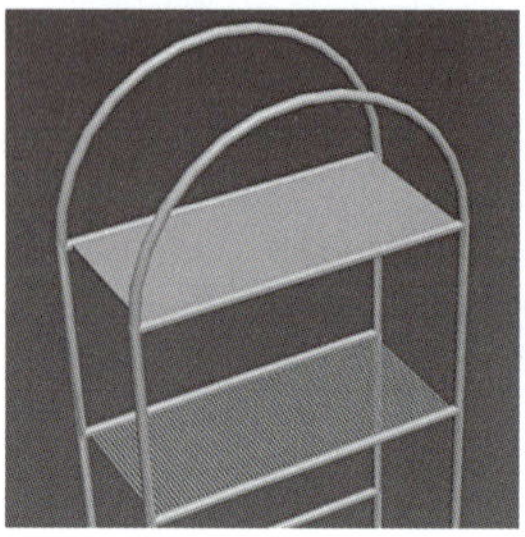

图2-2-21　线及“可渲染”命令

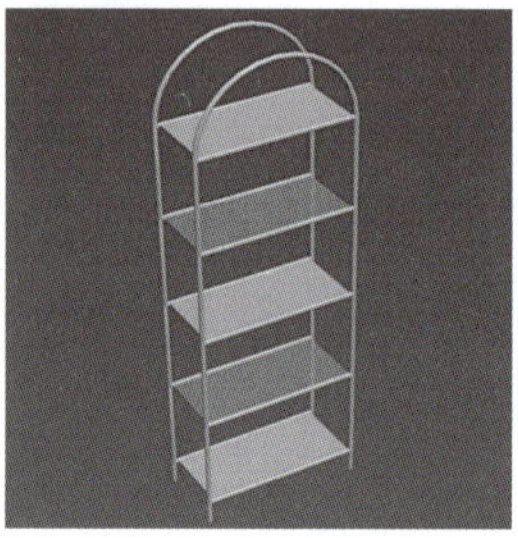

图2-2-22　搁物架最终效果

四、复合对象建模

复合对象建模属于几何体建模下，只不过复合对象建模下的命令要结合二维线来使用，所以放在二维线建模命令后进行讲解。

（一）“布尔”命令

“布尔”命令是通过对两个以上的对象进行并集、差集、交集运算，从而得到新的物体。“布尔”命令参数如图2-2-23所示。

1. 布尔参数

（1）添加运算对象：将物体添加到布尔运算中，并显示当前运算对象的名称。

（2）移除运算对象：将运算对象删除。

2. 运算对象参数

（1）并集：将两个对象合并，相交的部分将被删除，运算完成后两个物体将合并为一个物体。

图2-2-23　“布尔”命令重要参数

（2）交集：将两个对象相交的部分留下来，删除不相交的部分。

（3）差集：在物体中减去与另一个物体重合的部分。

课堂实例2　用布尔命令制作现代简约茶几

（1）在视图中创建长方体，长度为300mm，宽度为300mm，高度为10mm，如图2-2-24所示。

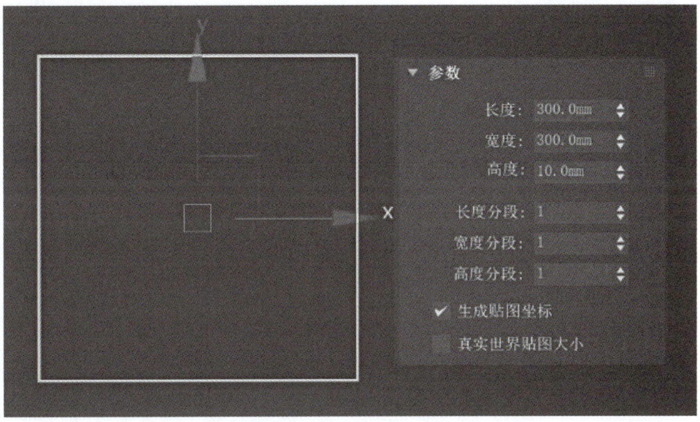

图2-2-24　长方体及参数（1）

（2）继续创建长方体，长度为450mm，宽度为300mm，高度为10mm。将两个长方体对齐，效果如图2-2-25所示。

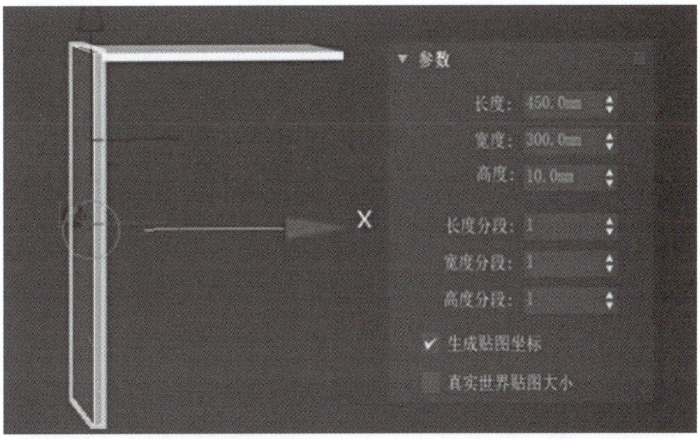

图2-2-25　长方体及参数（2）

（3）在视图中创建长方体，长度为400mm，宽度为200mm，高度为98mm，并将长方体调整到如图2-2-26所示效果。

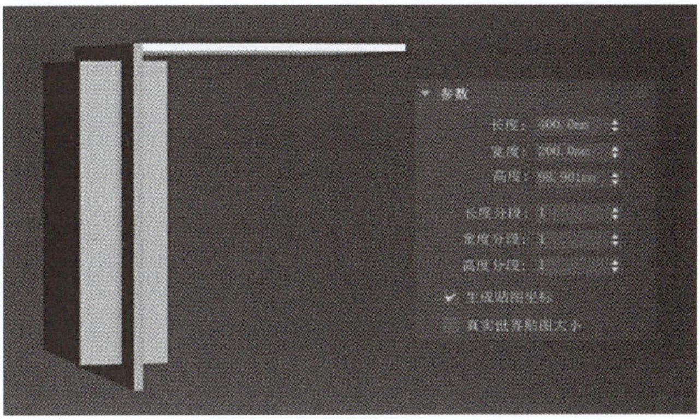

图2-2-26　长方体及参数（3）

（4）运用“布尔”命令，做成如图2-2-27所示效果。

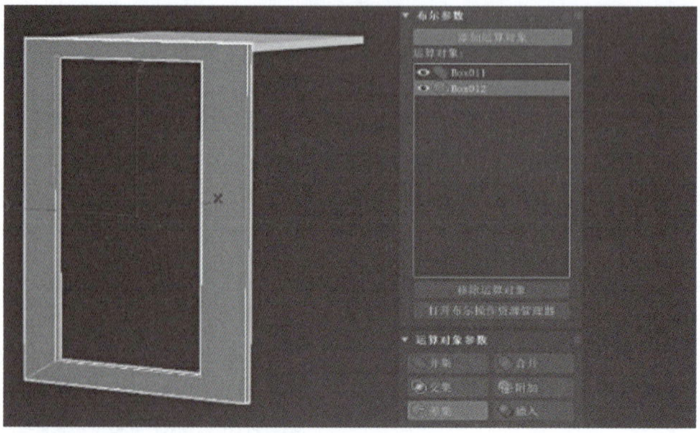

图2-2-27 “布尔”命令

（5）在视图中创建长方体，长度为450mm，宽度为320mm，高度10mm，调整为如图2-2-28所示效果。

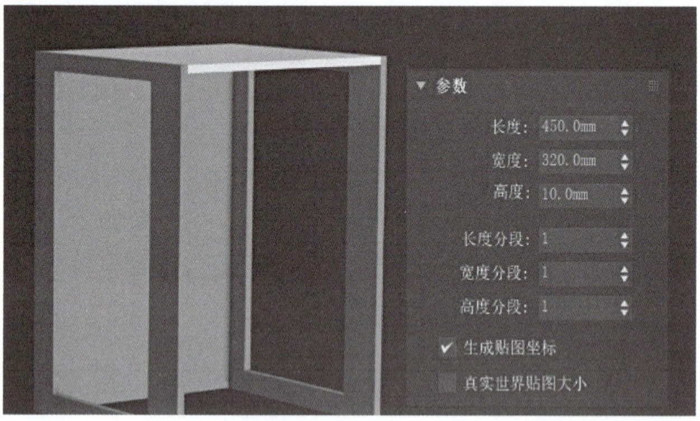

图2-2-28 长方体及参数（4）

（6）在场景中创建两个长方体，第一个长方体长度为300mm，宽度为300mm，高度为10mm；第二个长方体长度为145mm，宽度为300mm，高度为10mm。调整为如图2-2-29所示效果。

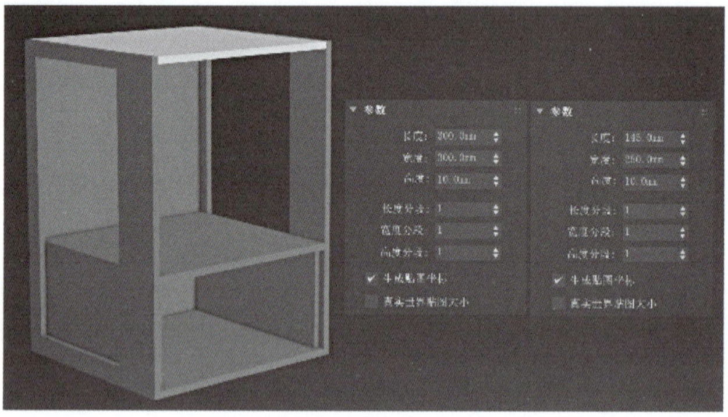

图2-2-29 长方体及参数（5）

（7）继续创建长方体，长度为145mm，宽度为300mm，高度为10mm；并创建一个半径为15mm、高度为10mm的圆柱体，调整为如图2-2-30所示效果。

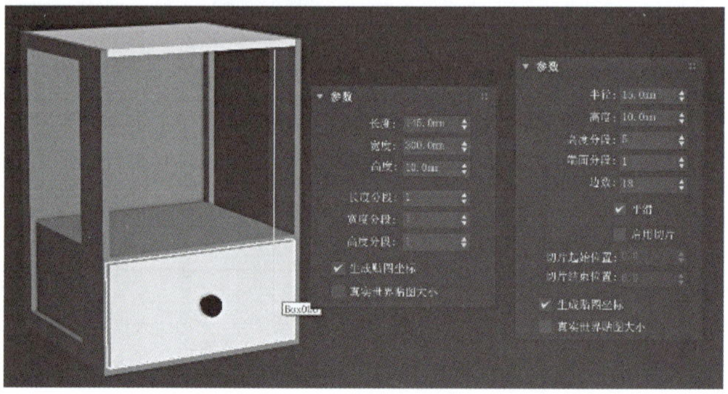

图2-2-30 长方体、圆柱体及参数

（8）创建圆柱体，半径为10mm，高度为150mm，加载“FFD”命令进行调整，复制3个圆柱体，放在如图2-2-31所示位置。

（9）最终模型如图2-2-32所示。

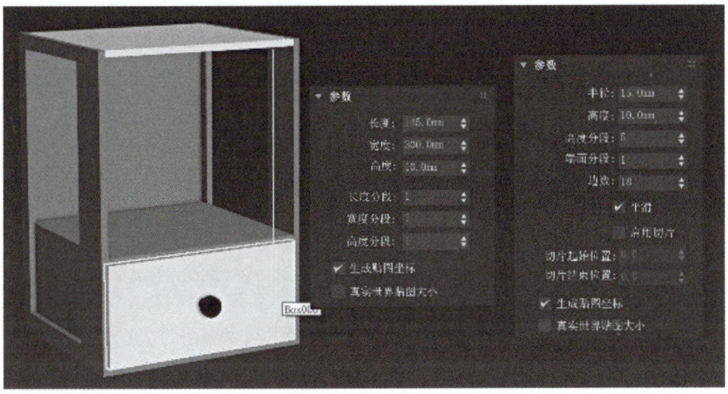

图2-2-31　“FFD”命令

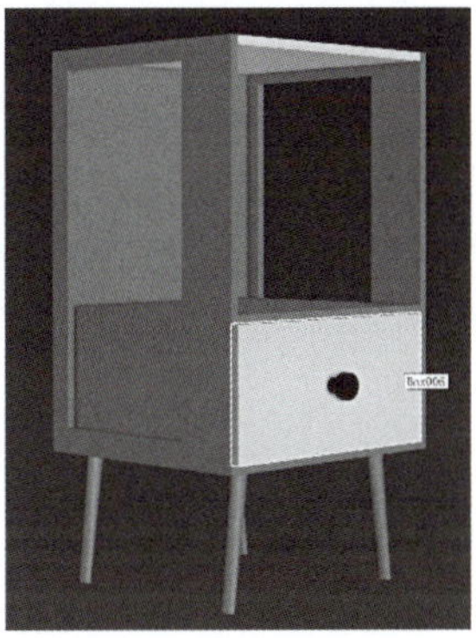

图2-2-32　现代简约茶几最终效果

（二）“放样”命令

“放样”命令是将一个二维图形作为沿某个路径的剖面，从而形成一个三维对象。这是一个特殊的建模方法，能快速地创建出多种模型，其参数如图2-2-33所示。

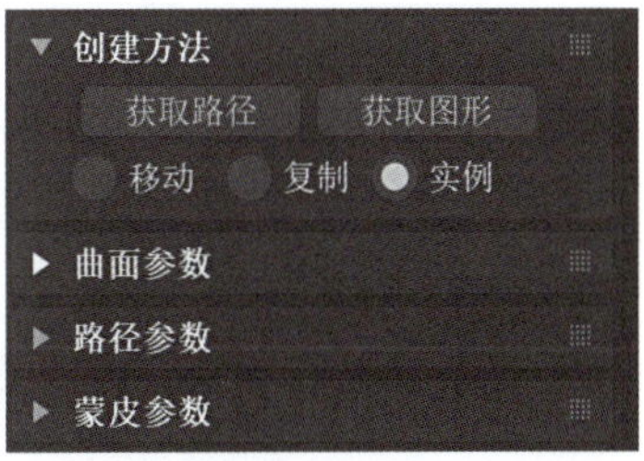

图2-2-33　“放样”命令重要参数

1. 创建方法

（1）获取路径：将路径指定给选定图形或更改当前指定的路径。

（2）获取图形：将图形指定给选定路径或更改当前指定的图形。

（3）移动\复制\实例：用于指定路径或图形转换为放样对象的方式。

2. 路径参数

路径：图形在路径的什么位置开始放样。路径参数如图2-2-34所示。

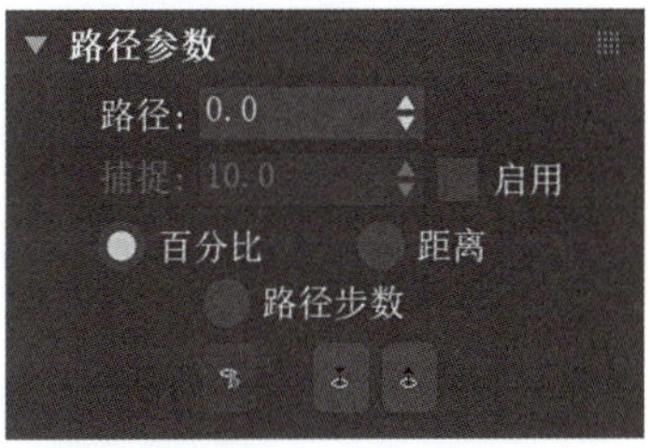

图2-2-34　路径参数

五、修改器命令

几何体建模和二维线建模是3D建模中较为基础的建模方式，而修改器建模则是建立在这两种建模方式之上的。修改器建模配合这两种建模方式，可以做出较为复杂的模型。

1. “挤出”命令

“挤出”命令可以使二维样条线挤出厚度，变成三维模型。挤出命令使用非常频繁，在建模过程中经常使用。其参数设置面板如图2-2-35所示。

挤出命令重要参数介绍：

（1）数量：设置二维线挤出的高度（厚度）。

（2）分段：设置挤出高度的分段数。

（3）封口：设置挤出对象的封口。

①封口始端：设置是否对挤出对象的起始位置封口。

②封口末端：设置是否对挤出对象的末端位置封口。

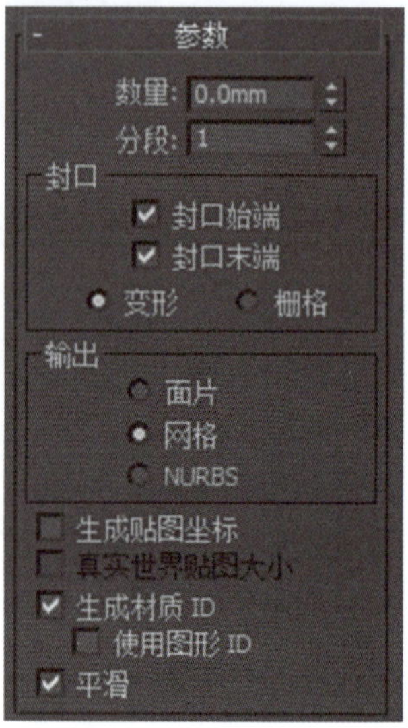

图2-2-35 “挤出”命令参数

课堂实例3 用挤出和可编辑样条线命令制作墙体

（1）在“创建”面板单击“图形”按钮，选择“矩形”工具，在前视图中创建长度为3000mm、宽度为4500mm的矩形，如图2-2-36所示。

（2）继续在前视图中创建矩形，长度为1800mm，宽度为1500mm，如图2-2-37所示。

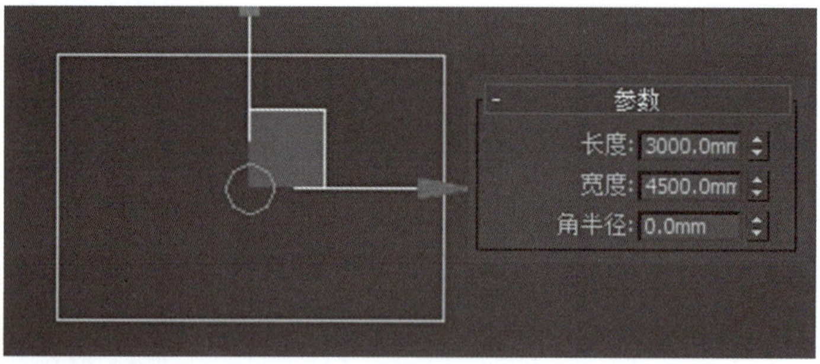

图2-2-36 矩形及参数（1）

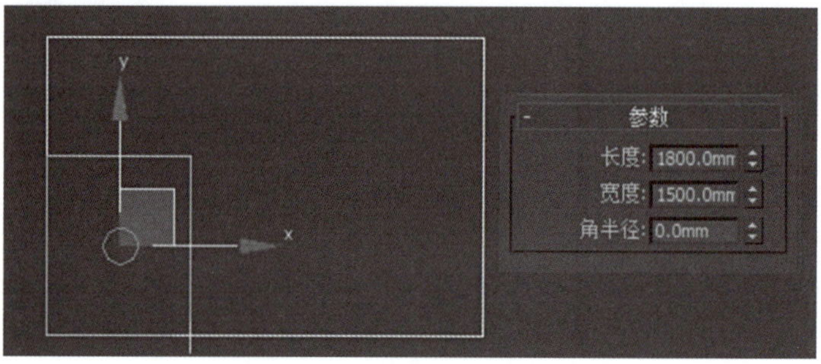

图2-2-37 矩形及参数（2）

（3）利用“移动变换输入”命令，将创建的矩形移动到合适位置，如图2-2-38所示。并复制一个矩形，移动到合适的位置，效果如图2-2-38所示。

（4）将上一步中一个矩形转换为“可编辑多边形”，利用“可编辑样条线”下“样条线”子层级中的“附加”命令将三条样条线附加到一起，如图2-2-39所示。

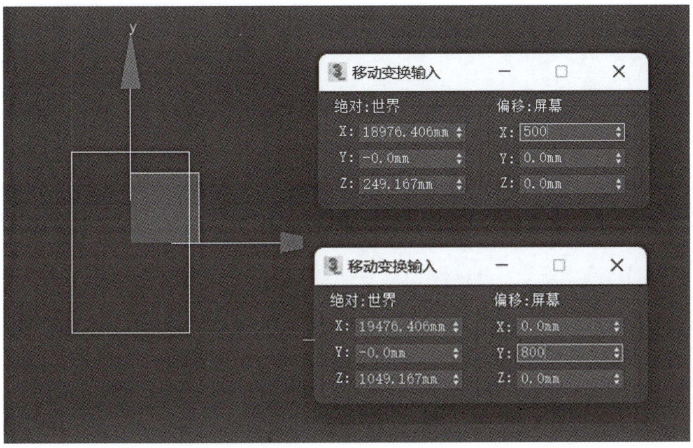

图2-2-38　移动变换输入

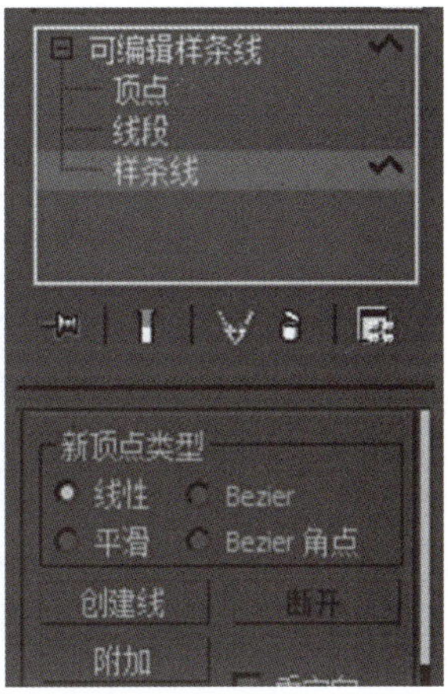

图2-2-39　“附加”命令

（5）给墙体加载“挤出”命令，“挤出”数量为240mm，如图2-2-40所示。

（6）沿着窗洞位置画矩形，将矩形转换为“可编辑样条线”，在“样条线”层级下，加载“轮廓”命令，“轮廓”值为60mm，效果如图2-2-41所示。

（7）在“可编辑样条线”的“顶点”子层级，将如图2-2-42所示的顶点移动到样条线的中心位置，再利用“移动变化输入”命令将顶点向左移动30mm。

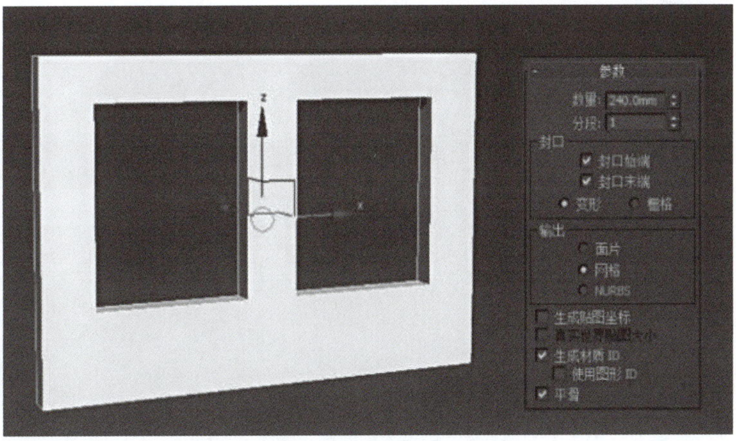

图2-2-40　“挤出”命令

（8）通过“移动复制”命令和“移动变化输入”命令，将效果图调整为如图2-2-43所示，两个矩形之间的距离为60mm。

（9）给整个“可编辑样条线”加载“挤出”命令，“挤出”数量为60mm，如图2-2-44所示。

（10）利用“矩形”工具和“挤出”命令给窗户加上玻璃，“挤出”数量为2mm（玻璃厚度）。最终效果如图2-2-45所示。

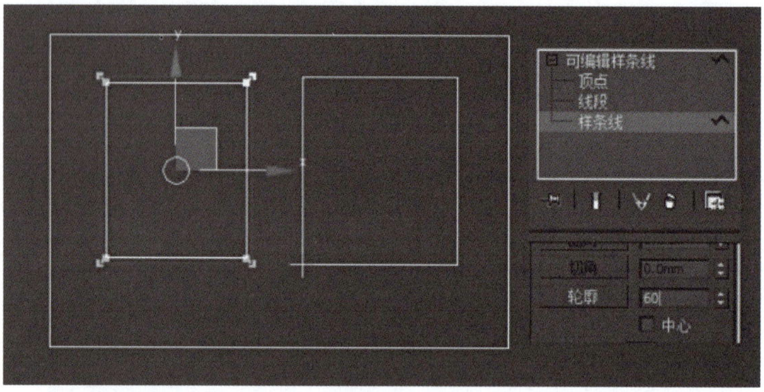

图2-2-41 “轮廓”命令

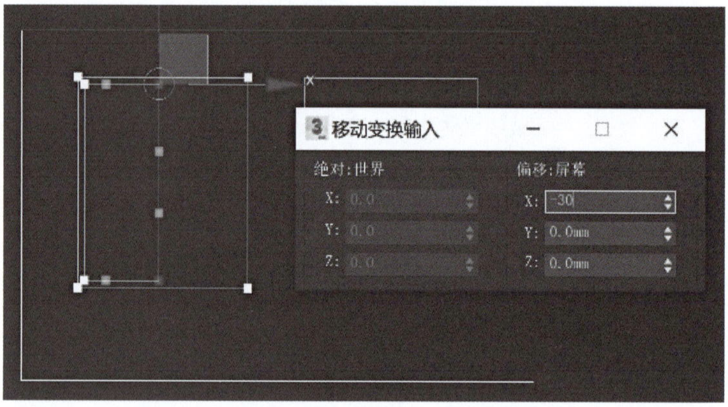

图2-2-42 点的移动变化输入

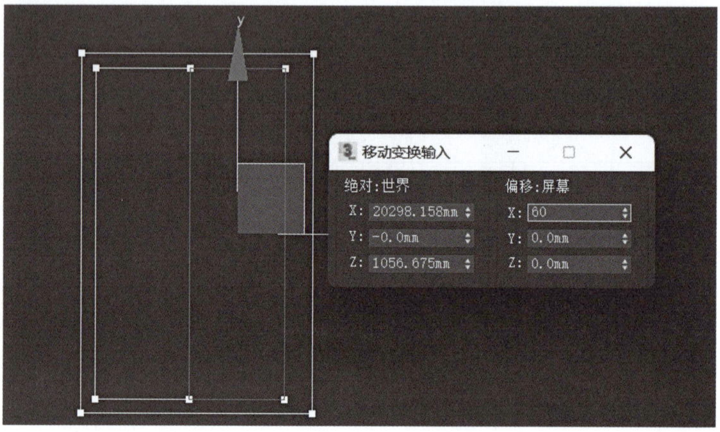

图2-2-43 线的移动变化输入

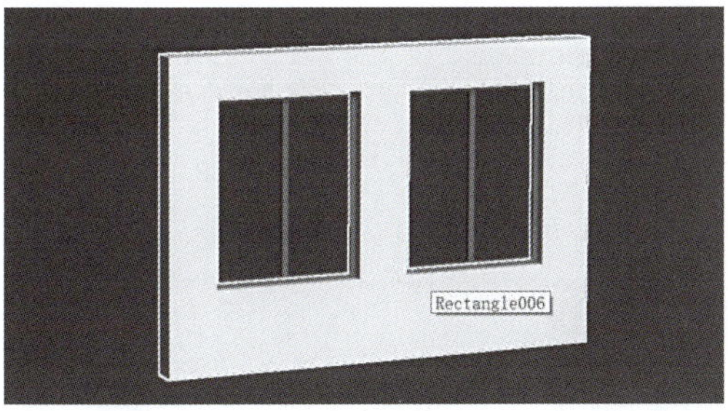

图2-2-44 “挤出”命令

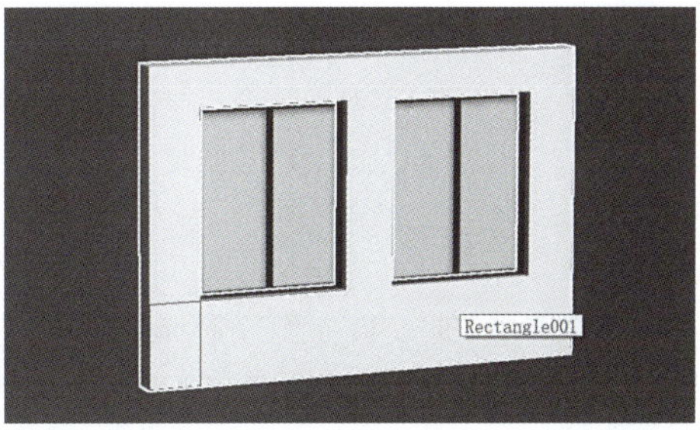

图2-2-45 墙体最终效果

2.“倒角”命令

“倒角”命令和“挤出”命令相似，可以使二维样条线挤出厚度，变成三维模型。但是“倒角”命令可以创建出边缘平滑的倒角效果。其参数设置面板包括“参数”和“倒角值”两个卷展栏，如图2-2-46所示。

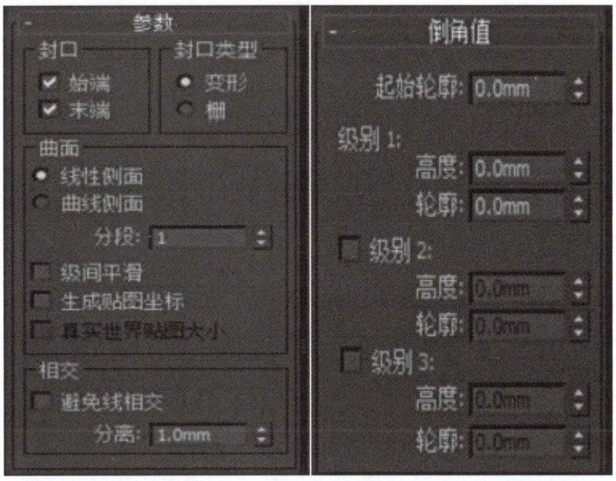

图2-2-46 “倒角”命令重要参数

倒角命令重要参数介绍：

（1）封口（参照“挤出”命令中的“封口”讲解）。

（2）起始轮廓：设置二维线的大小，正值会使轮廓变大，负值会使轮廓变小。

（3）级别1：包含高度和轮廓两部分。

①高度：在起始级别上增加的高度。

②轮廓：在高度结束的位置增加或减少轮廓。

（4）级别2：在级别1的基础上，增加高度和轮廓。

（5）级别3：在级别2的基础上，增加高度和轮廓。

课堂实例4 用倒角命令制作多功能书桌

（1）在视图中创建两个矩形，矩形1长度为250mm、宽度为1200mm，矩形2长度为500mm、宽度为1200mm，如图2-2-47所示。

（2）将两个矩形对齐，用“线”命令画出如图2-2-48所示图形。

（3）给上一步创建的图形加“轮廓”，效果如图2-2-49所示。

（4）加载“倒角”命令，级别1高度为10mm、轮廓为10mm，级别2高度为400mm、轮廓为0mm，级别3高度为10mm、轮廓为-10mm，如图2-2-50所示。

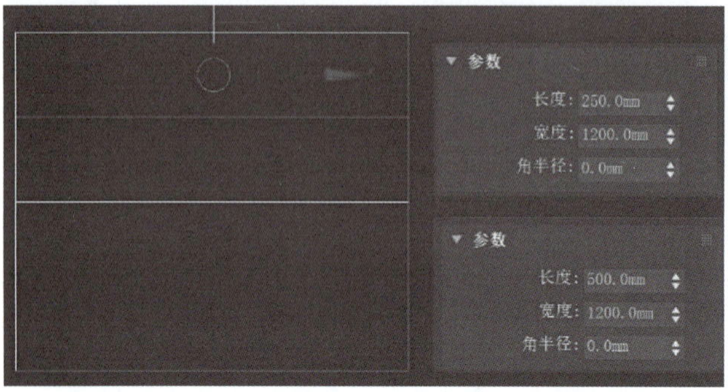

图2-2-47　矩形及参数

图2-2-48　描线

图2-2-49　“轮廓”命令

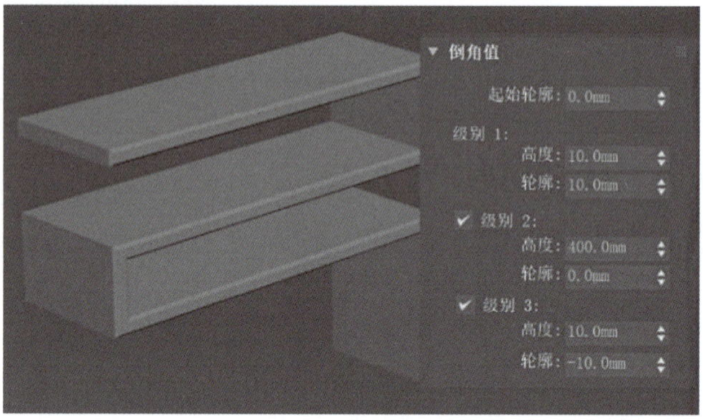

图2-2-50　“倒角”命令

（5）创建长方体，长度为400mm，宽度为1250mm，高度为30mm，并对齐到如图2-2-51所示位置。

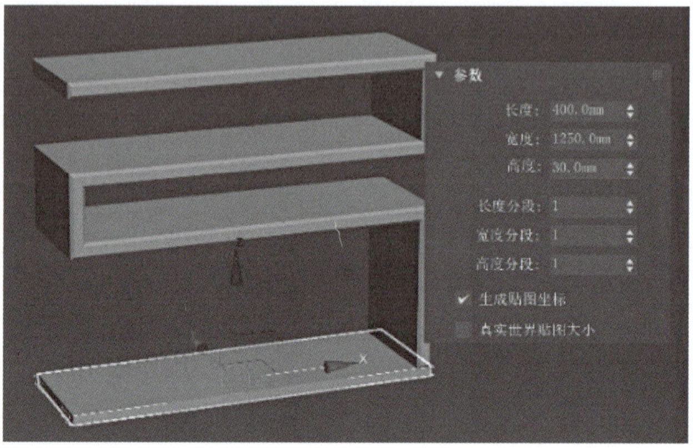

图2-2-51　长方体及参数（1）

（6）在顶视图画矩形，并转换为“可编辑样条线”，选中四个角进行圆角，圆角数值为8mm，效果如图2-2-52所示。

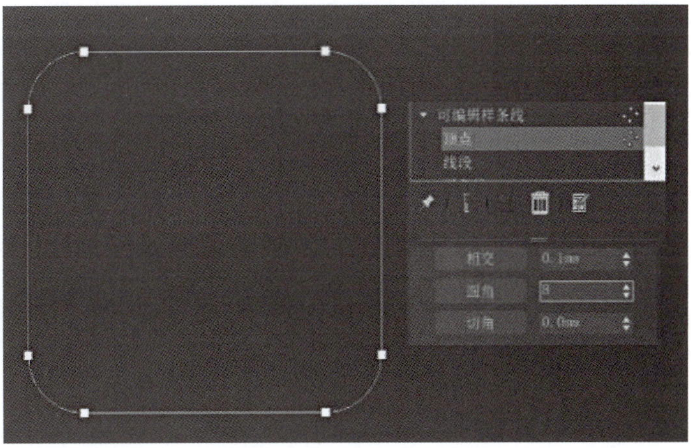

图2-2-52　“圆角”命令

（7）给步骤（6）创建的矩形加载“挤出”命令，“挤出”数量为1000mm，并复制一个矩形，放到如图2-2-53所示位置。

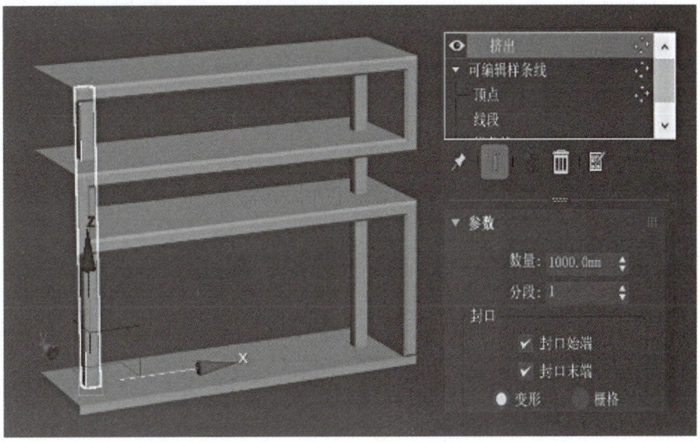

图2-2-53　“挤出”命令

（8）创建两个长方体，其中一个长方体长度为300mm、宽度为400mm、高度为500mm，另一个长方体长度为645mm、宽度为400mm、高度为200mm，调整为如图2-2-54所示位置。

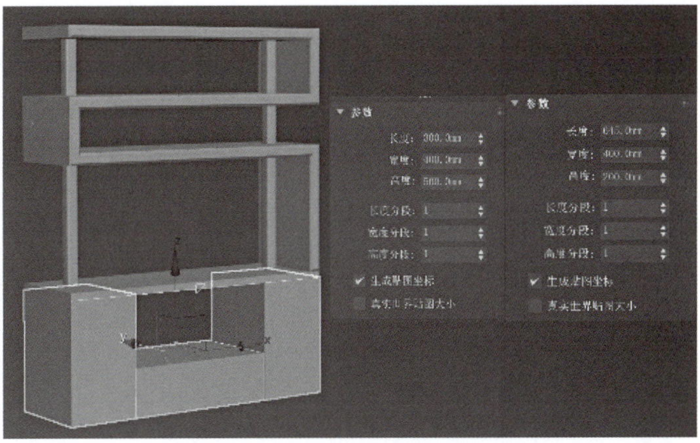

图2-2-54　长方体及参数（2）

（9）继续创建两个长方体，其中一个长方体长度为1200mm、宽度为400mm、高度为30mm，另一个长方体长度为400mm、宽度为10mm、高度为780mm，调整为如图2-2-55所示位置。

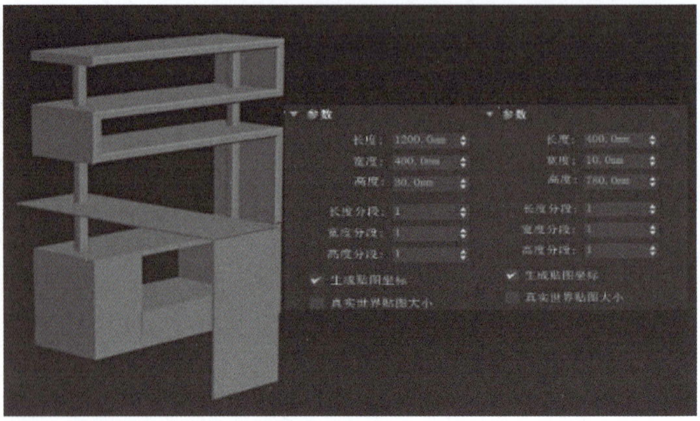

图2-2-55　长方体及参数（3）

（10）画三个圆柱体，作为抽屉的把手。多功能书桌最终效果如图2-2-56所示。

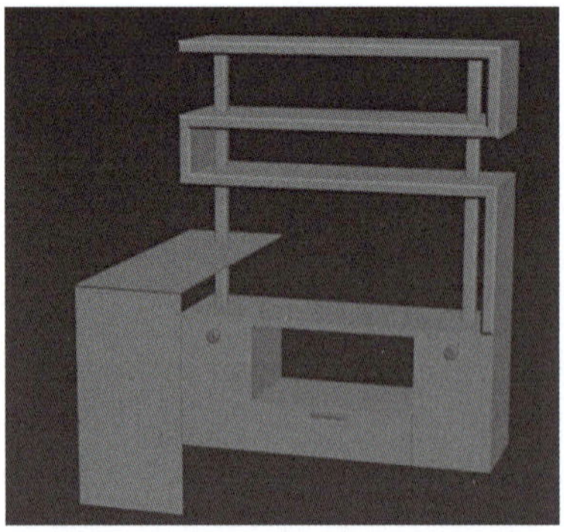

图2-2-56　多功能书桌最终效果

3.“FFD”命令

“FFD”也是在建模中经常用到的命令。“FFD”命令在视图中以带控制点的栅格长方体显示，可以通过移动控制点对模型进行变形。“FFD”分为多种方式，包括FFD2×2×2、FFD3×3×3、FFD4×4×4、FFD（长方体）和FFD（圆柱体）。它们的功能和使用方法基本一致，只是控制点的数量和控制形状有所不同。

操作方法：选中三维物体，加载“FFD3×3×3”命令。进入“FFD3×3×3”命令的子级别，选中控制点。在视图中选择需要的控制点，对物体进行变形，如图2-2-57所示。

4.“弯曲”命令

“弯曲”命令可以使模型在任意三个轴上控制弯曲的角度和方向，其参数设置如图2-2-58所示。

弯曲命令重要参数介绍：

（1）弯曲：控制弯曲的角度和方向。

（2）弯曲轴：控制模型在哪个轴上弯曲。

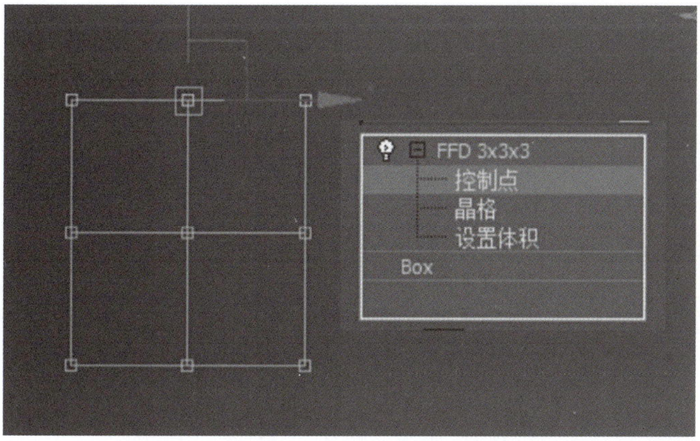

图2-2-57　“FFD”命令操作方法

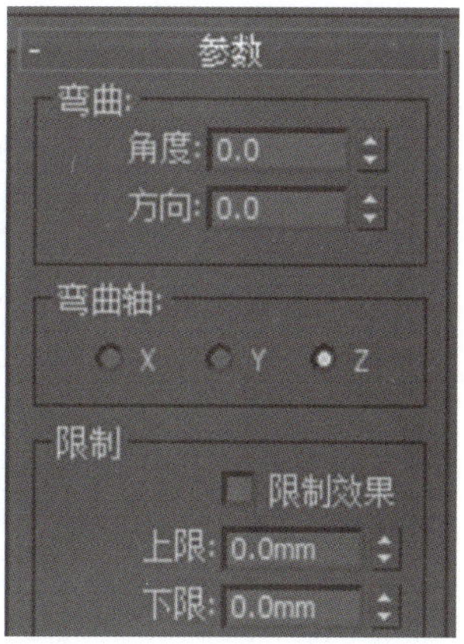

图2-2-58　“弯曲”命令重要参数

（3）限制：限制实体弯曲的范围。选中“限制效果”，将激活“限制”命令，在“上限”和“下限”选框中设置限制范围。

课堂实例5　用弯曲和FFD命令制作餐椅

（1）在顶视图创建矩形，长度为44mm，宽度为46mm，如图2-2-59所示。

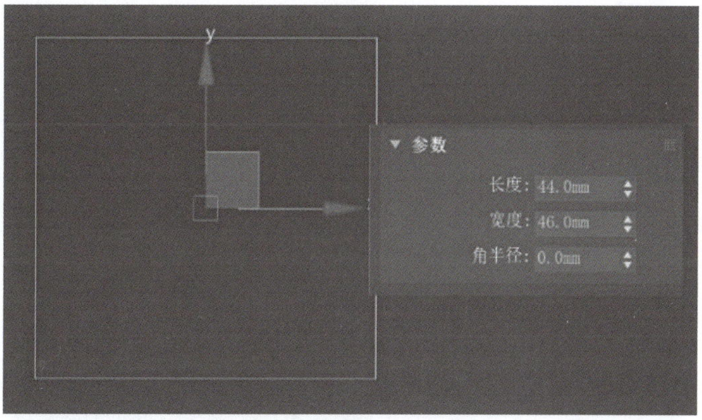

图2-2-59　矩形及参数

（2）将矩形转换为“可编辑多边形”，在“顶点”级别下，分别给四个角加载“圆角”命令，效果如图2-2-60所示。

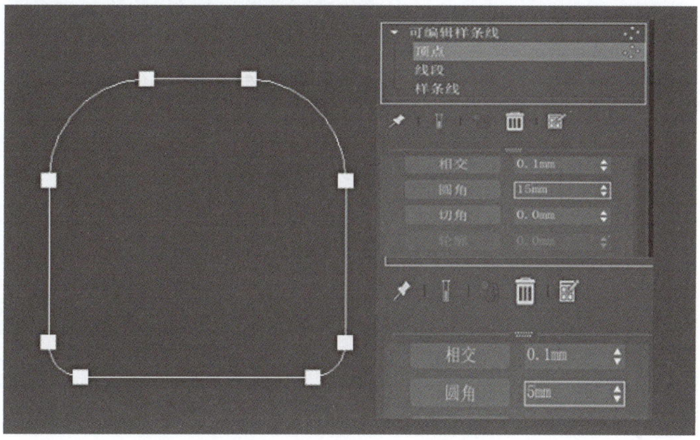

图2-2-60　“圆角”命令

（3）给步骤（2）创建的矩形加载“倒角”命令，参数如图2-2-61所示。

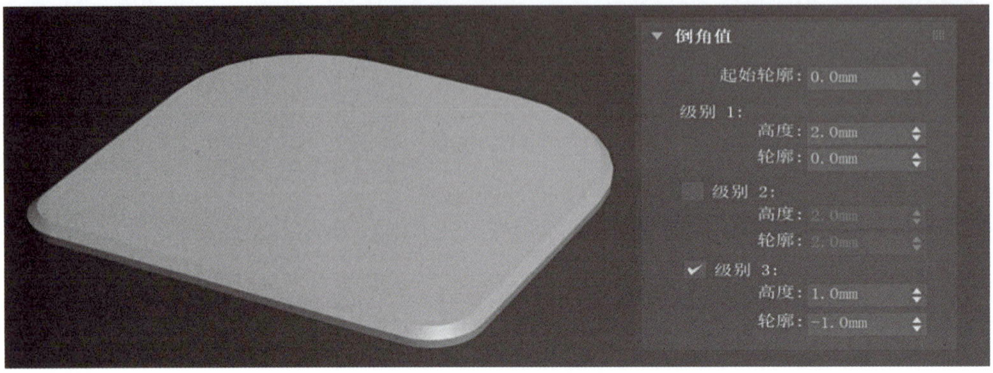

图2-2-61 “倒角”命令

（4）在视图中创建长方体，长度为2mm，宽度为4mm，高度为45mm。给创建的长方体加载“弯曲”命令，弯曲角度为15、方向为60、弯曲轴为*Z*，效果如图2-2-62所示。

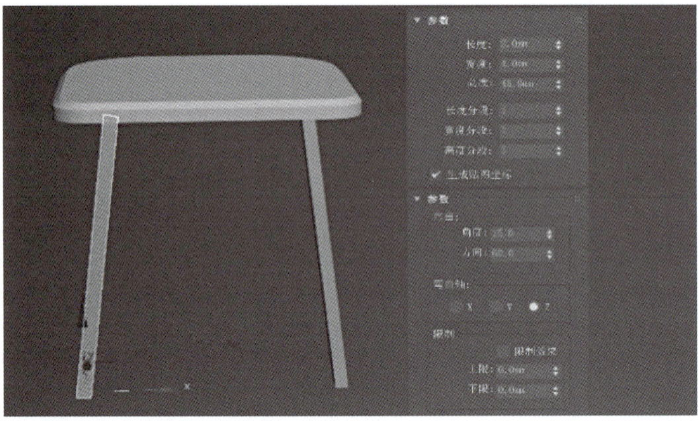

图2-2-62 长方体及参数

（5）继续在视图中创建长方体，长度为2mm，宽度为4mm，高度为80mm。给创建的长方体加载“弯曲”命令，弯曲角度为15、方向为-120、弯曲轴为*Z*，效果如图2-2-63所示。

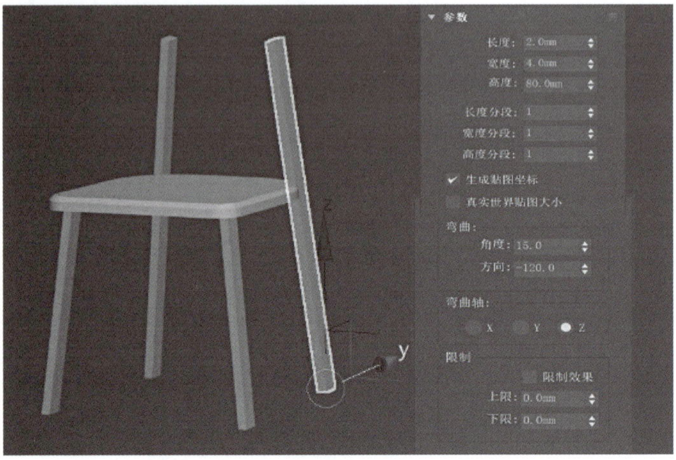

图2-2-63 “弯曲”命令

（6）在视图中创建切角长方体，长度为20mm、宽度为40mm、高度为3mm、圆角数值为8mm，长度分段、宽度分段、高度分段、圆角分段均为4。给创建的切角长方体加载“FFD4×4×4”命令，通过控制点，做成如图2-2-64所示效果。

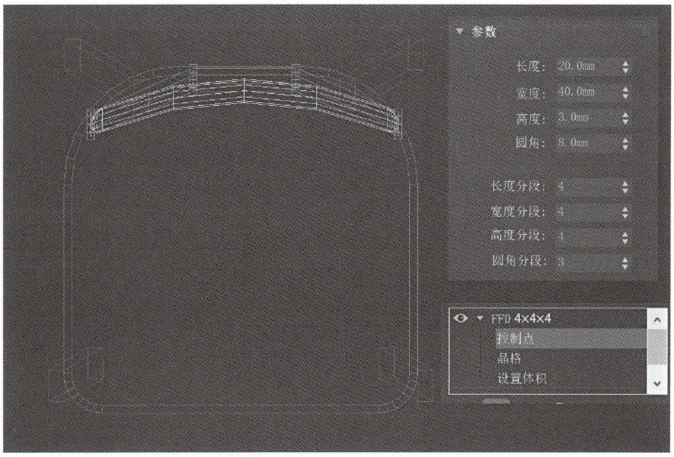

图2-2-64　“FFD4×4×4”命令

（7）最终效果如图2-2-65所示。

图2-2-65　餐椅最终效果

5.“车削”命令

“车削”命令是通过旋转绘制的二维线创建三维模型，将二维图形沿着一个轴旋转一定的角度（角度为0°~360°），从而形成一个旋转体。此命令常用来创建杯子、花瓶等模型，其参数设置如图2-2-66所示。

车削命令重要参数介绍：

（1）度数：设置车削命令的旋转角度。

（2）焊接内核：将中心轴向上重合的点进行焊接精减，以使模型结构相对简单。

（3）翻转法线：将模型表面的法线方向反向。

（4）分段：设置车削命令后模型上的分段数量，值越大，模型表面越光滑。

（5）封口：设置车削后模型顶面和底面上是否封口。

（6）方向：设置物体围绕哪个轴进行旋转。

（7）平滑：将车削的模型平滑显示。

图2-2-66 “车削”命令重要参数

6.“晶格”命令

“晶格”命令是将物体的边和顶点转换成新的三维物体。该命令经常创建栅格、框架等模型，其参数设置如图2-2-67所示。

“晶格”命令重要参数介绍：

（1）应用于整个对象：勾选时将影响全部物体，不勾选仅对物体局部起作用。

①仅来自顶点的节点：“晶格”命令只影响顶点。

②仅来自边的支柱：“晶格”命令只影响边。

③二者：影响顶点和边。

（2）支柱：包括半径、分段、边数、材质ID。

①半径：设置支柱界面的半径大小，即支柱的粗细程度。

②分段：设置支柱上的分段数。

③边数：设置支柱界面图形的边的数量。

④材质ID：为支柱物体设置材质ID号。

（3）基点面类型：包括四面体、八面体、二十面体。可设置以哪种几何体作为顶点的基本模型。

（4）半径：设置球化物体的大小。

（5）分段：设置球化物体的分段数量。值越大面越多，物体越平滑，越接近球体。

（6）平滑：对物体表面进行平滑处理。

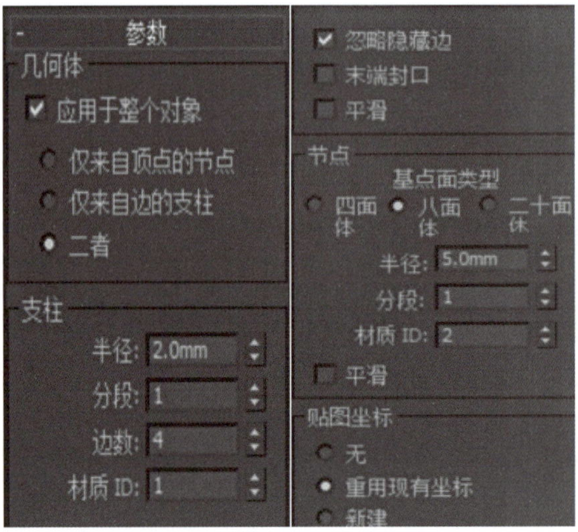

图2-2-67 “晶格”命令重要参数

任务评价

1 本次任务的技能点评价

本次任务的技能点评价见表2-2-1。

表2-2-1　本次任务的技能点评价

序号	技能点评价	佐证	达标	未达标
1	二维线的绘制方法	能够利用二维线的绘制方法制作模型		
2	二维线的编辑方法	能够利用二维线的编辑方法制作模型		
3	复合对象的建模方法	能够利用复合对象的相关命令制作模型		
4	“挤出”“倒角”“FFD”命令的运用	能够运用“挤出”“倒角”“FFD”命令制作模型		
5	“弯曲”“晶格”“车削”命令的运用	能够运用“弯曲”“晶格”“车削”命令制作模型		

2 本次任务的素质点评价

本次任务的素质点评价见表2-2-2。

表2-2-2　本次任务的素质点评价

序号	素质点评价	佐证	达标	未达标
1	创新意识	能够利用二维线和复合对象的命令制作出具有创意的模型		
2	团队合作精神	能够和团队成员协商合作，共同完成模型制作		
3	精益求精的工匠精神	能够充分利用二维线等命令做出精确的模型		
4	自我学习	能够运用二维线和复合对象的相关知识和技能进行自我学习		

任务三

多边形建模

本任务讲解可编辑多边形的基础知识，可编辑多边形应用于效果图、室内设计、展示设计等领域的模型制作，多边形建模方法在编辑上更加灵活。

一、多边形的转换方式

（1）点击“创建”—“几何体”—“标准基本体”—“球体”，在作图区域绘制一个球体模型，右键转换为可编辑多边形，如图2-3-1所示。注意：使用此种方法，之前模型的参数将会全部丢失。

（2）修改器列表，选中对象，在修改器面板中选择“编辑多边形”，如图2-3-2所示。注意：使用此种方法，之前模型的参数将会保留。

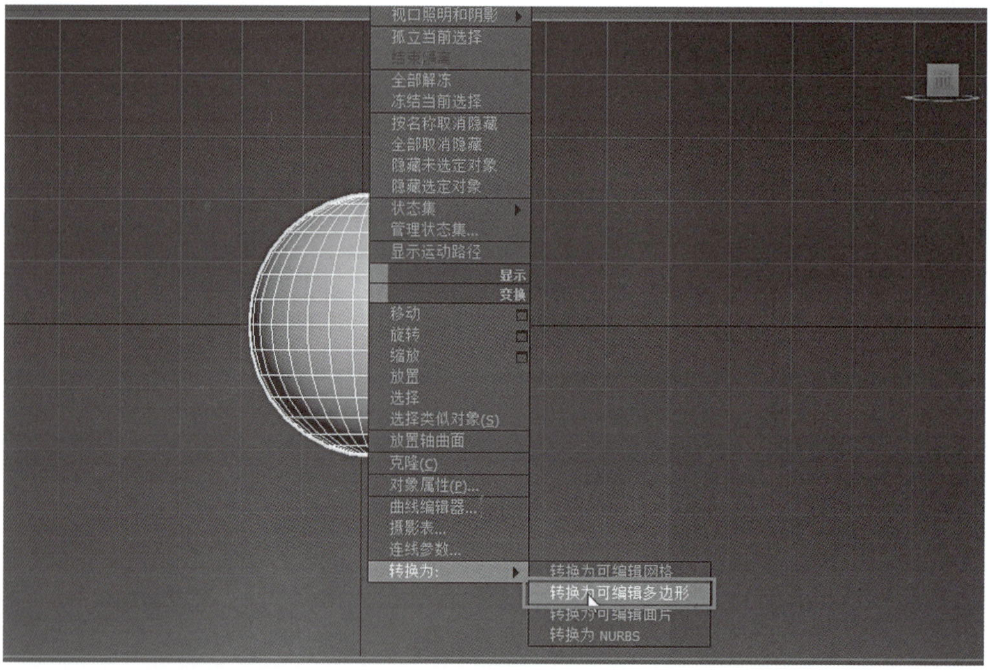

图2-3-1　转换为可编辑多边形

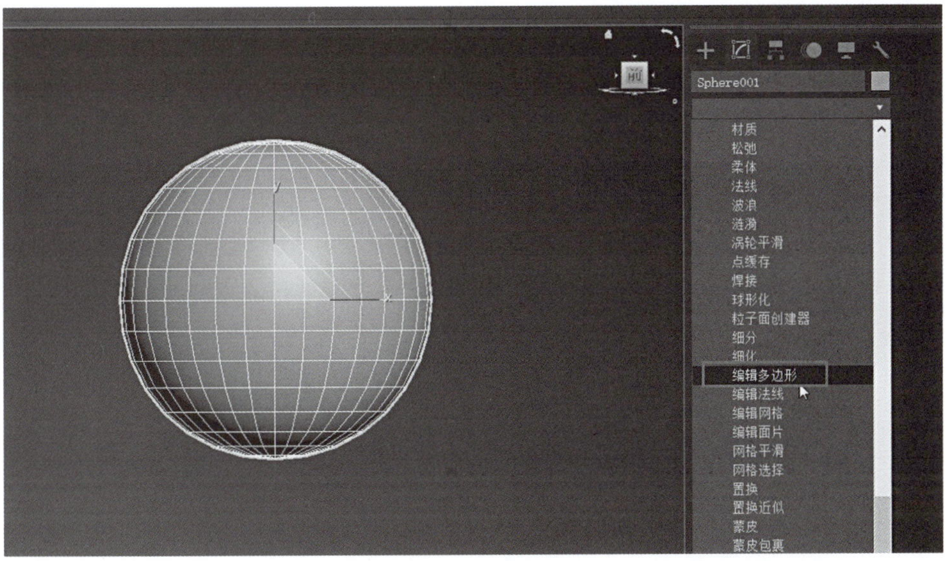

图2-3-2　编辑多边形

（3）在“配置修改器集”点击“显示按钮”“网格编辑”，点击“编辑多边形”，如图2-3-3所示。注意：使用此种方法，之前模型的参数将会保留。

（4）在修改器堆栈中转化，选中对象，在修改器堆栈中右键单击，选择“转化为：可编辑多边形”，如图2-3-4所示。注意：使用此种方法，之前模型的参数将会全部丢失。

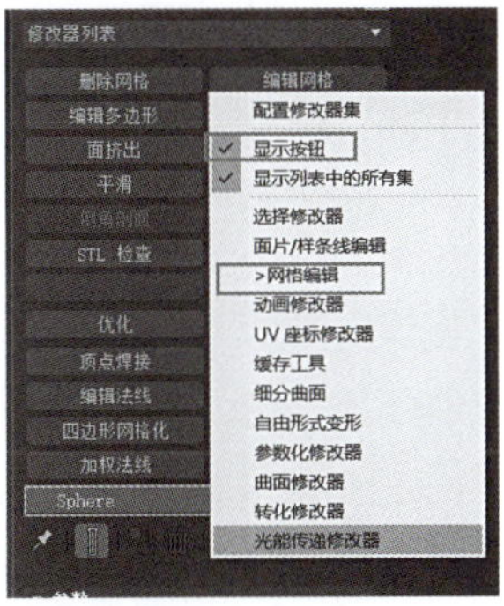

图2-3-3　点击“显示按钮”和“网格编辑”

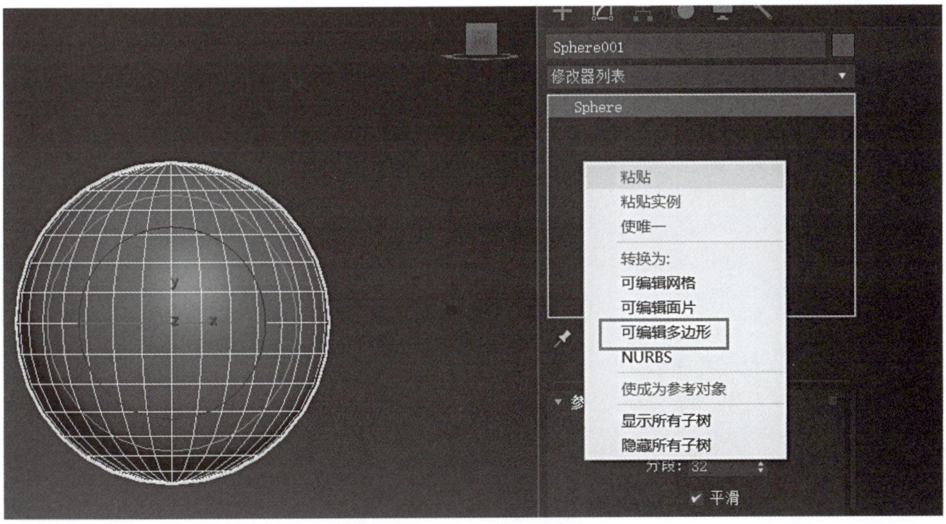

图2-3-4　点击可编辑多边形

（5）在“建模”选项卡中转化，选中对象，在“建模”选项卡中选择“建模”—“多边形建模”，在“建模”面板中选择“转化为多边形”，如图2-3-5和图2-3-6所示。注意：使用此种方法，之前模型的参数将会全部丢失。

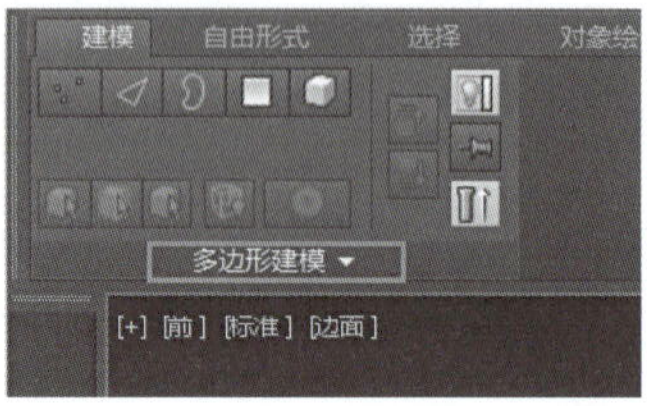

图2-3-5 选项—多边形建模

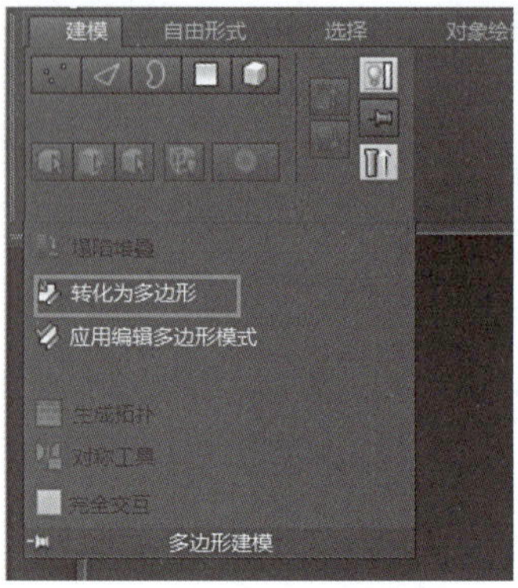

图2-3-6 转化为多边形

二、选择卷展栏和编辑几何体

1. 选择卷展栏

“编辑几何体”卷展栏提供了用于在顶（对象）层级或子（对象）层级更改多边形对象几何体的全局控件。除在以下说明中注明的以外，这些控件在所有层级均相同。

点击“创建”—“几何体”—“标准基本体”—“球体”，在作图区域绘制一个球体模型。右键转换为可编辑多边形，如图2-3-7所示。

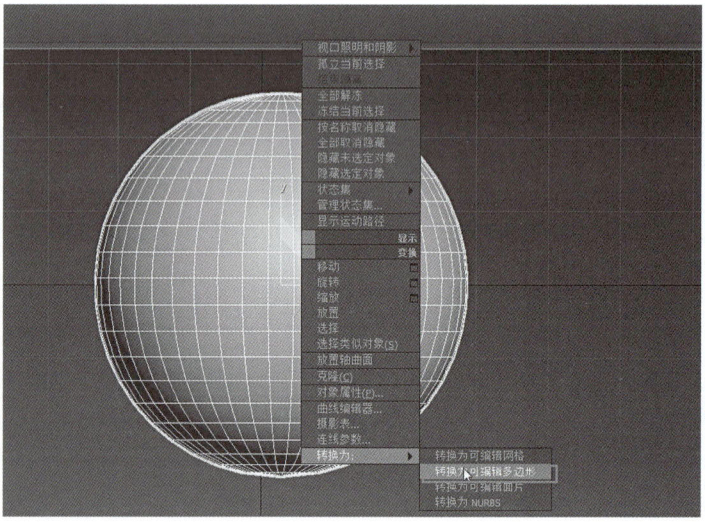

图2-3-7 右键转换为可编辑多边形

2. 编辑几何体

（1）“修改”面板—“编辑几何体”卷展栏，如图2-3-8所示。

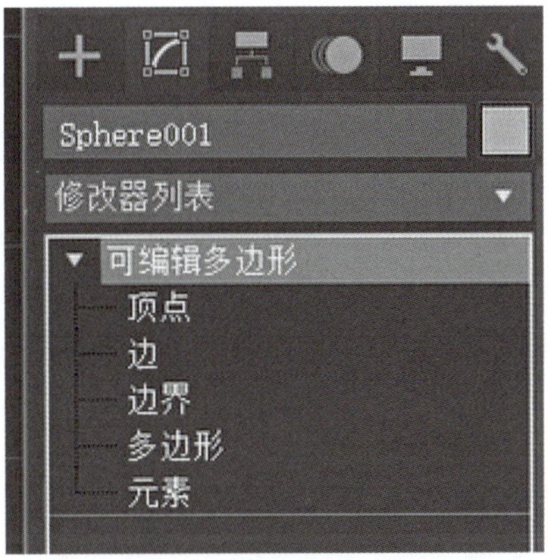

图2-3-8 “编辑几何体”卷展栏

（2）顶点层级：通过单击活动视口中的任意位置，将顶点添加到单个选定的多边形对象。三条线所在一端的点，被操作时其他三个边也会受到影响。

（3）边：两点之间的一条线段，操作时是对选中的线进行操作，其他与之相邻的两根线受影响。

（4）边界：可以选择未封闭的一圈线的组合。

（5）多边形：可以选择以最少三条边构成的封闭面片，对选中的面进行操作时与之相邻的其他面受影响。

（6）元素：可以选择由多个面组成的独立个体。

三、编辑顶点、编辑边、编辑多边形

1. 编辑顶点

选择“球体”，右键转换为可编辑多边形，进入“顶点”级别，右击出现的菜单中有顶点级别的常用命令。“创建点”命令可在视图中任意创建顶点，如图2-3-9所示。

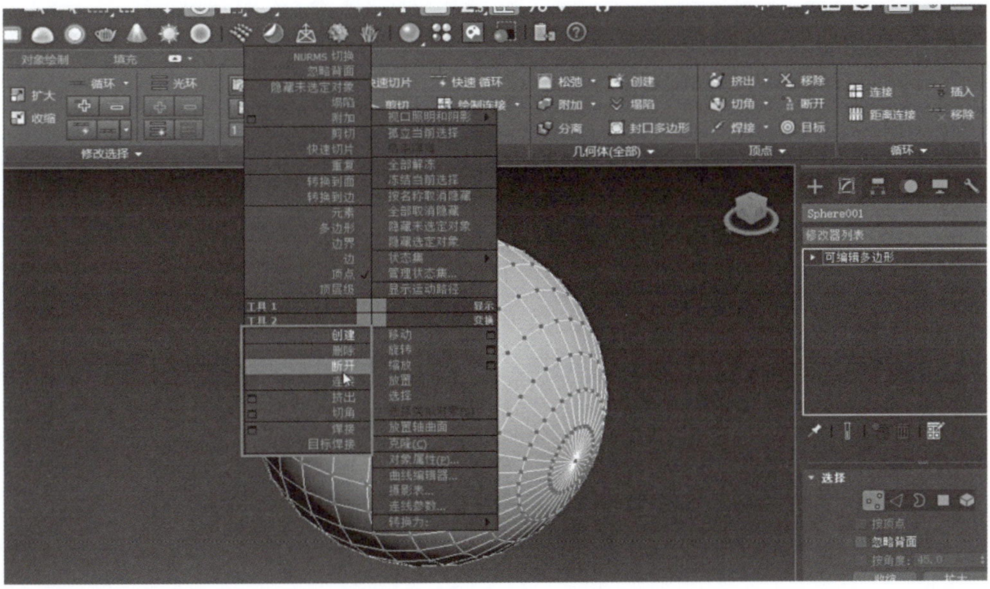

图2-3-9 “顶点”级别常用命令

（1）移除：可以在不破坏原图形的情况下移除多余的顶点，若按Delete键删除，则会破坏原图形，如图2-3-10所示。

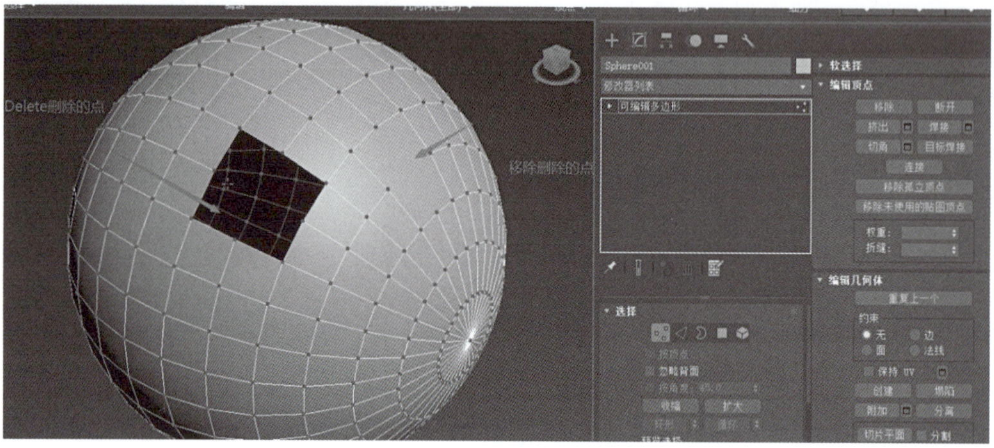

图2-3-10 “移除”删除的点

（2）断开：在与选择的顶点相连接的每个多边形上都创建一个新的顶点，使它们不在连接于原来的顶点上，如图2-3-11所示。

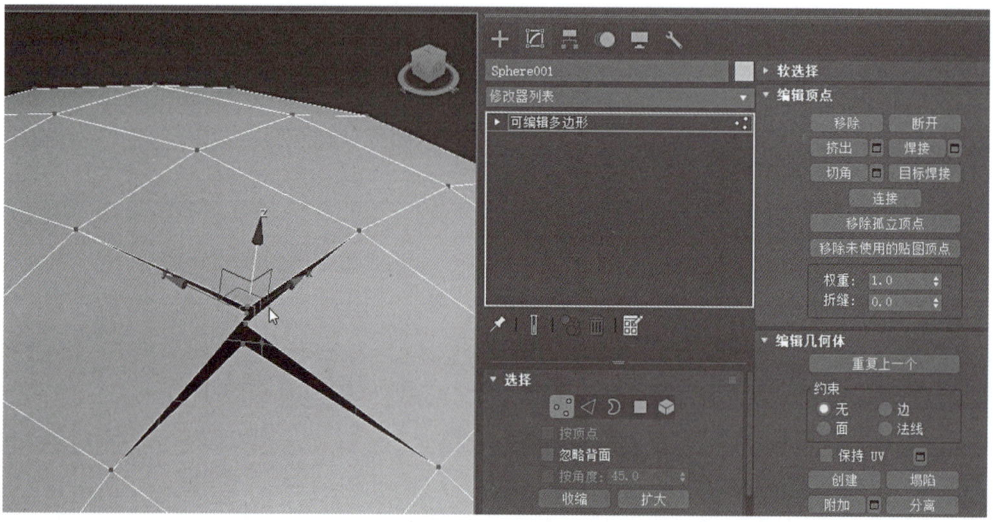

图2-3-11 断开顶点

（3）挤出：进入“顶点”层级，在一个点上选择挤出，弹出对话框，在对话框内选择挤出方式和挤出的高度，如图2-3-12所示。

（4）焊接：将两个没有交集的顶点焊接成为一个顶点。同时选择两个顶点，选择“焊接”，弹出一个对话框，增加一定数值至焊接成功，如图2-3-13所示。

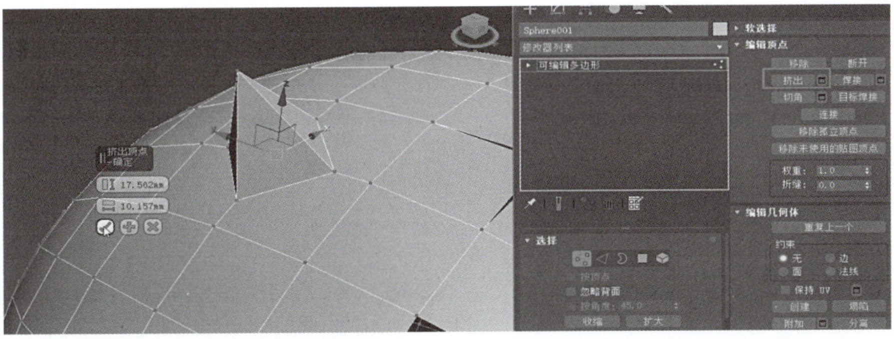

图2-3-12　挤出顶点

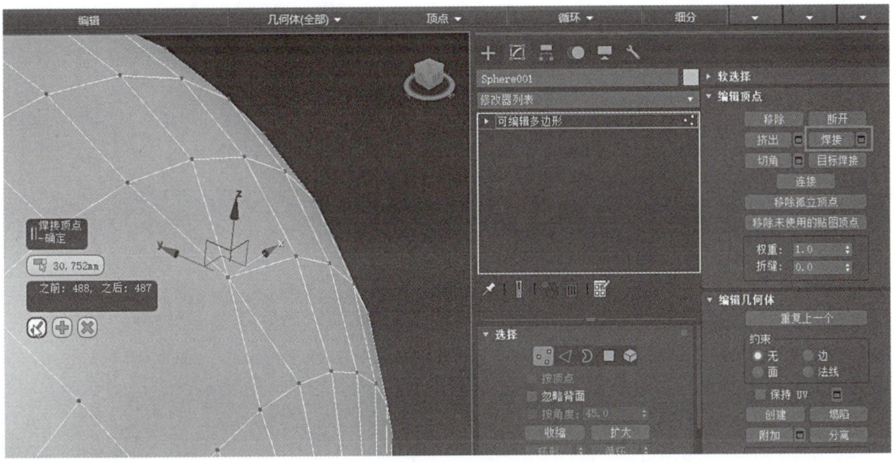

图2-3-13　焊接顶点

（5）目标焊接：与焊接不同的是目标焊接需要先选择一个顶点去连接另一个顶点，而焊接需要同时选择两个顶点来完成操作，如图2-3-14所示。

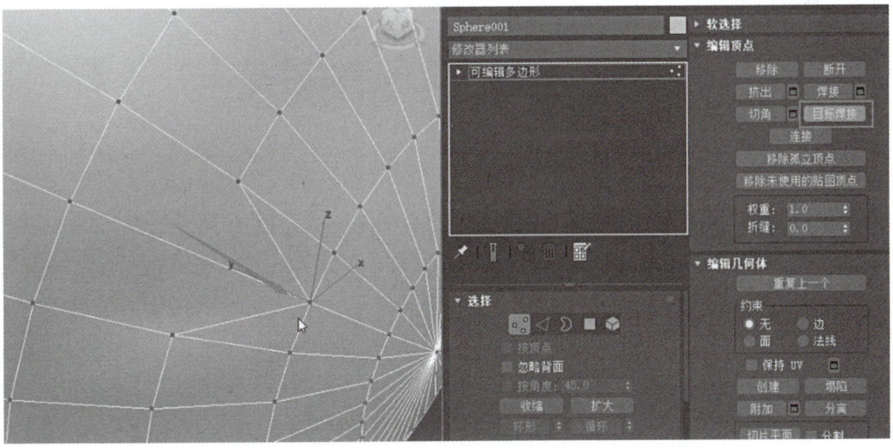

图2-3-14　目标焊接顶点

（6）切角：选择需要切角的顶点，可根据模型制作点击切角，在这里可以调节切角的顶点深度、顶点的切角分段、是否打开切角、切角大小，如图2-3-15和图2-3-16所示。

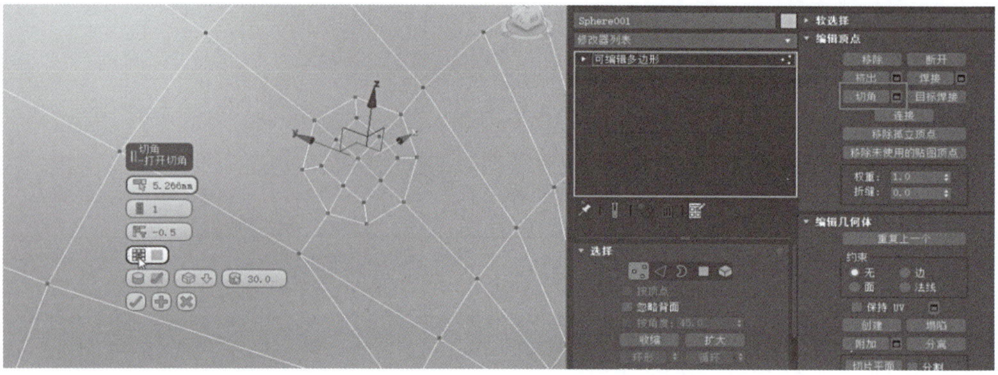

图2-3-15　切角角度大

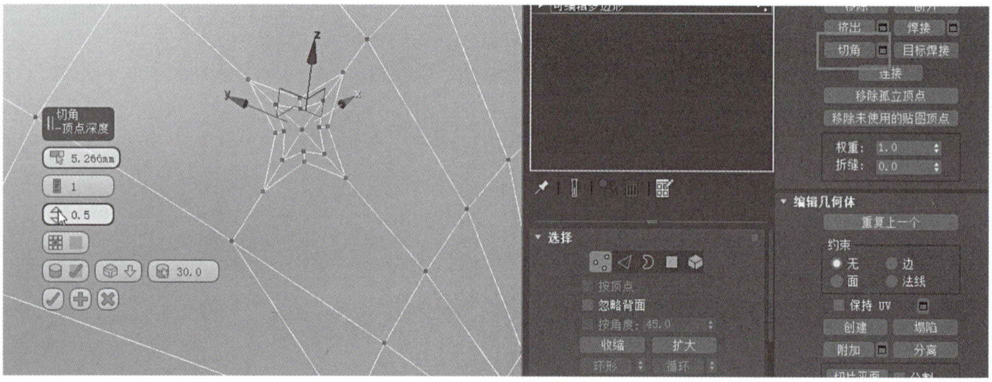

图2-3-16　切角角度小

（7）连接：将两个没有交集的顶点或边连接在一条线上，如图2-3-17所示。

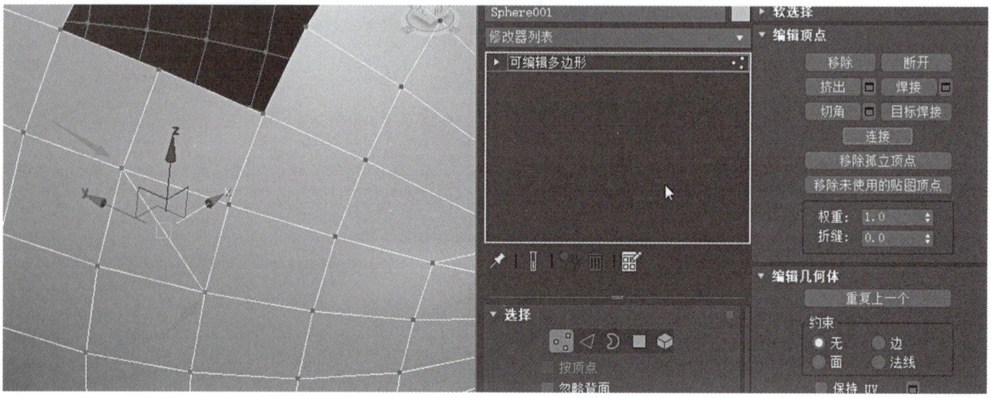

图2-3-17　两点连接到一条线

2. 编辑边

（1）“扩大”：朝所有可用方向外侧扩展子对象选择。用法：选择一个子对象，然后应用“扩大”以向其边界处的选择范围添加子对象，如图2-3-18所示。

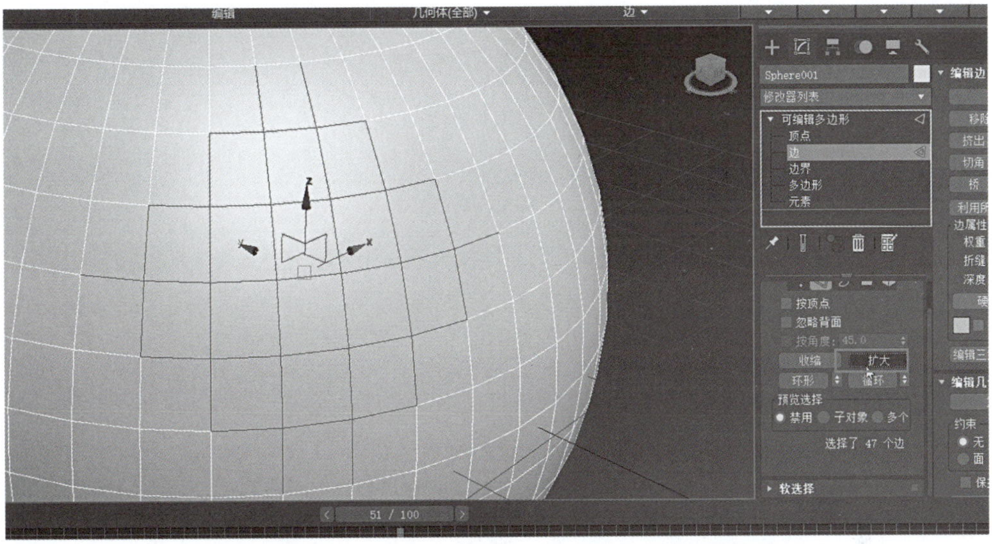

图2-3-18　扩大

（2）收缩：通过取消选择最外部的子对象缩小子对象的选择区域。如果不再减少选择大小，则可以取消选择其余的子对象。方法：选择子对象，然后应用“收缩”取消选择边界成员，如图2-3-19所示。此处可以和扩大进行对比参考。

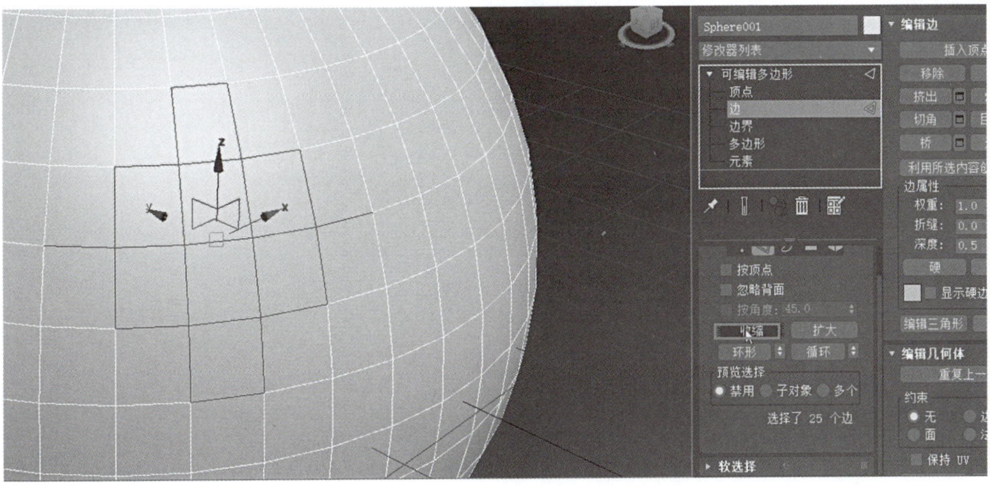

图2-3-19　收缩

（3）环形：启用该选项后，选择边以自动选择其边环。用法：选择一个或多个边以选择其所在的环。要在“环模式”处于活动状态时取消选择边环，在按住Alt键的同时选择选定环中的边，如图2-3-20所示。

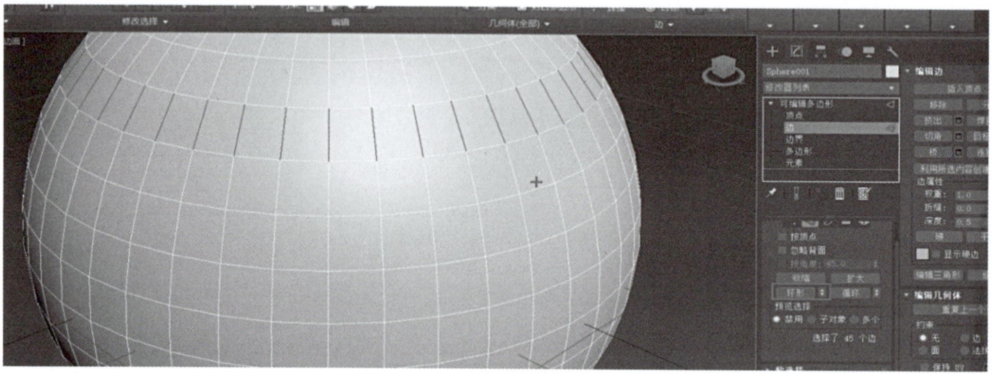

图2-3-20　环形

（4）循环：基于当前选定的边，选择一个或多个循环。用法：选择一个或多个边，然后应用以选择循环，如图2-3-21所示。

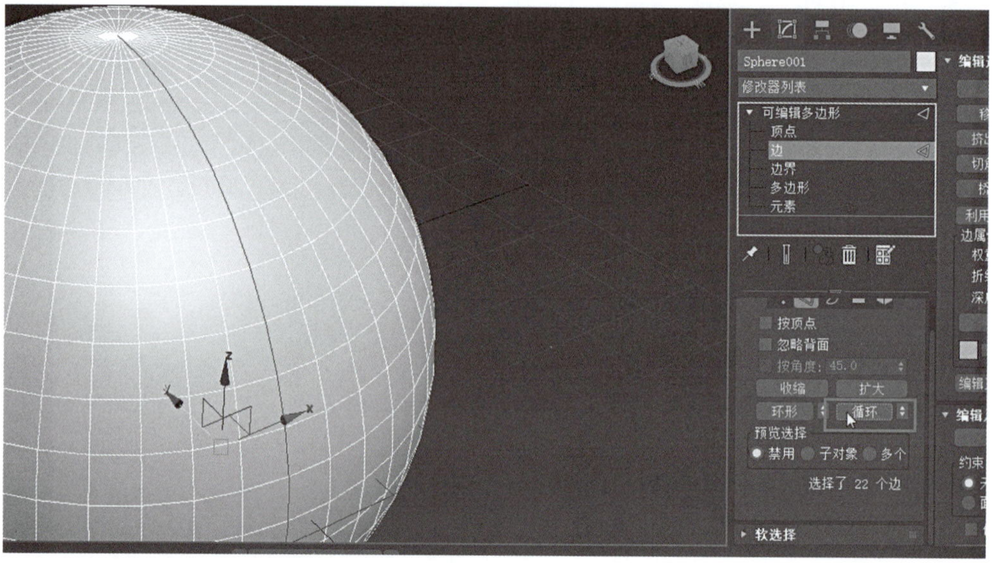

图2-3-21　循环

（5）插入顶点：选择一条边，单击“插入顶点”，就可以在这条边上插入一个顶点。

（6）分割：沿着选定边分割网格。注意：如果对网格中间的单边应用“分割”，不会执行任何操作。受影响边的至少一个端点必须是可分离端点，此选项才能生效，如图2-3-22所示。

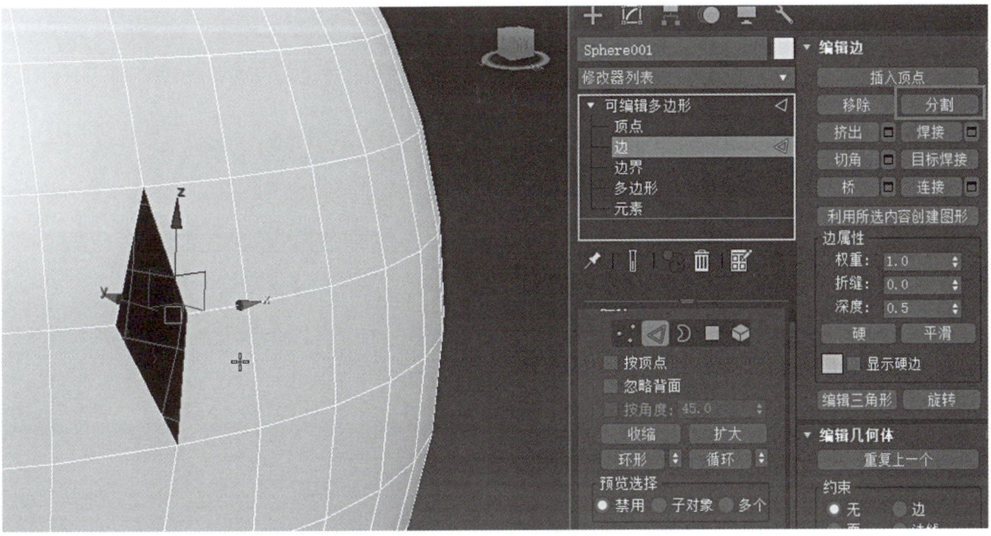

图2-3-22　分割

（7）挤出：可通过在视口中直接操作，手动挤出边。用法：单击此按钮，然后沿垂直方向拖动任意边以将其挤出，或者选择一个区域，然后拖动其中一个选定边，以便同时挤出所有的边。挤出边时，还可以沿水平方向拖动，以设置挤出基面的宽度。若要退出，可再次右键单击或单击“挤出”，如图2-3-23所示。

图2-3-23　挤出

（8）切角：切角“帧”边或边界，创建一组与现有边平行的新边，以及使用任意转角的新斜边。用法：点击“切角”，然后拖动边或边界。如果对多个选定的边或边界进行切角处理，则这些边的切角是相同的。如果拖动一条未选中的边或边界，那么会先取消选中任何选中的子对象。如图2-3-24所示为初始选择，如图2-3-25所示为切角之后。

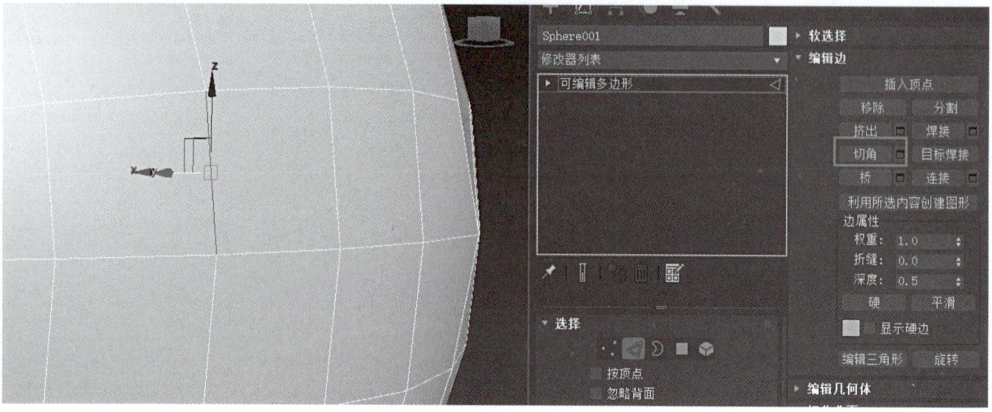

图2-3-24　随机选择一条边

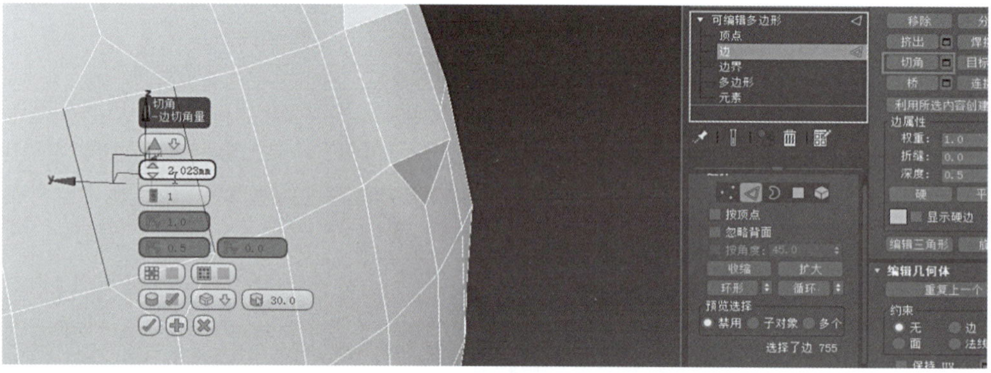

图2-3-25　点击“切角”后的效果

（9）桥：使用多边形“桥”连接边界边。创建边循环或剖面时，该工具特别有用。在“直接操纵”模式（即无须使用“桥”设置）下，使用“桥”的方法有两种：选择对象上的两个或更多边界边或边界，然后单击“桥”，此时，将会使用当前的“桥”设置立刻在每对选定边界之间创建桥，然后取消激活“桥”按钮。

（10）连接：同时选择相对应的两条边，选择“连接”命令，弹出对话框，在对话框内可增加或减少线条数以及连接的位置，如图2-3-26所示。

（11）切片平面：在切片平面位置执行切片操作。只有启用“切片平面”时，才能使用该选项。用法：启用“切片平面”，根据需要移动并旋转切片平面，然后单击“切片平面”，以便沿平面细分对象，如图2-3-27所示。

（12）网格平滑：使用当前设置，通过细分选择以及圆滑锐角和边平滑对象。

（13）细化：根据细化设置细分对象中的多边形。

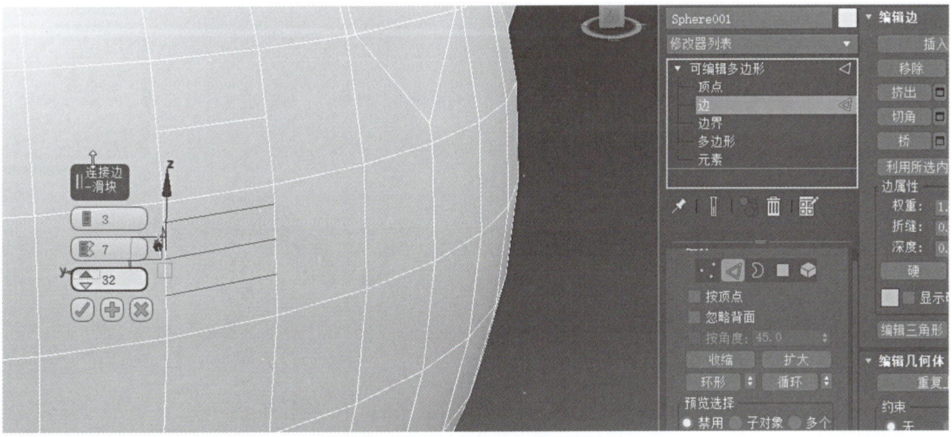

图2-3-26　连接三条线段

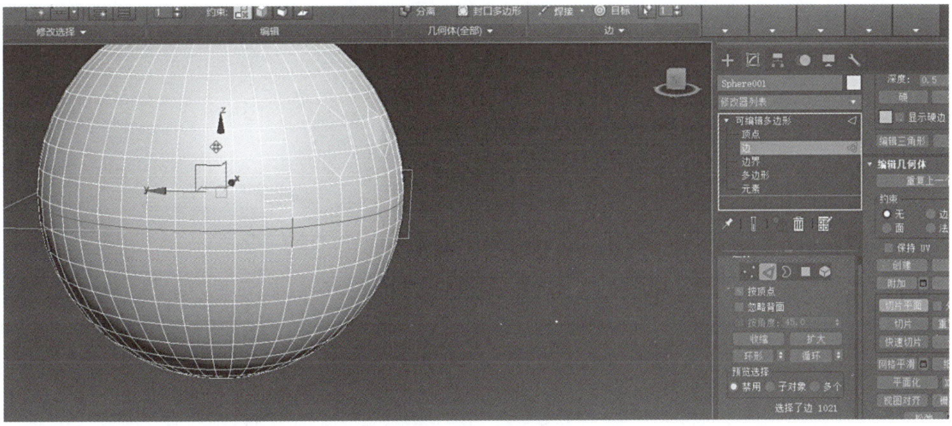

图2-3-27　切片平面

3. 边界

在多边形级别，删除一个面，进入“边界”级别，单击缺口的边界，选择封口，即可封住缺口，如图2-3-28所示。

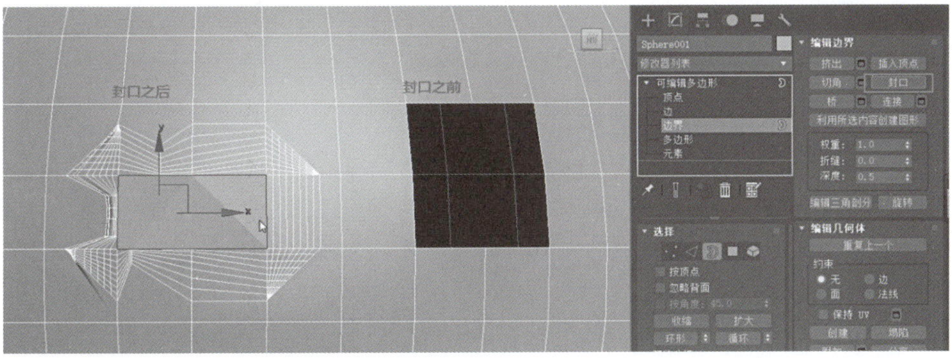

图2-3-28　封口之后（左）与封口之前（右）

4. 编辑多边形

（1）挤出：进入多边形层级，在一个面上选择“挤出”，弹出对话框，在对话框内选择挤出方式和挤出高度，如图2-3-29所示。

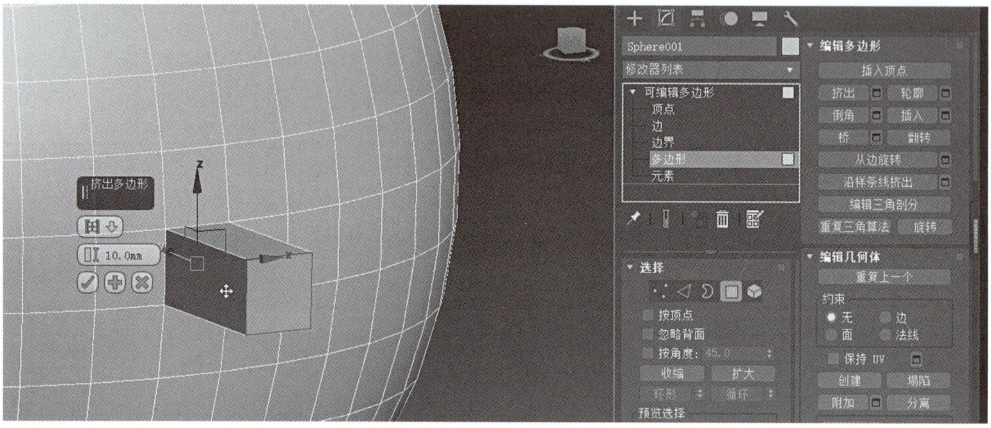

图2-3-29 挤出

（2）轮廓：将面以相同比例进行向内或向外延伸，如图2-3-30所示。

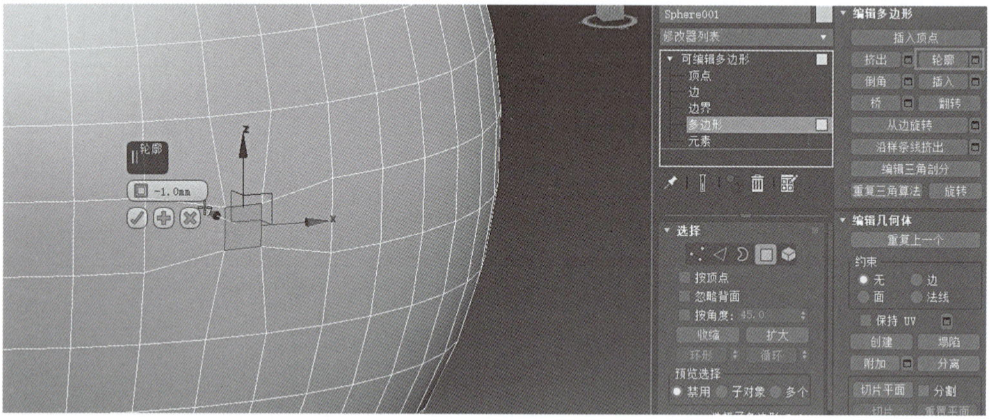

图2-3-30 轮廓

（3）倒角：选择一个面，选择“倒角”，弹出一个对话框，在对话框内调节倒角的高度和向内或向外的扩展程度。对话框内的“+”号表示可以在倒角基础上再次添加，如图2-3-31所示。

（4）插入顶点：选择一个面，选择“插入顶点”，面中间的点则与这四个顶点相连。

（5）隐藏选定对象：将暂时不使用的对象隐藏起来，和全部取消隐藏对应，如图2-3-32所示。隐藏未选定对象，在建模时会多次用到，此命令只存在于多边形层级。

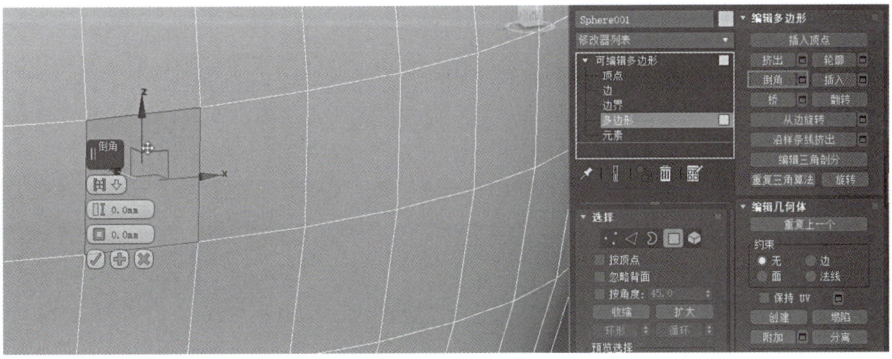

图2-3-31　倒角

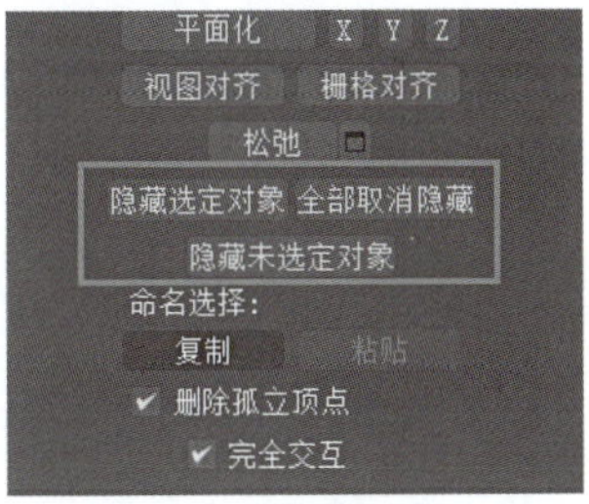

图2-3-32　隐藏选定对象

5. 元素

（1）附加：创建一个长方体，选择原长方体模型，单击“附加”，拾取新创建的几何体，则几何体合并成一个新整体，如图2-3-33所示。

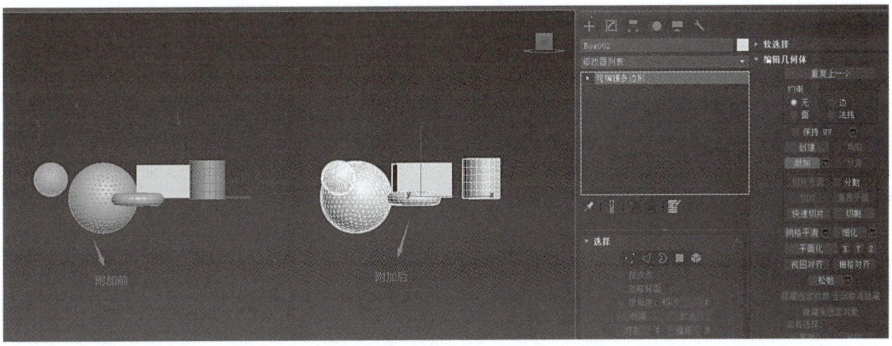

图2-3-33　附加

（2）分离：与附加相对应的是分离。进入元素级别，选择刚才附加在一起的模型中的几何体，单击“分离”，弹出一个对话框，可以重命名、分离到元素及克隆对象，单击确定，分离完成。

（3）快速切片：迅速对对象执行切片操作。用法：进行选择，单击“快速切片”，然后在切片的起始点单击一次，再在其结束点单击一次。激活命令时，可以继续对选定内容执行切片操作。注意：在多边形和元素子对象层级，快速切片仅影响选定多边形。要对整个对象执行切片操作，则在其他任何子对象层级或对象层级使用“快速切片”，如图2-3-34所示。

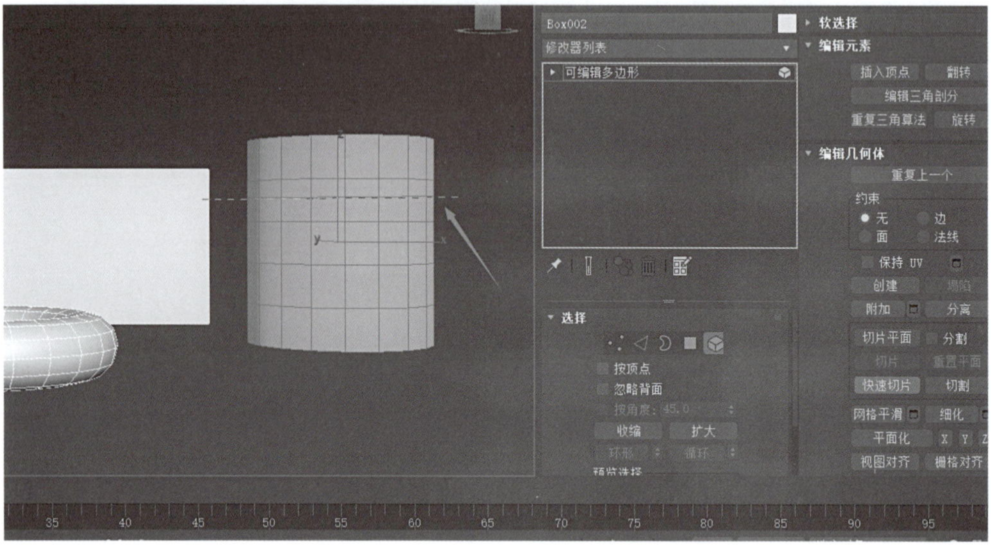

图2-3-34　仅影响选定多边形

（4）多边形平滑组：数字1~32代表平滑组数量，建模完成后需要将平滑组数量统一设置为一个值，如图2-3-35所示。

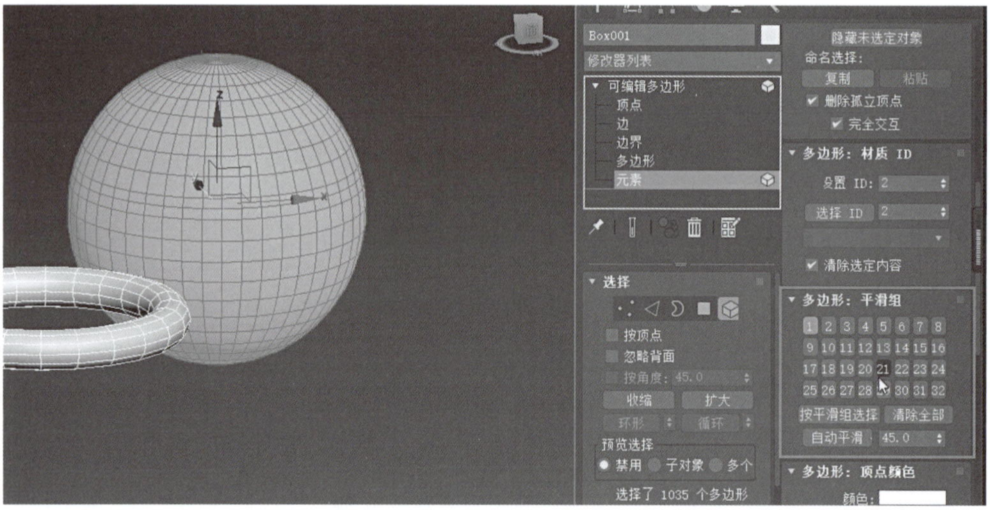

图2-3-35　多边形：平滑组

课堂实例1 茶几制作

首先确定茶几模型尺寸和结构，为了方便制作模型，也可以利用参考图来制作，如图2-3-36所示。

图2-3-36　茶几参考图

1. 面板制作

（1）打开3Dmax2022，先观察参考图，用Alt+W最大化显示，按T切换到顶视图，创建长方体，长度为750mm，宽度为1300mm，高度为500mm，右键“添加属性”，勾选“显示为外框”，勾选“冻结”，如图2-3-37所示。

图2-3-37　打开对象属性

（2）在“创建”面板中单击“样条线”按钮，在下拉列表中选择创建“矩形”，如图2-3-38所示。矩形尺寸为50mm×50mm，如图2-3-39所示。

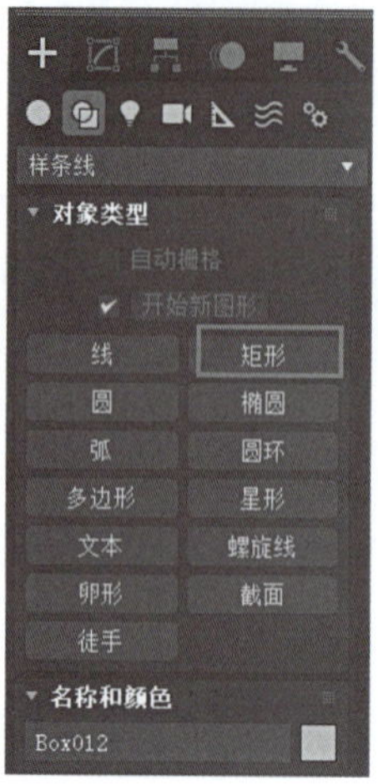

图2-3-38　选择“矩形”

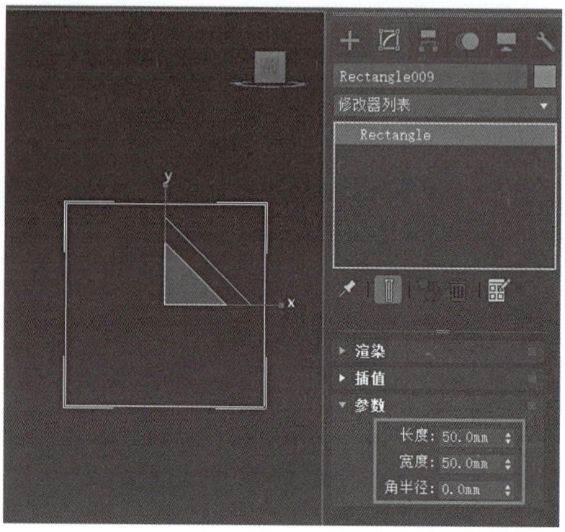

图2-3-39　更改参数

（3）选择线条，向下塌陷，关闭捕捉，到中间停下，下方是弧形结构，鼠标右键选择“顶点标记”，鼠标右键选择“弧线”，打开捕捉，圆弧结构完成，再右键选择“弧线”，右键选择“线条”，打开捕捉，完成结构，如图2-3-40所示。

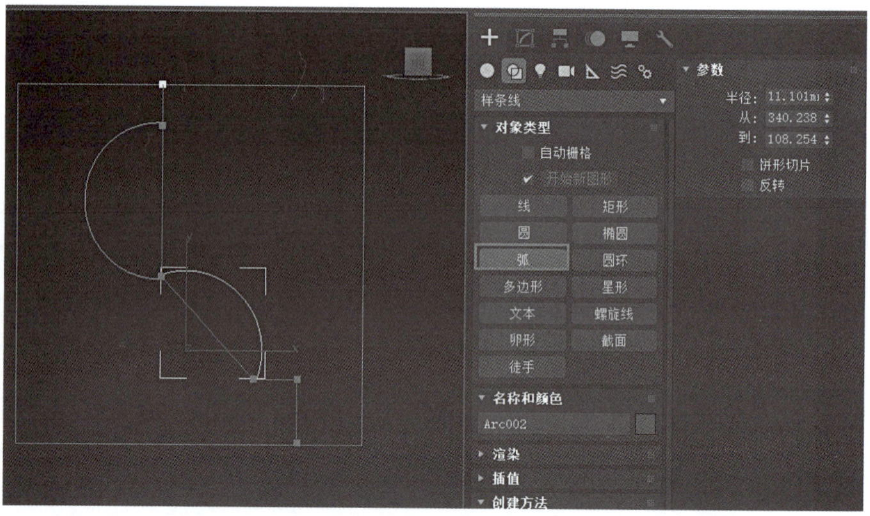

图2-3-40　圆弧结构

（4）右键点击“转换为可编辑样条线”，如图2-3-41所示。点击“附加”，“顶点”层级，再点击“焊接”，如图2-3-42所示。最终效果如图2-3-43所示。

（5）按T切换到顶视图，在“插值”中降低“步数”，如图2-3-44所示。

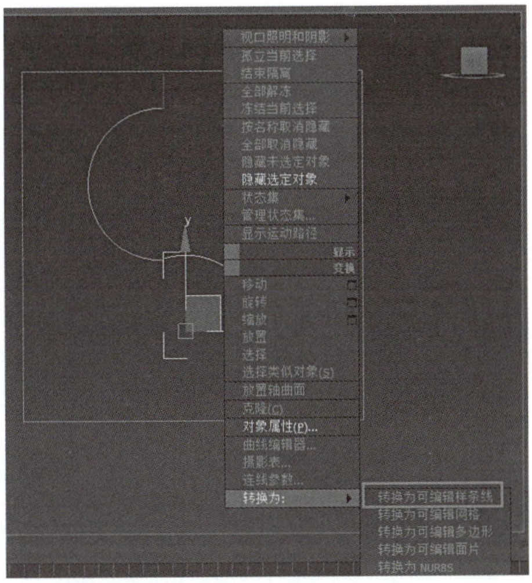

图2-3-41　转换为可编辑样条线

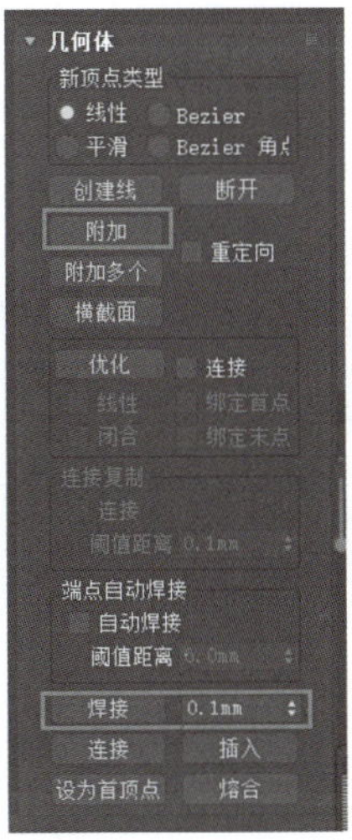

图2-3-42　附加和焊接

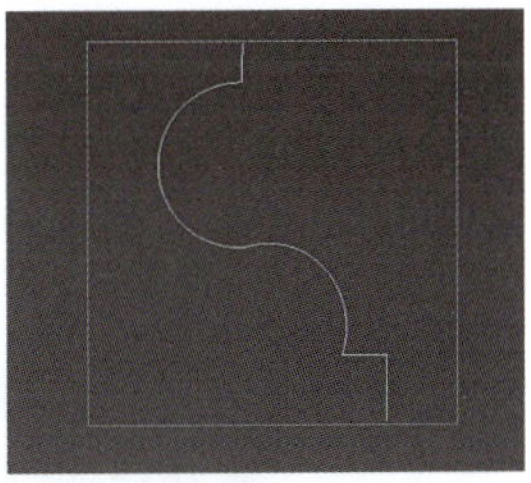

图2-3-43　结构效果

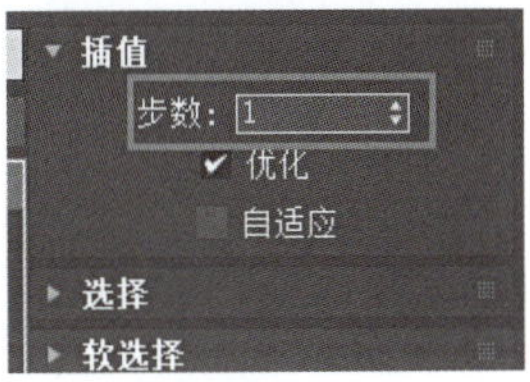

图2-3-44　插值

（6）画一个矩形，设置捕捉0.5，在修改器列表中选择“倒角剖面”，如图2-3-45所示。选中“经典”中的“拾取剖面”，如图2-3-46所示。进入子层级，选择“旋转”，打开角度捕捉，选择180°，台面制作完成。最终效果如图2-3-47所示。

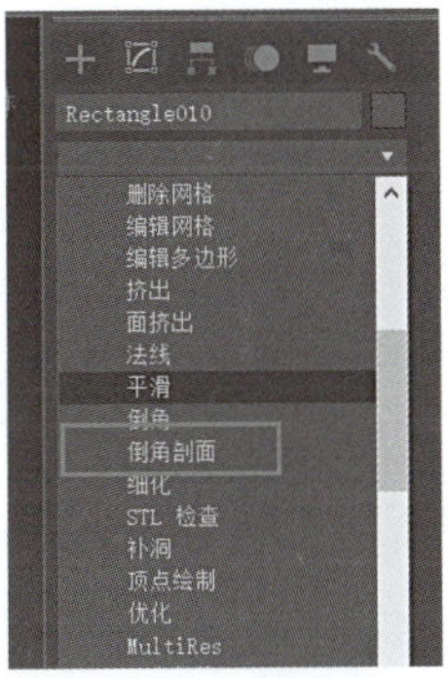

图2-3-45　倒角剖面

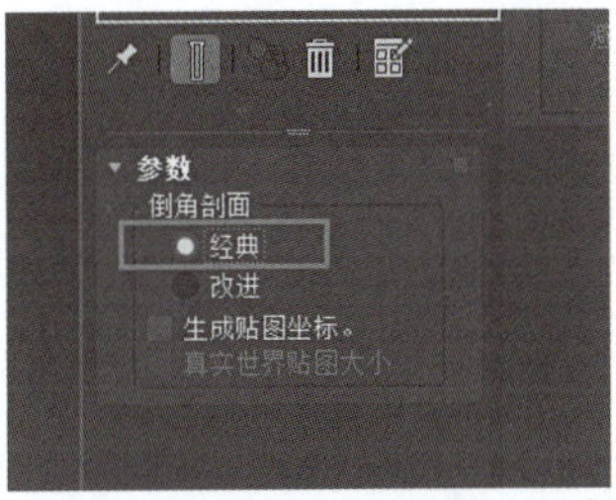

图2-3-46　经典

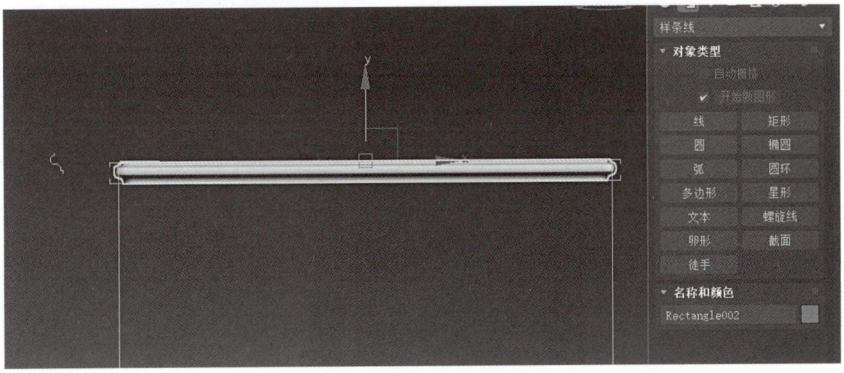

图2-3-47　台面效果图

（7）鼠标右键“转换为可编辑多边形”，做面板中的凹槽。选择“多边形”层级，右键选择“插入”，在这里插入两次，“插入值”为80，点击应用，再点击一次应用并继续，如图2-3-48所示。

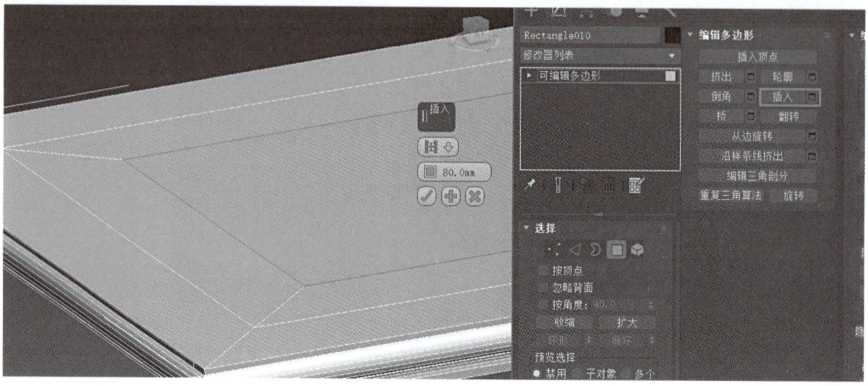

图2-3-48　插入

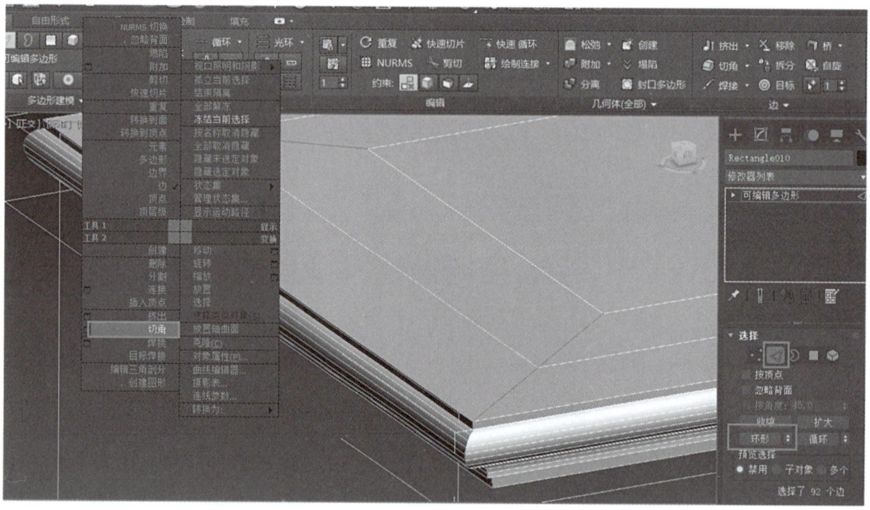

图2-3-49　切角

（8）选择“边”层级，选择角上的边，鼠标右键选择“切角”，如图2-3-49所示。进行分段，环形选择一条边，右键选择“切角”，将“切角量”设置为2，如图2-3-50所示。

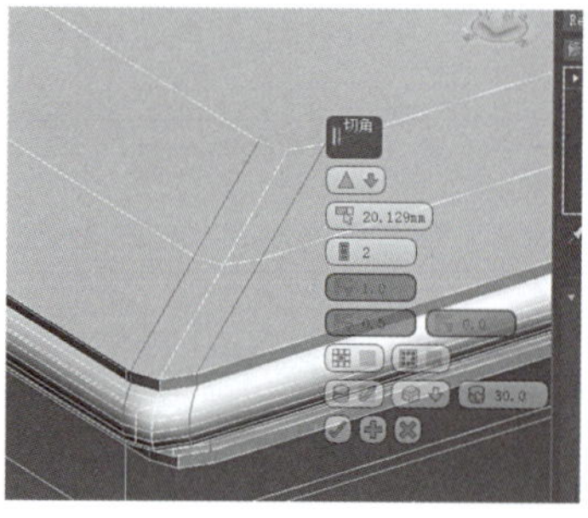

图2-3-50　切角参数

（9）处理槽的结构，选择步骤（8）中的那条边，再点击“相似”，点击编辑边菜单下的“挤出”命令，挤出负值，不要挤出太高，调整宽度，如图2-3-51所示。

（10）鼠标右键“挤出”，调整宽度，“顶点”层级选择点，然后点击“目标焊接”，如图2-3-52所示。点击“涡轮平滑”，如图2-3-53所示。

图2-3-51　挤出参数

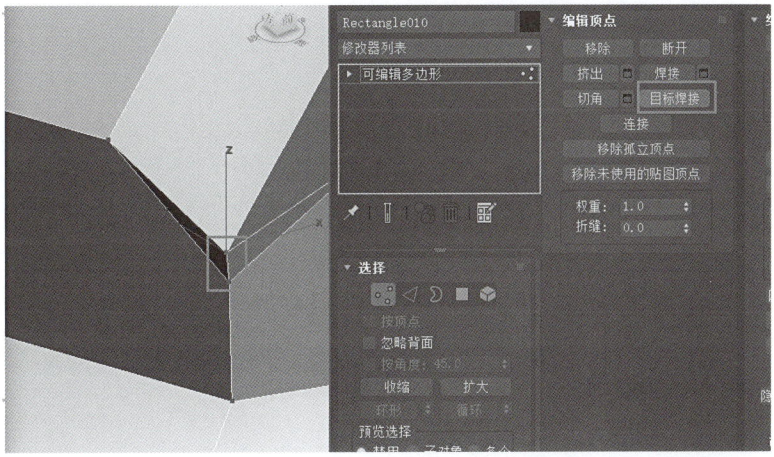

图2-3-52　框内两点焊接

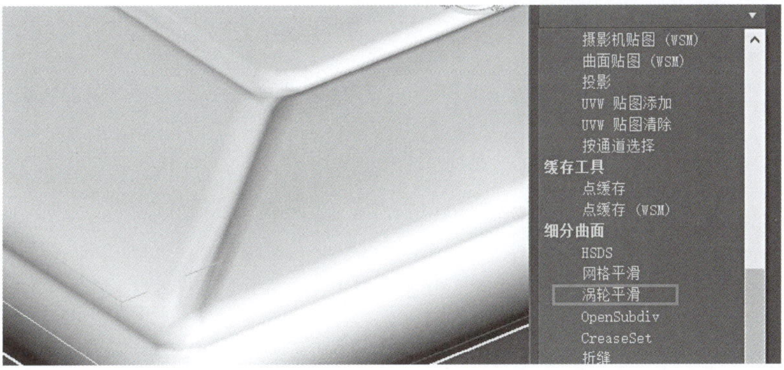

图2-3-53　涡轮平滑

（11）处理细节。在“顶点”层级，选择顶板的三个点，点击“塌陷”，如图2-3-54所示。横向点击“连接”，然后收缩，如图2-3-55所示。

（12）选择茶几顶板中间的边缘线，右键选择“切角”，快捷键Alt+R环形选择这一圈，右键选择“连接”，进行收缩，如图2-3-56所示。

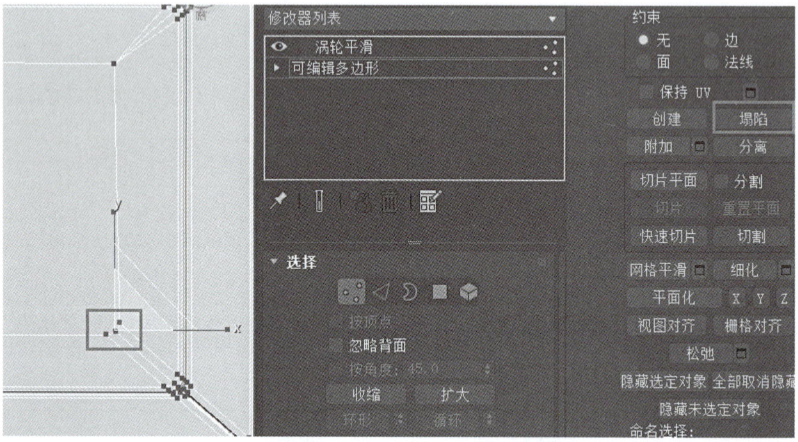

图2-3-54　三个顶点塌陷

图2-3-55　连接参数

图2-3-56　切角参数

（13）快捷键Alt+R环形选择线，右键选择“连接”，如图2-3-57所示。

（14）选择图中红色（深色）的顶点，整体往上移动，调整为直角，如图2-3-58所示。

（15）快捷键Alt+R环形选择线，右键选择“连接”，整体线段往下移动，如图2-3-59所示。按Alt+C切割两点之间，加上一条线段，再点击“涡轮平滑”，如图2-3-60所示。

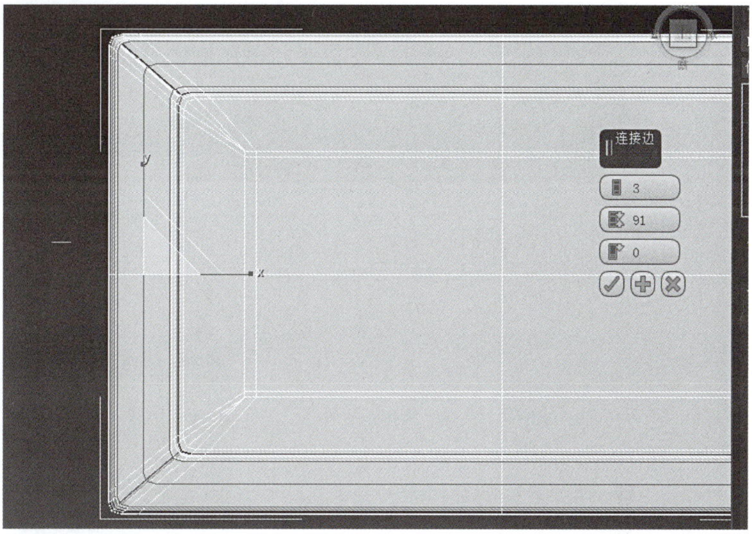

图2-3-57　连接参数

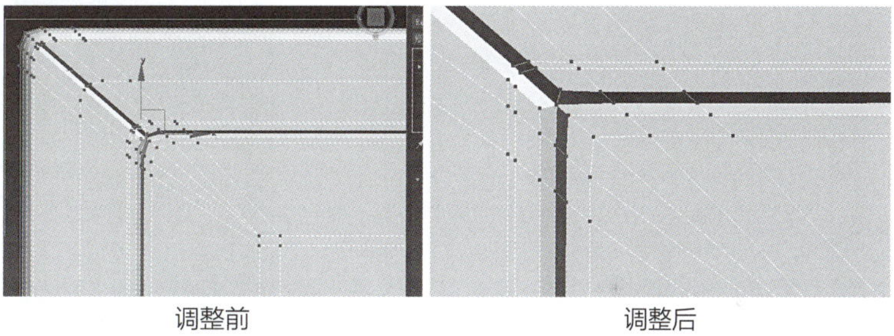

图2-3-58　调整顶点位置

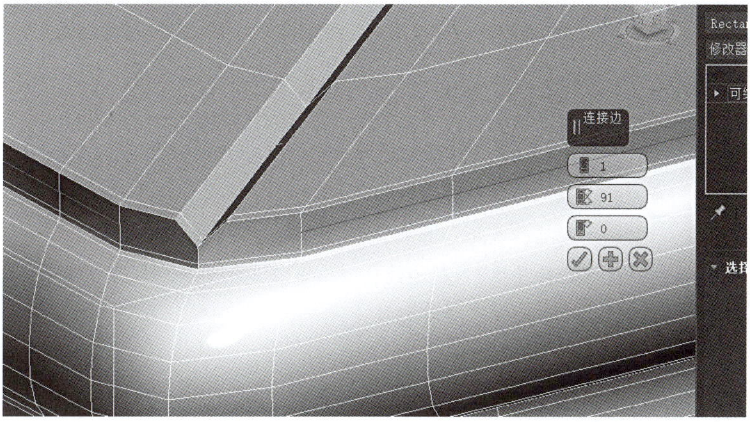

图2-3-59　连接参数设置

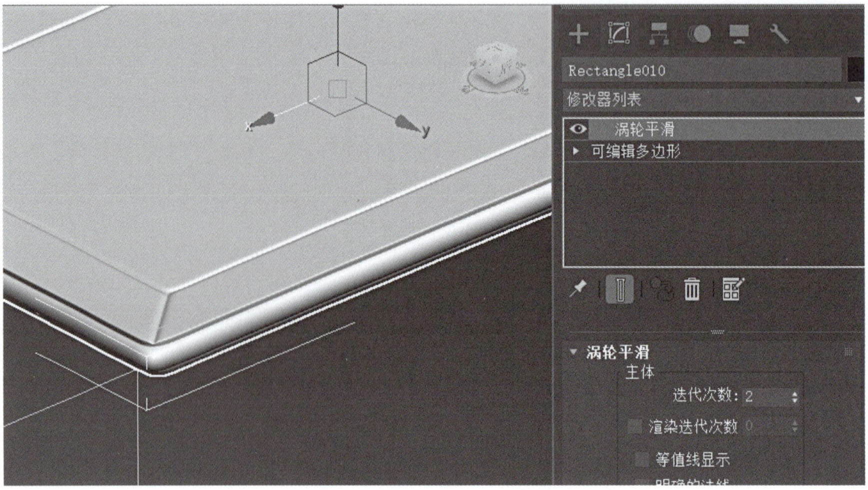

图2-3-60 涡轮平滑效果图

（16）创建平面，分段1×1，尺寸是351×660，将参考图导入平面，将图片放大，点击“对象属性”，勾选“冻结”和“背面消影”，如图2-3-61所示。

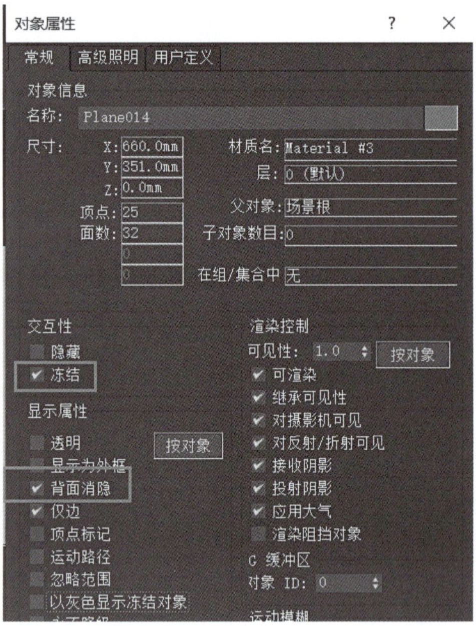

图2-3-61 对象属性参数设置

2. 腿部制作

（1）在“创建”面板中单击“样条线”按钮，选择线条，鼠标点选结构，结构如图2-3-62所示。再点击修改器列表下的“车削”，进入子层级，按住X轴拖拽过去，勾选“翻转法线”，腿部结构制作完成，如图2-3-63所示。

（2）在“创建”面板中单击“样条线”按钮，选择线条，鼠标点选结构，再点击“复制”，得到两个结构，如图2-3-64所示。再选择线条，画好剩余部分，最后附加其他两个线条，点击“熔合”，选中所有的点，并改成角点，移动到腿的位置，选好之后点击修改器列表下的“车削”，进入子层级，按住X轴拖拽过去，勾选“翻转法线”，则完成结构制作，如图2-3-65所示。

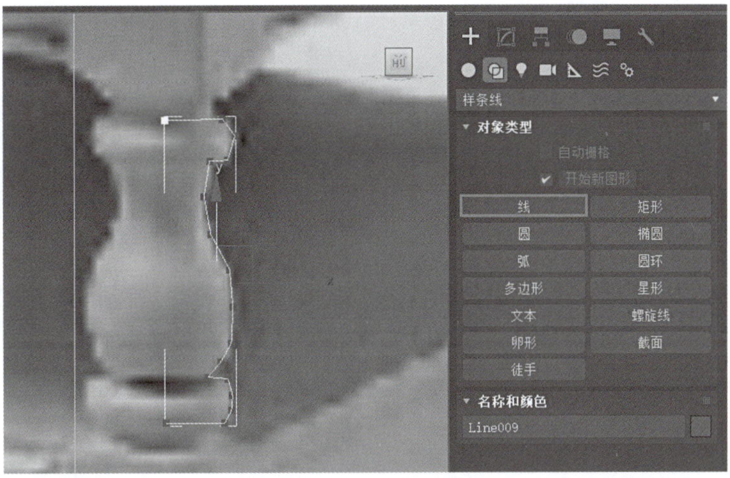

图2-3-62　结构效果

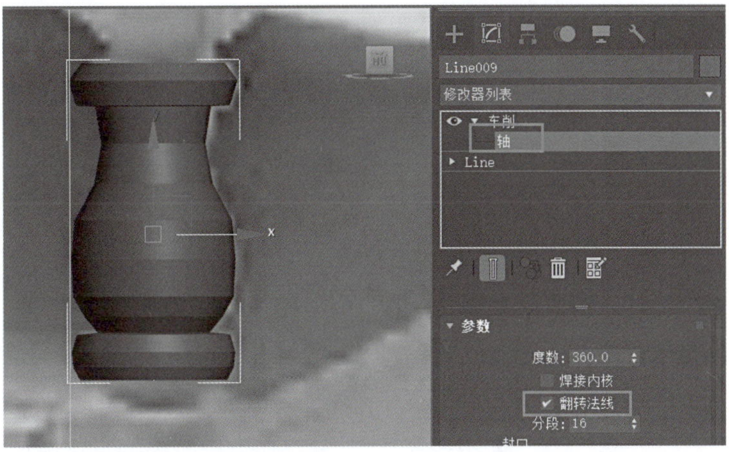

图2-3-63　车削后效果

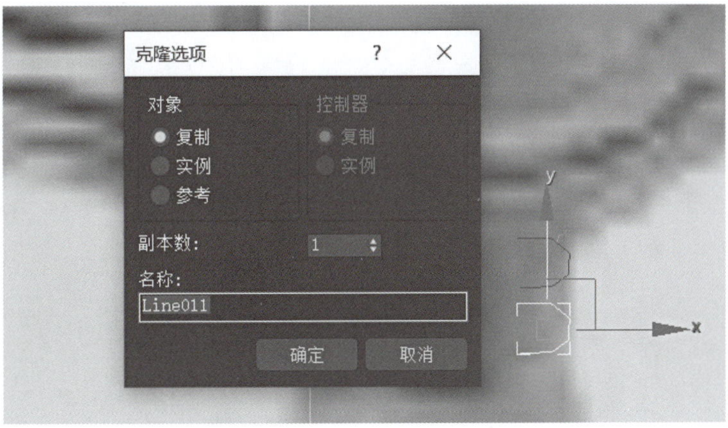

图2-3-64　克隆选项设置

（3）按T转到顶视图，画一个长方体，尺寸为60×60×60，手动移动位置，右键选择“转换为可编辑多边形”，在顶点层级直接选择“切角”，如图2-3-66所示。

（4）删除下方的面，选择边界，按住Shift键复制一段，按R键收缩，如图2-3-67所示。

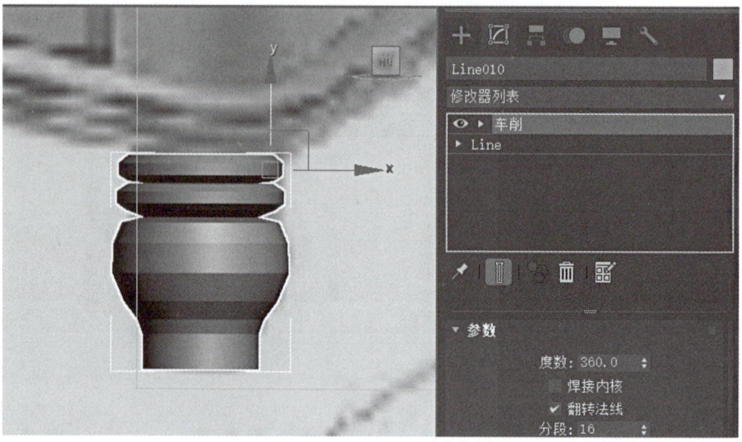

图2-3-65　车削后效果

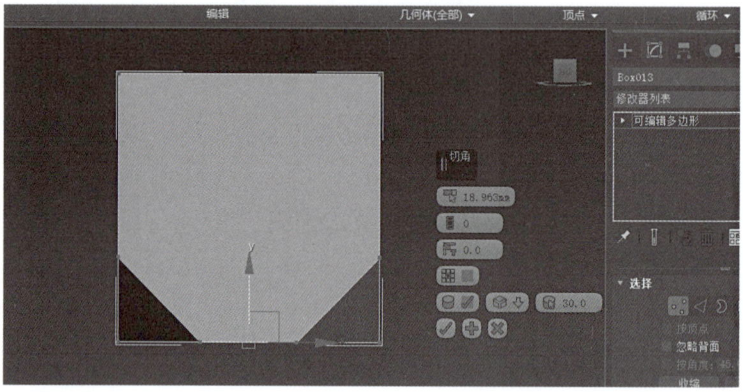

图2-3-66　切角参数设置

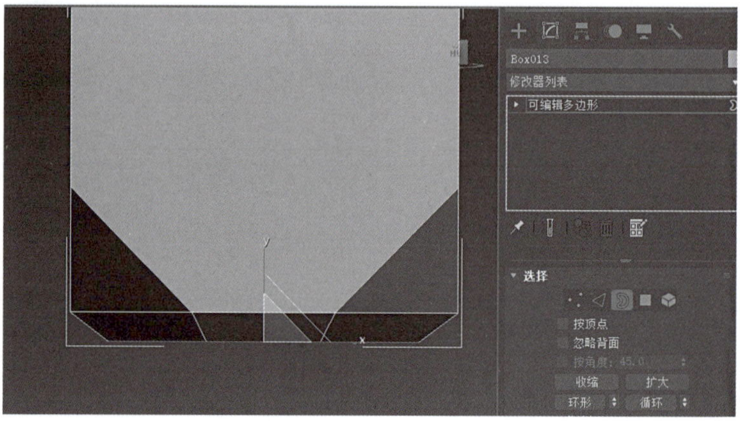

图2-3-67　收缩效果图

（5）选中边，再点击“相似”，选中“切角”，如图2-3-68所示。

（6）选中斜边，选择“相似”，点击“塌陷”，如图2-3-69所示。

（7）选择面层级，将顶部的面删除，快捷键Alt+C进行切割。再选择边界，按住Shift键进行缩放，如图2-3-70所示。

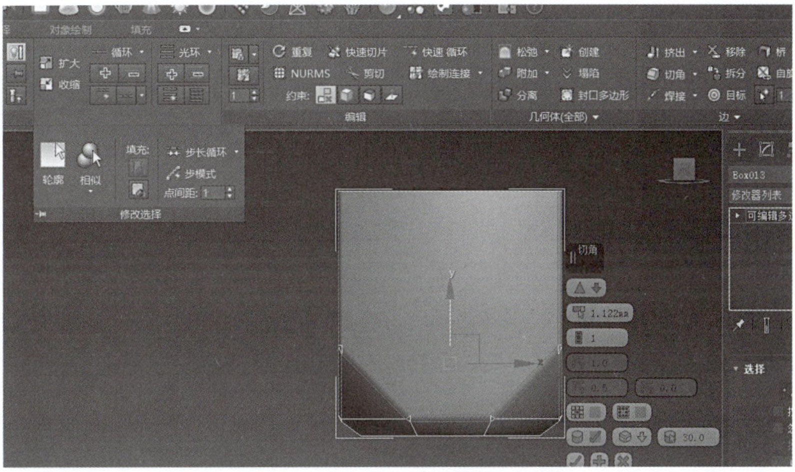

图2-3-68　切角参数设置

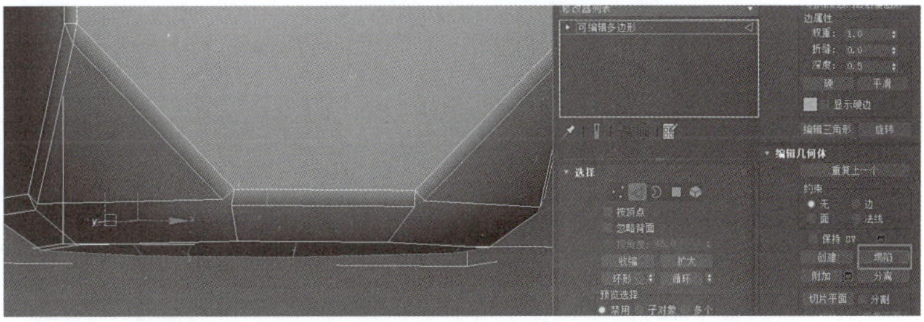

图2-3-69　将选择的边塌陷

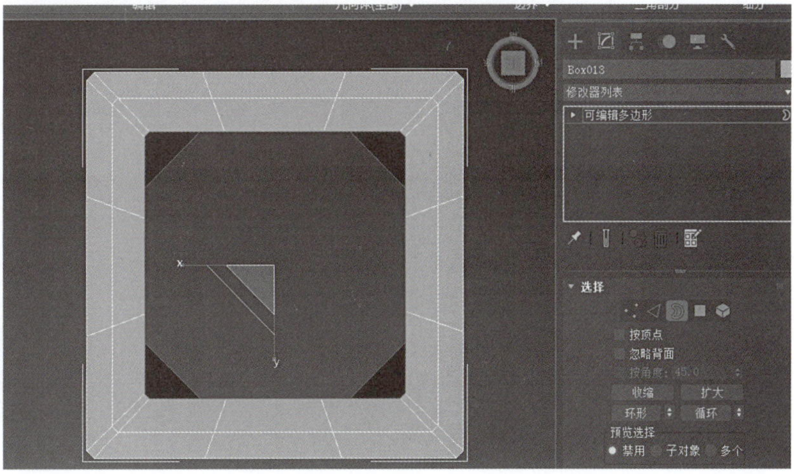

图2-3-70　将选择的边界收缩

（8）选择横向的边，右键选择“连接”，分段数为3，滑块上下移动，如图2-3-71所示，点击“应用”。修改器列表选择“涡轮平滑”，结构制作完成，如图2-3-72所示。

（9）将两个腿部结构全部选中，右键选择“转换为可编辑多边形”，选择所有的边界，按住Shift键缩放，点击“封口”，如图2-3-73所示。

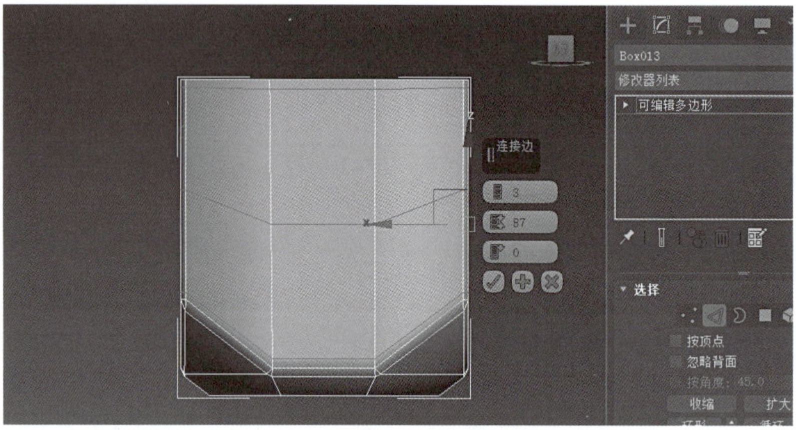

图2-3-71　连接参数设置

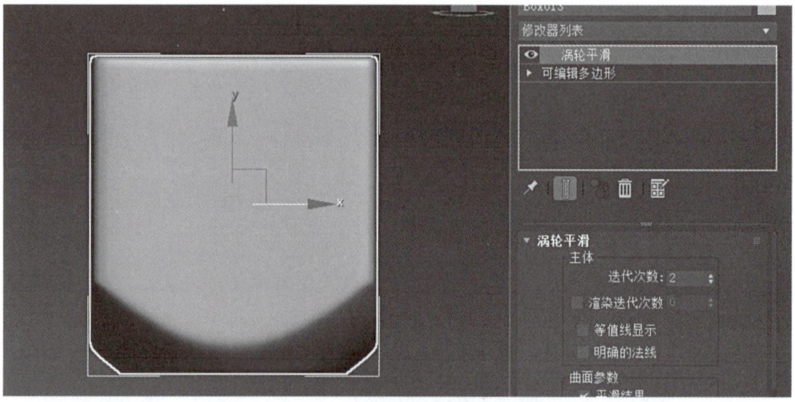

图2-3-72　涡轮平滑效果

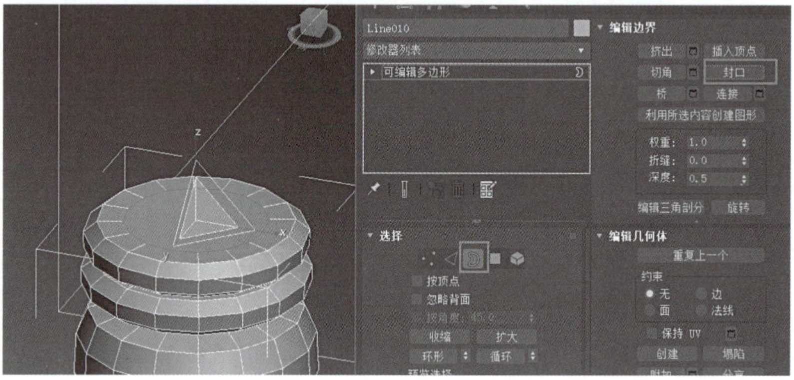

图2-3-73　封口效果图

（10）选择图中选取的两条边，点击“切角”，如图2-3-74所示。另一个腿部结构也是相同的操作方法。调整位置，选择“涡轮平滑”，最终效果如图2-3-75所示。

（11）画一个长方体，尺寸为70×70×180，右键选择“转换为可编辑多边形”，调整高度，留下间距，选择最外面那条边，右键选择“切角”，如图2-3-76所示。

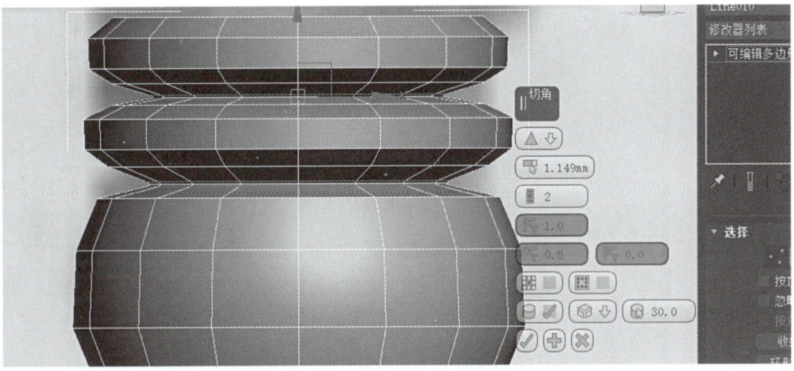

图2-3-74　切角参数设置

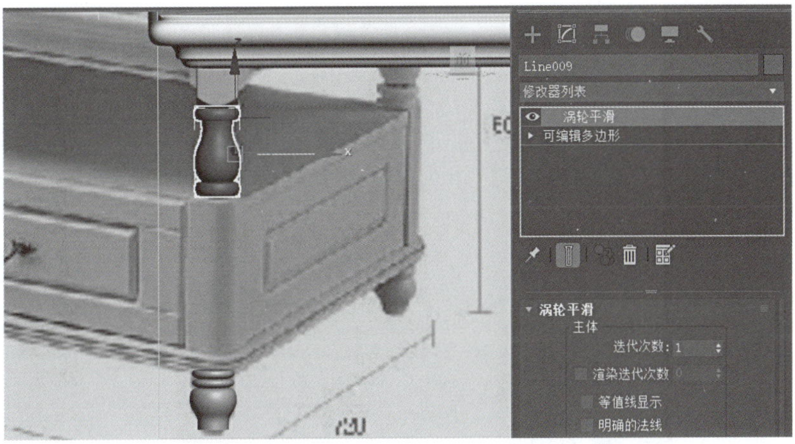

图2-3-75　涡轮平滑效果

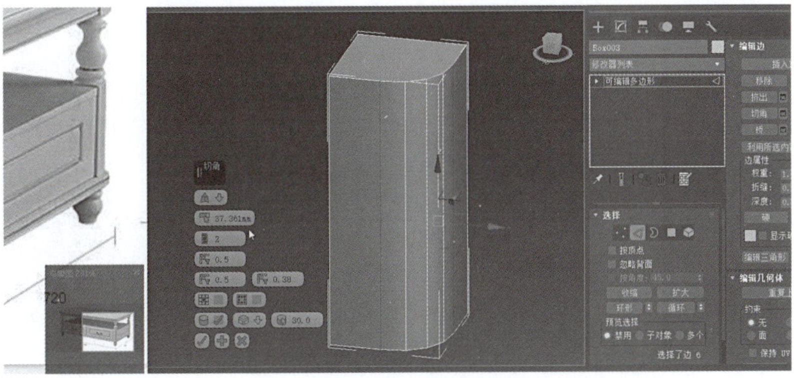

图2-3-76　切角参数设置

（12）选择面层级，将上下两个面删除，再选择边界，按Shfit键缩放，点击“封口”，如图2-3-77所示。

（13）选择上下两个面，点击“几何多边形”，将几何体变成正圆，进行缩放，按住*Y*轴向上拖拽，如图2-3-78和图2-3-79所示。

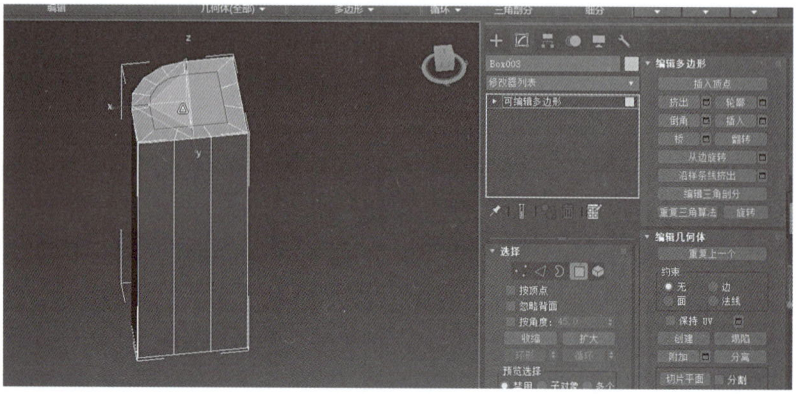

图2-3-77 封口效果

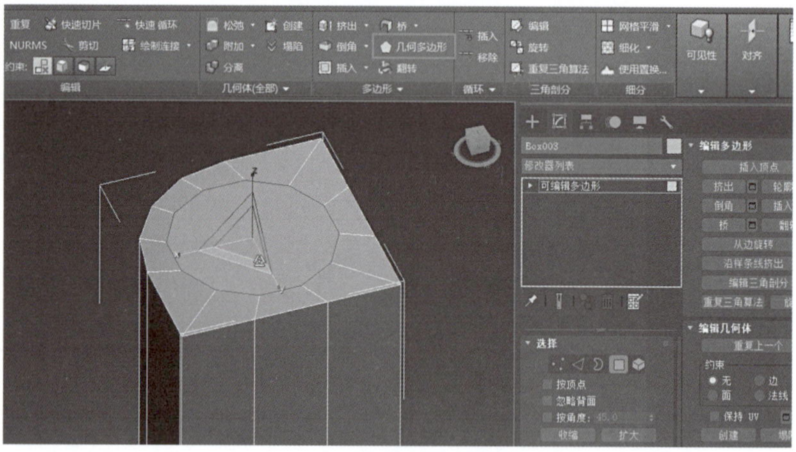

图2-3-78 几何体变成正圆效果

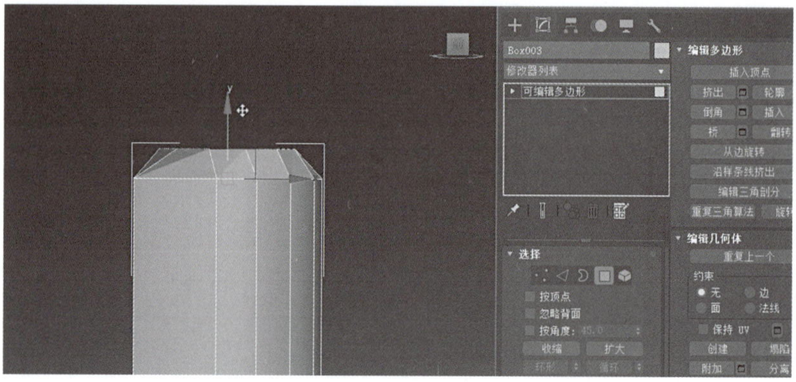

图2-3-79 多边形移动效果

（14）选择最外侧的两个顶点，向下移动，将底部往上收，如图2-3-80所示。

（15）选择边层级，选择最外面的一圈边，选择“切角”，如图2-3-81所示。

（16）选择横向环形线，点击“连接”，分段数为3，如图2-3-82所示。

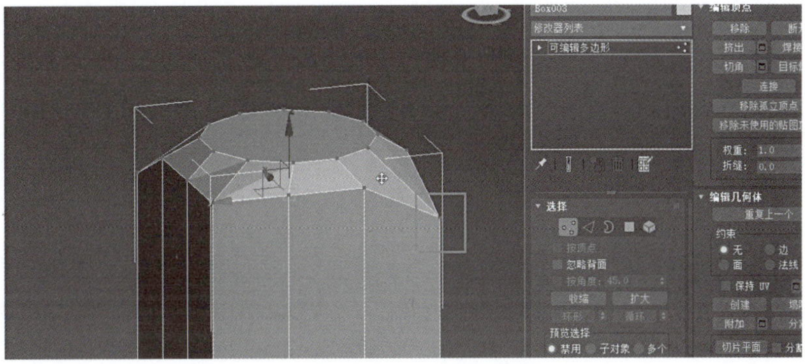

图2-3-80　外侧顶点移动效果图

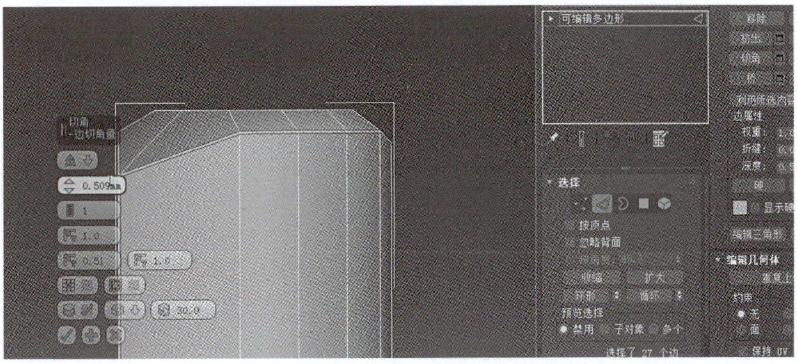

图2-3-81　切角参数设置

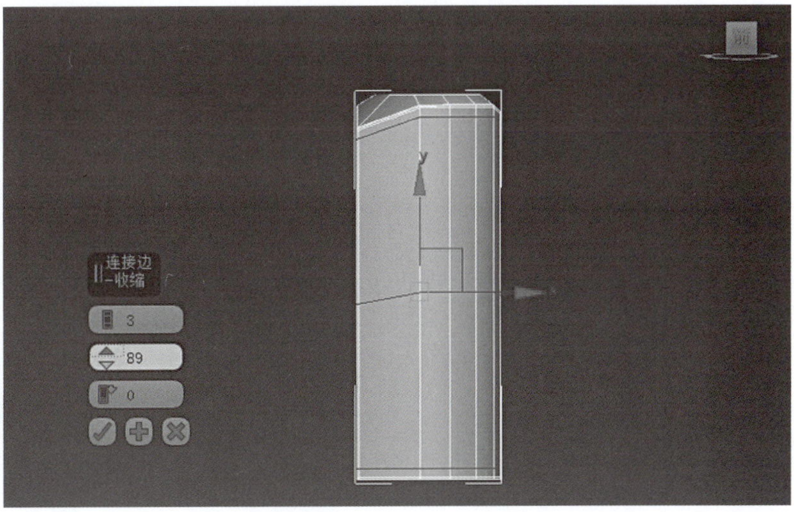

图2-3-82　连接参数设置

（17）选择顶面的多边形，点击“插入”，如图2-3-83所示。

（18）在边层级选择最外层的边，点击“切角”，选择“涡轮平滑”，如图2-3-84和图2-3-85所示。

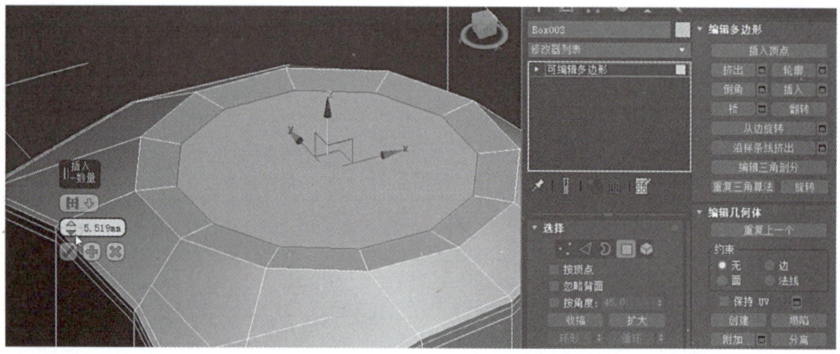

图2-3-83　插入参数设置

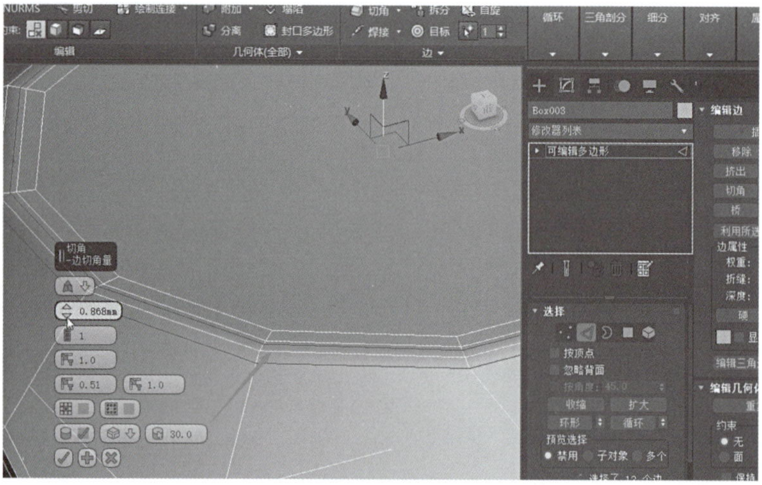

图2-3-84　切角参数设置

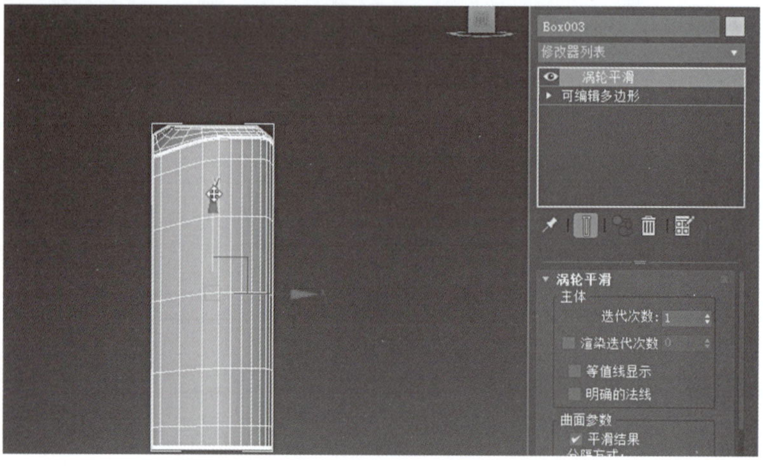

图2-3-85　涡轮平滑效果

（19）全部选择，按M进入材质编辑器，“漫反射”改成灰色，如图2-3-86所示。

（20）选择做好的腿部结构，点击“镜像”，选择“*X*轴”“实例”，放在右侧。使用T切换到顶视图，选中结构，点击“镜像”，选择“*Y*轴”“实例”，进入左视图，将结构移动到左侧，如图2-3-87所示。

图2-3-86　替换材质

图2-3-87　镜像效果

3. 底座制作

（1）创建长方体，调整位置，如图2-3-88所示。

（2）选择底座的四条边，点击“切角”，调整“切角量”数值，调整弧度与腿部弧度一致，如图2-3-89所示。

（3）选择面层级，点击“插入”，增加“插入量”，如图2-3-90所示。

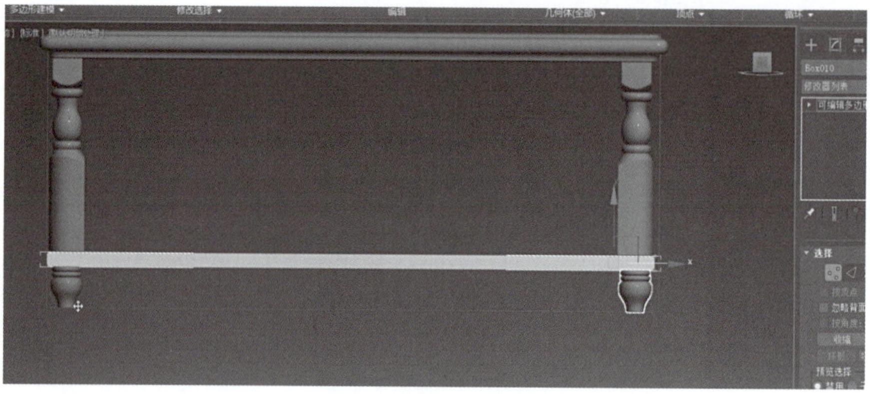

图2-3-88　底座效果

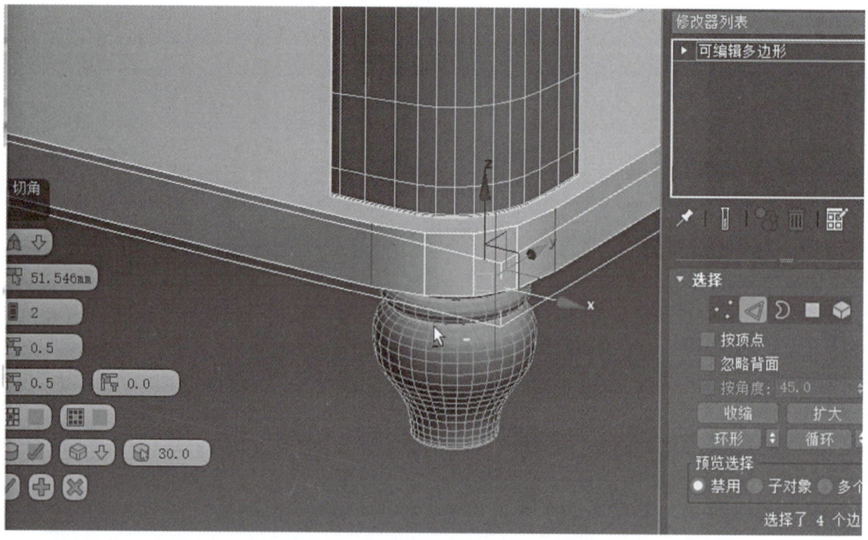

图2-3-89　切角参数设置

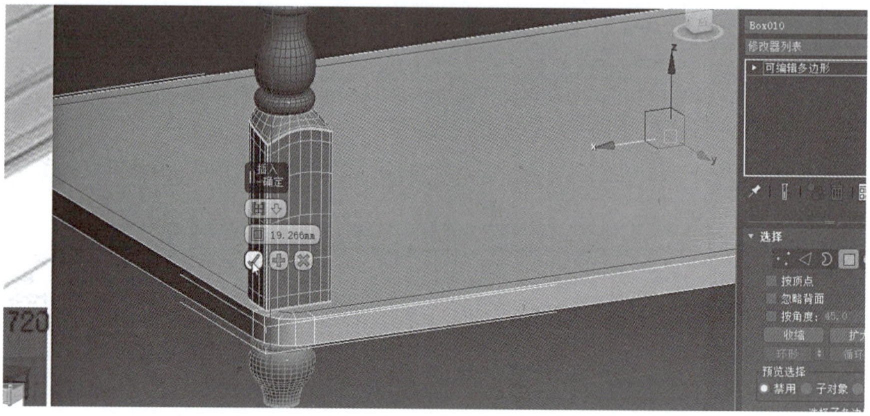

图2-3-90　插入参数设置

（4）选择茶几底座最外侧的一条边，快捷键Alt+R环形选择，再选择“连接”，右键选择“连接边”，连接两条边，如图2-3-91所示。

（5）右键选择“挤出”，挤出为负值，如图2-3-92所示。

（6）选择上下两条边，右键选择“切角”，调整“切角量”，点击修改器列表下的“涡轮平滑”，至此，茶几底座完成，如图2-3-93所示。

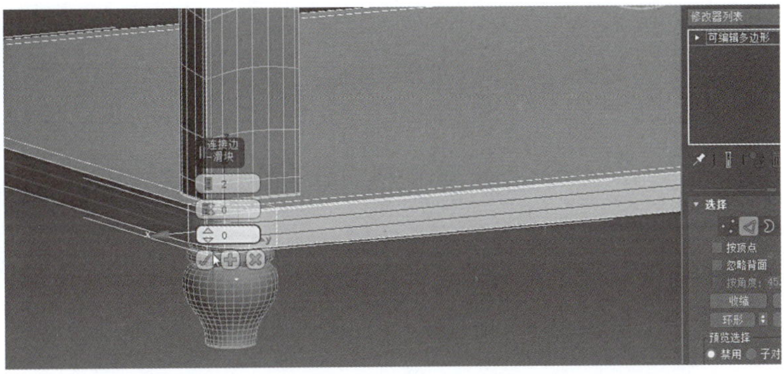

图2-3-91　连接参数设置

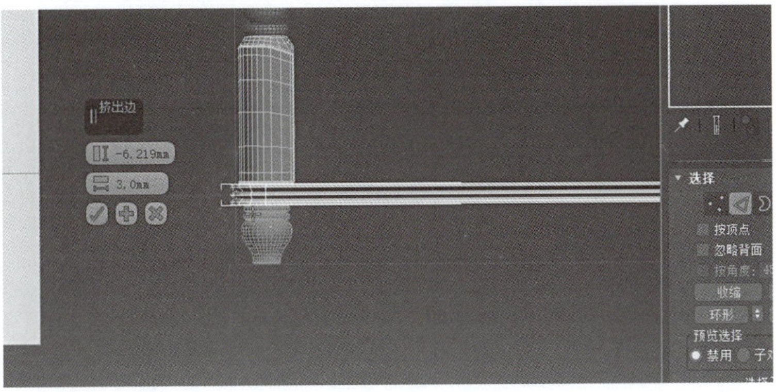

图2-3-92　挤出参数设置

图2-3-93　涡轮平滑效果

（7）调整底座布线，进入顶点层级，选中最外侧的两个点，点击“连接”，如图2-3-94所示。

（8）用快捷键Alt+C进行切割，两边都进行切割，做成四边形面，转角处用快捷键Alt+C进行切割，在顶点层级进行连接，如图2-3-95和图2-3-96所示。

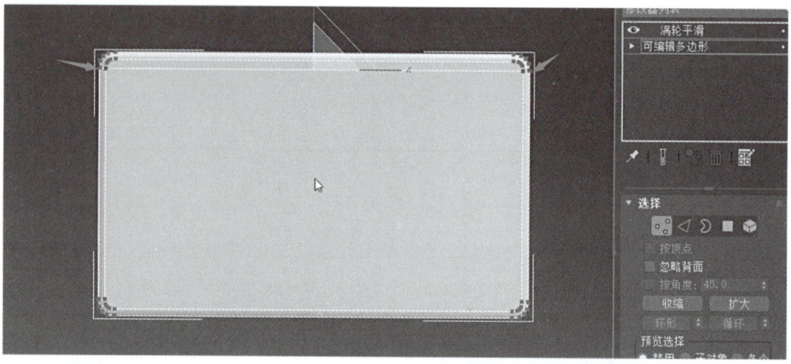

图2-3-94　上下外侧两点连接

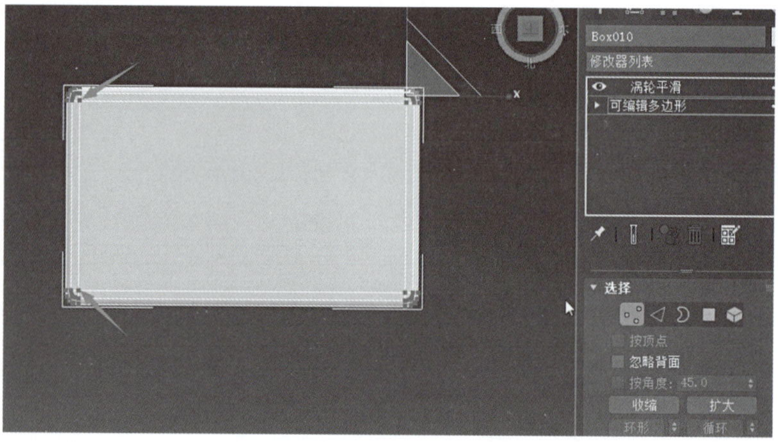

图2-3-95　左右外侧两点连接

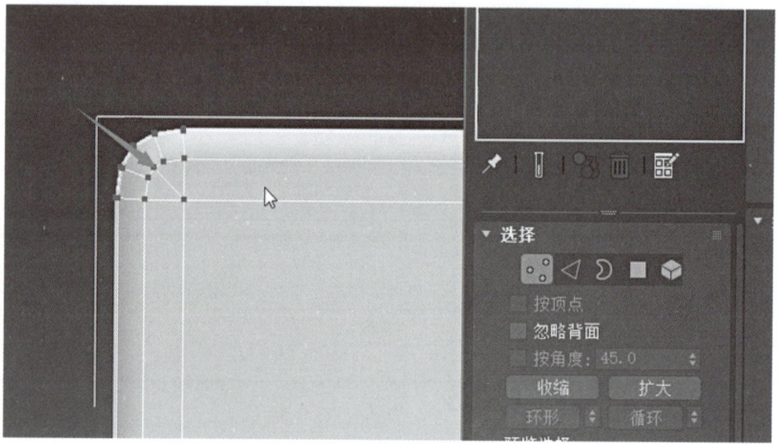

图2-3-96　转角处顶点连接

（9）选择纵向的边，点击“连接”，分段数为3，距离为90，如图2-3-97所示。

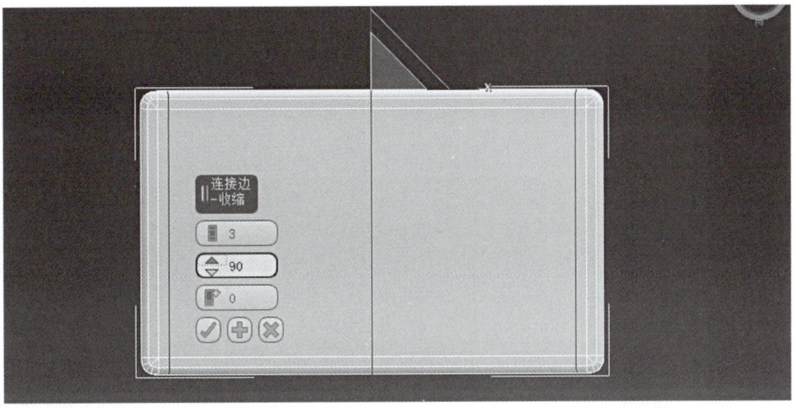

图2-3-97　连接参数设置

4．抽屉制作

（1）创建平面，然后右键选择“转换为多边形”，在这里连接一条中间线，将这条线选择“切角”，调整切角量，点击“打开切角”，如图2-3-98所示。另一边删除，剩下的就是抽屉的大小，如图2-3-99所示。

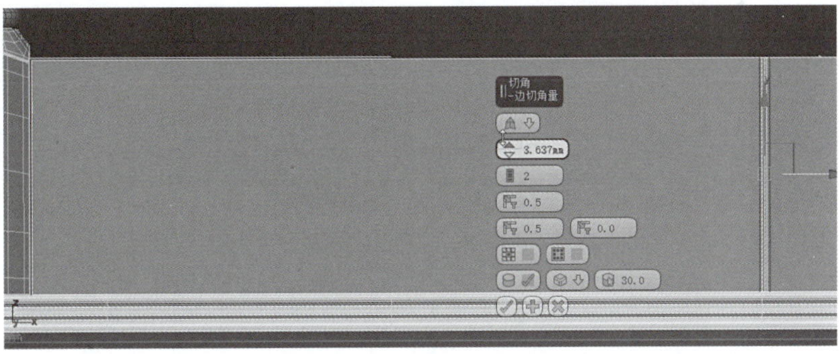

图2-3-98　切角参数设置

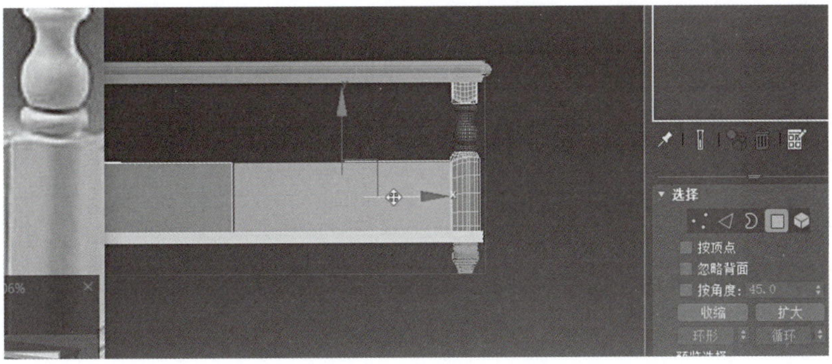

图2-3-99　抽屉大小效果图

（2）选择横向、纵向两条边，选择“连接”，调整“收缩”数值，具体参数如图2-3-100所示。

（3）选择修改器列表下的“壳”命令，调整“外部量”数值为20，如图2-3-101所示。

（4）选择“转换为可编辑多边形”，选择最外侧的一圈面，点击“插入”，调整“插入量”为3，如图2-3-102所示。

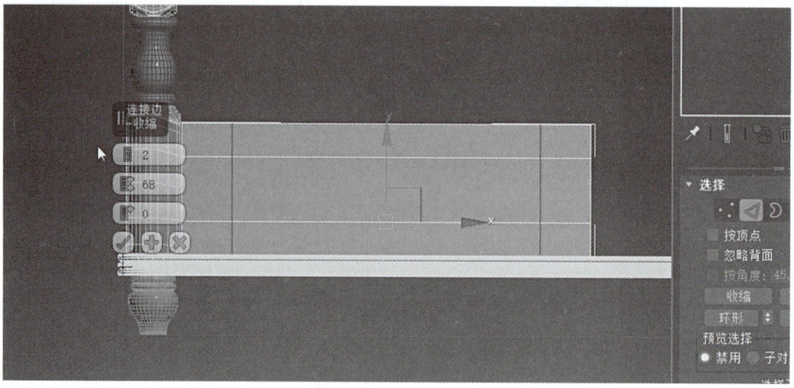

图2-3-100　抽屉连接参数设置

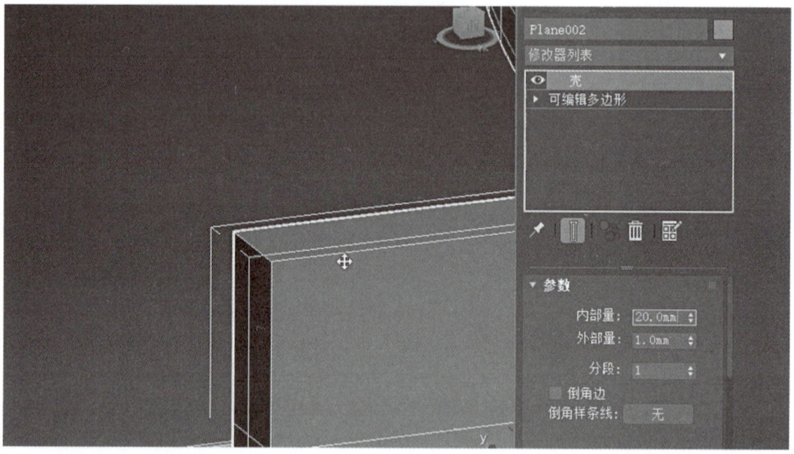

图2-3-101　修改器列表下的壳参数设置

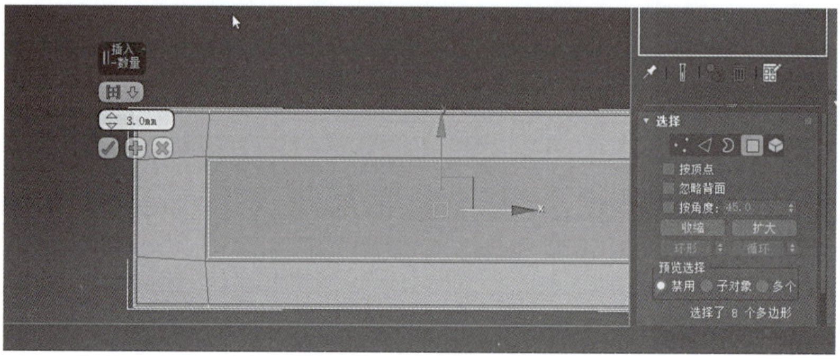

图2-3-102　插入参数设置

（5）选择中间的面，点击“插入”，如图2-3-103所示，选择外面的一圈面，点击“挤出”，如图2-3-104所示。

（6）点击“倒角”，设置倒角“高度”数值为3，如图2-3-105所示。

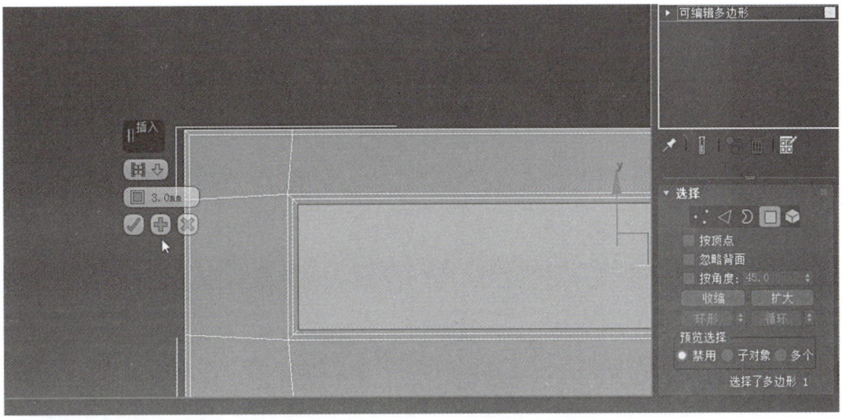

图2-3-103　中间面板插入参数设置

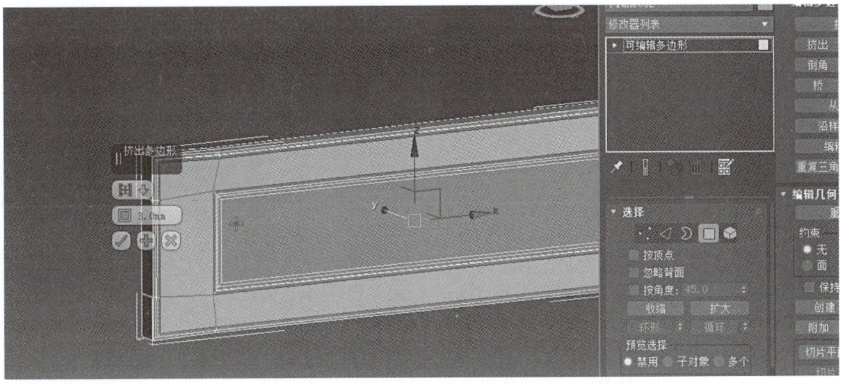

图2-3-104　多边形挤出参数设置

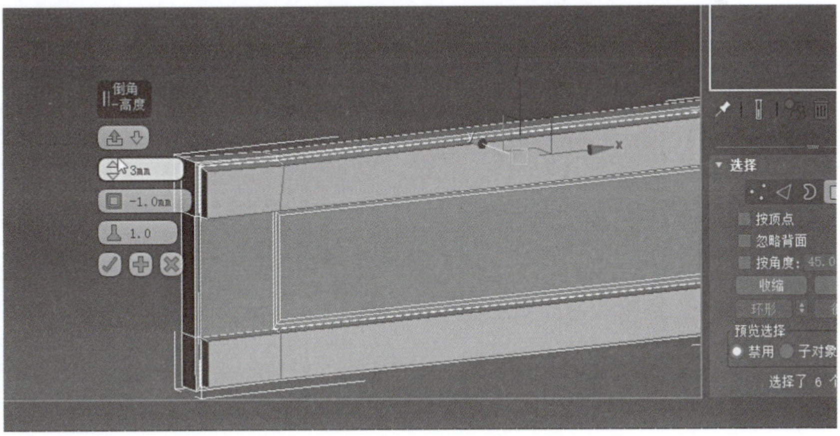

图2-3-105　倒角参数设置

（7）选择指定的面，点击“挤出”，数值为3，点击“倒角”，如图2-3-106所示。

（8）选择中间的面，点击“挤出”，挤出设置为-8，如图2-3-107所示。

（9）接下来制作抽屉细节部分。点击中间的位置，点击“插入”，然后点击“倒角”，倒角的高度进行平齐，收缩“轮廓量”为负值，最后效果如图2-3-108所示。

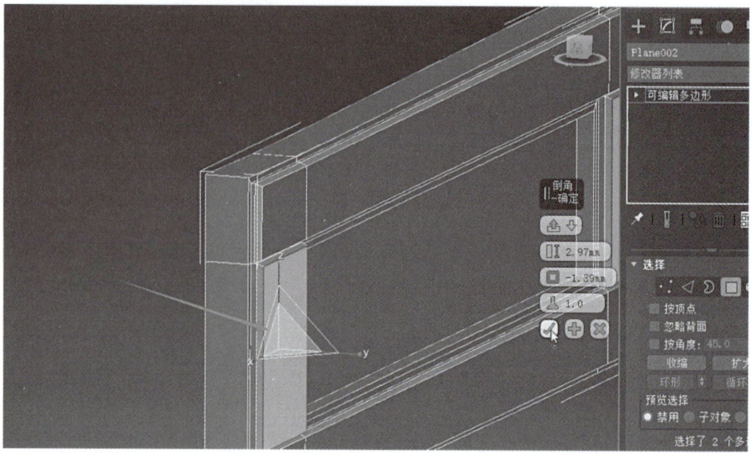

图2-3-106　抽屉两侧倒角参数设置

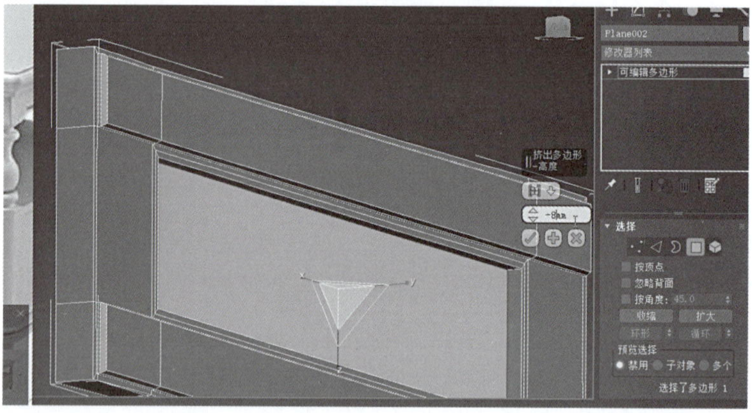

图2-3-107　抽屉中间面板挤出参数设置

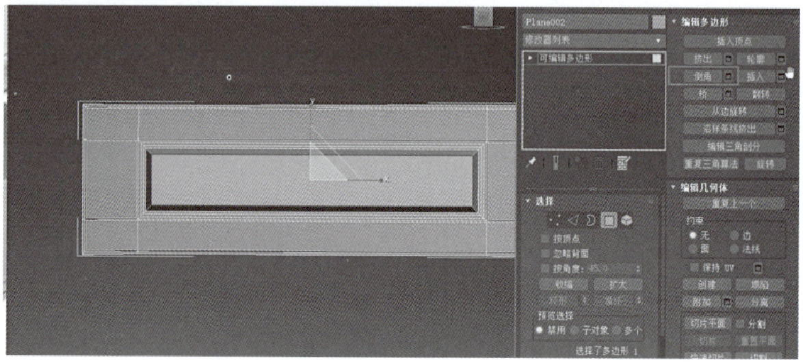

图2-3-108　倒角后效果图

（10）点击“插入”，进行收缩，如图2-3-109所示。

（11）选择“快速循环”，插入一条线段，选择边层级，鼠标按住*Y*轴将这条插入边往后拖拽，产生一定弧形，如图2-3-110所示。

（12）选择边层级，选中上下需要处理的边，右键选择“连接”，分段数量为3，收缩数量卡到最外侧的边缘，保证最后整体效果的美观，如图2-3-111所示。

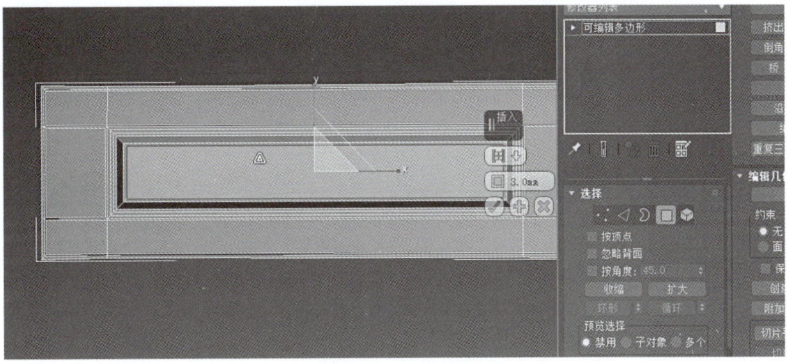

图2-3-109　收缩后效果

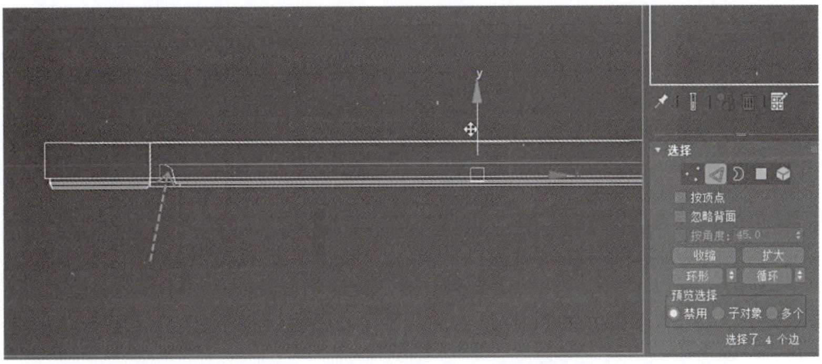

图2-3-110　内部弧形效果图

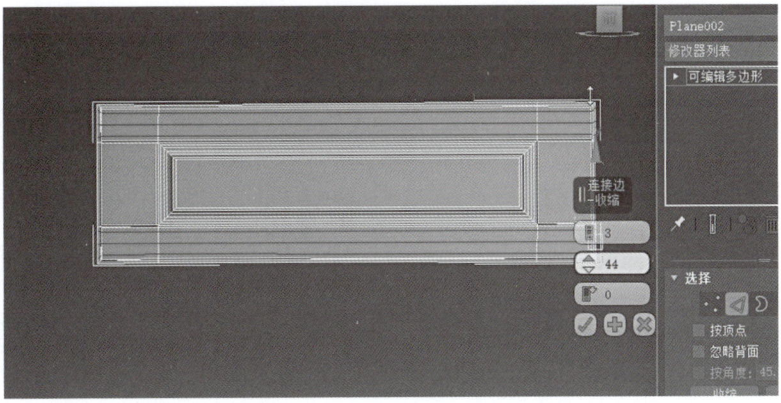

图2-3-111　上下连接参数设置

(13) 对于纵向的边，点击"连接"，调整"收缩量"，如图2-3-112所示。

(14) 点击"可编辑多边形"，选择中间的一排，点击"连接"，调整分段数和收缩量，如图2-3-113所示。

(15) 点击"涡轮平滑"，观察效果，最终效果如图2-3-114所示。

图2-3-112 两侧连接参数设置

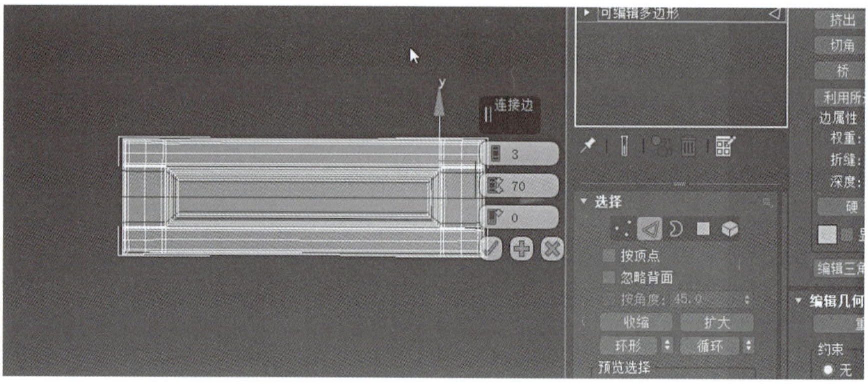

图2-3-113 中间连接参数设置

图2-3-114 切角最终效果图

（16）选择指定线段，然后选择“切角”，增加切角量，如图2-3-115所示。

（17）抽屉完成后，整体选中，复制到右边，选择“实例”，效果如图2-3-116所示。至此，完成两个抽屉的制作。

（18）制作抽屉把手。选择样条线，创建矩形，调整矩形的宽度为100，长度为22，进行对齐，如图2-3-117所示。

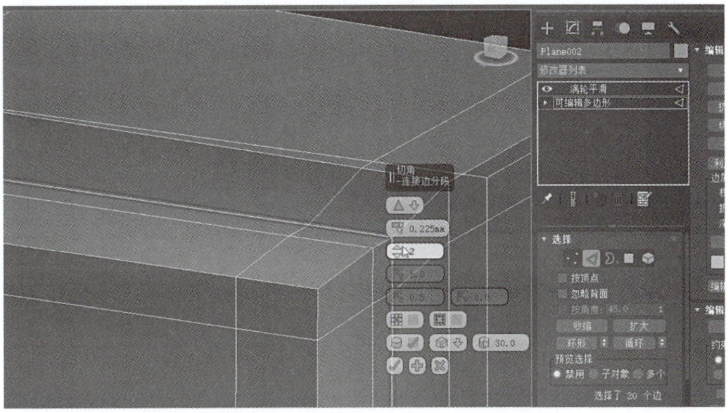

图2-3-115　切角参数设置

图2-3-116　实例

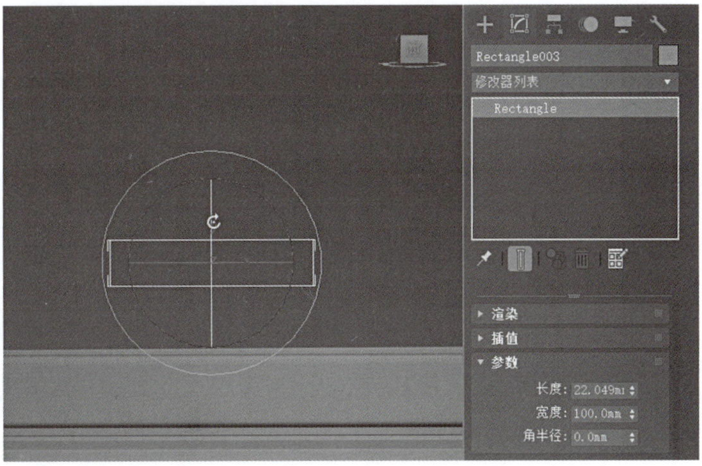

图2-3-117　矩形参数设置

（19）删除选中线段，如图2-3-118所示。选中下方两个角点，点击“圆角”，如图2-3-119所示。勾选“在渲染中启用”和“在视口中启用”，增加厚度，边改为8，如图2-3-120所示。

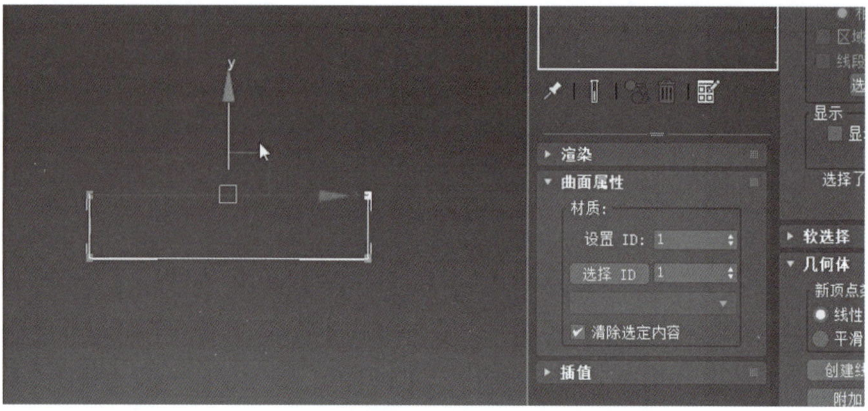

图2-3-118　删除选中线段

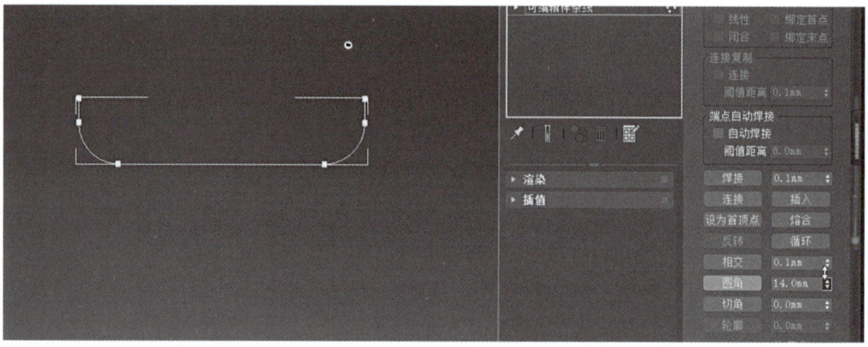

图2-3-119　圆角参数设置

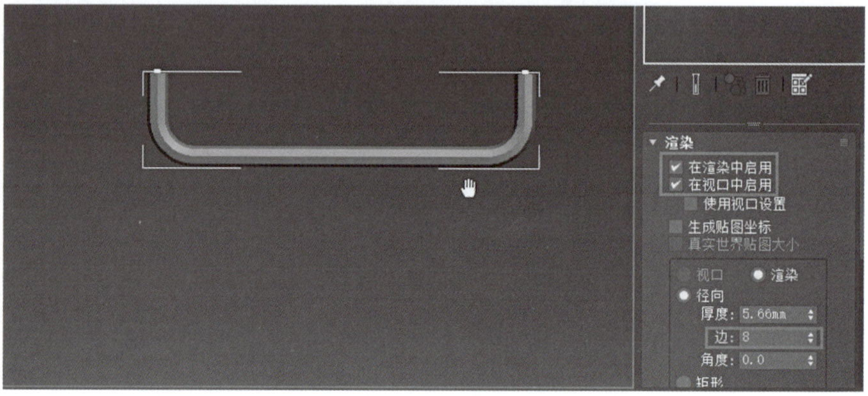

图2-3-120　启动渲染

（20）“插值”中的步数设置为2，右键选择“转化为可编辑多边形”，如图2-3-121所示。

（21）选择中间的边，选择“连接”，将左边的一半删除，删除后效果如图2-3-122所示。

（22）选择边线，按Shift键移动后再缩放，缩放到一定量后，按Shift键移动再缩放，同样的步骤在这里缩放三次，效果如图2-3-123所示。

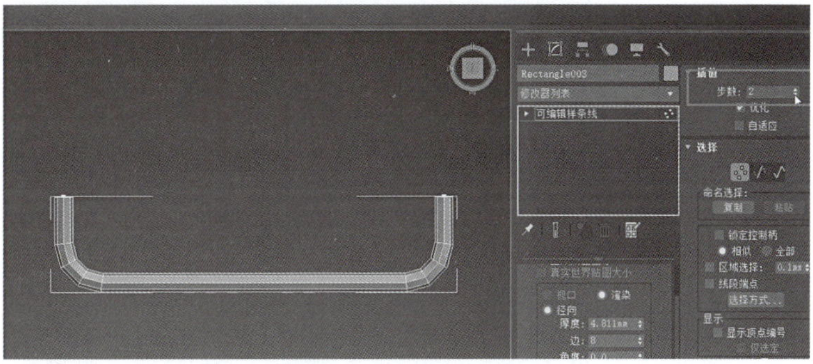

图2-3-121　插值步数参数设置

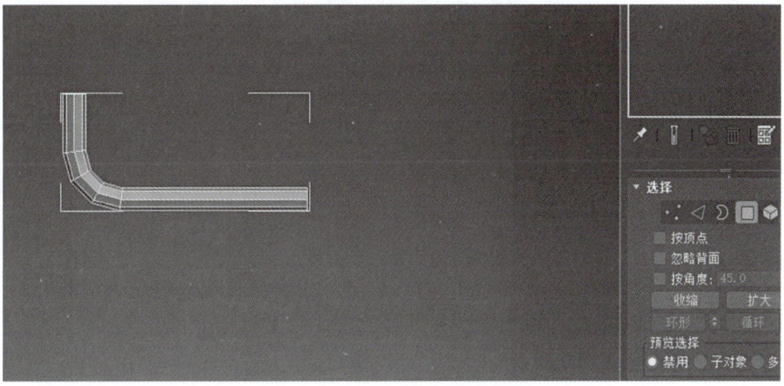

图2-3-122　删除后效果

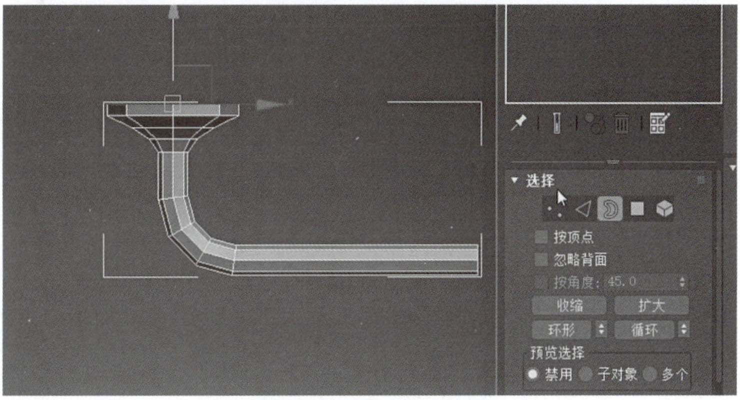

图2-3-123　抽屉把手效果图

（23）选择边，放大，下方进行“快速循环”样条线，将这条线缩放平，如图2-3-124所示。

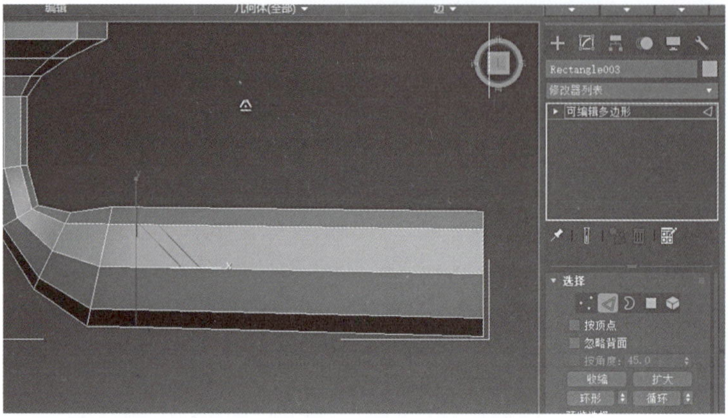

图2-3-124　快速循环效果图

（24）再循环一条线，快速加线，选择中间的面，点击“挤出”，选择“局部法线”，调整高度，再选择顶点层级进行移动，如图2-3-125所示。

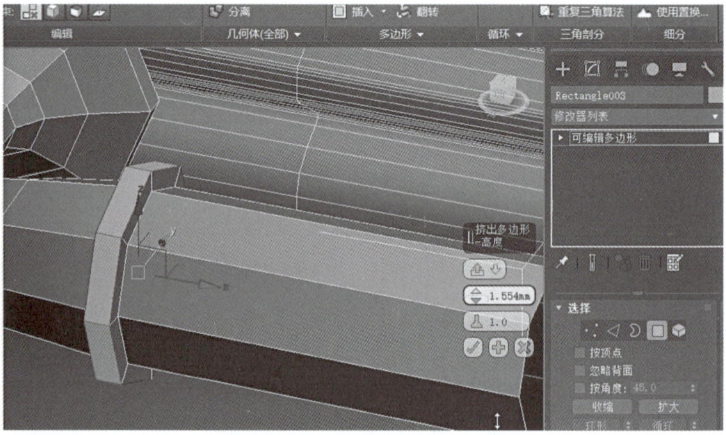

图2-3-125　挤出参数设置

（25）选择凸出来的结构，点击“切角”，再选中内边，点击“切角”，如图2-3-126所示。

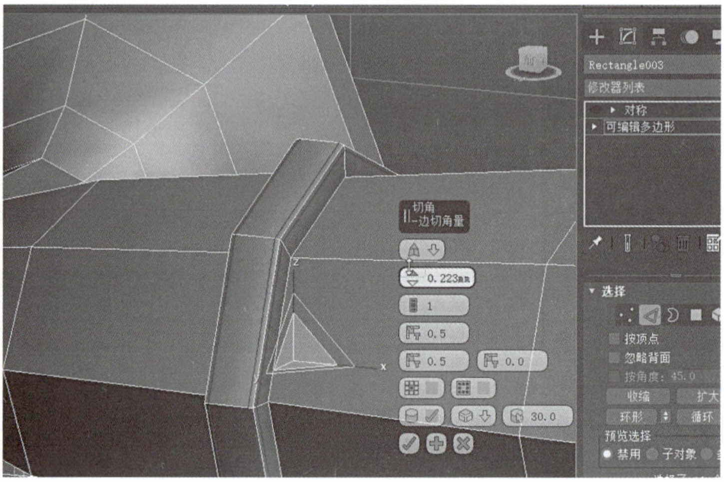

图2-3-126　切角参数设置

（26）鼠标右键选择“转换为可编辑多边形”，在修改器列表中点击“对称”，进行翻转，如图2-3-127所示。

（27）为把手做一个凹槽效果，选择面层级，间隔选择，将选择的面点击“倒角”，“轮廓量”和“高度”都改为负值，如图2-3-128所示，最后点击“涡轮平滑”。

（28）将把手直接复制到抽屉上，选择“实例”，效果如图2-3-129所示。

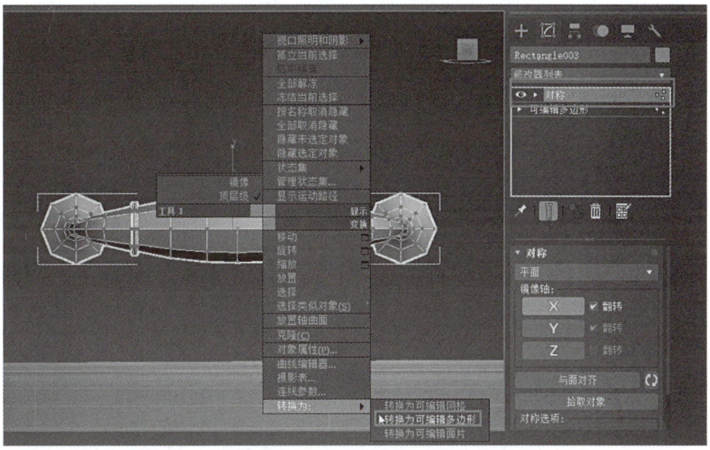

图2-3-127　对称

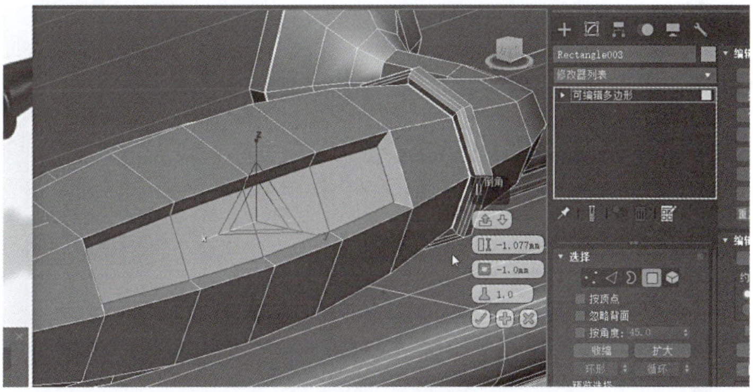

图2-3-128　倒角参数设置

图2-3-129　实例

（29）两侧都摆放抽屉。选择抽屉，点击“镜像”，选择X轴进行“实例”，移动到另一边，如图2-3-130所示。

（30）制作抽屉侧面。侧面结构和前面抽屉的做法基本相同，去除中间部分。创建一个矩形，转为可编辑多边形，在修改器列表中添加“壳”命令，如图2-3-131所示。

（31）转换为可编辑多边形，把侧面的抽屉板单独孤立出来，右键选中“孤立当前对象”，孤立当前侧面的抽屉，如图2-3-132所示。

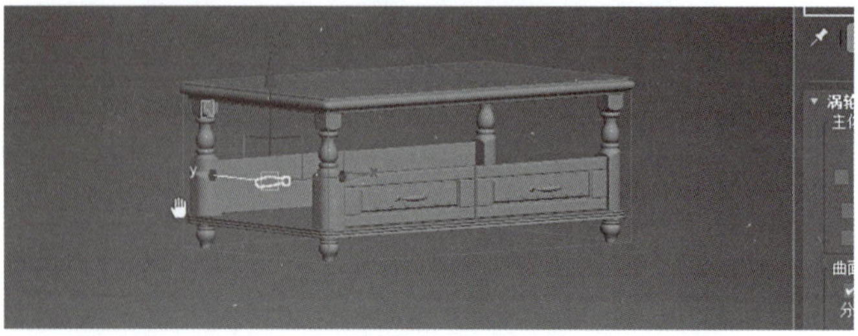

图2-3-130　镜像

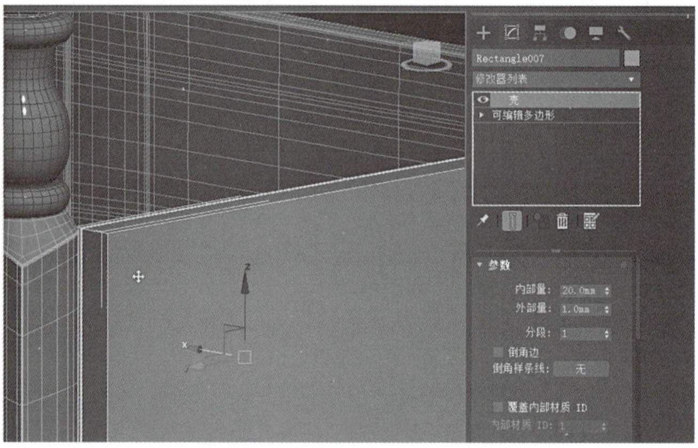

图2-3-131　壳参数设置

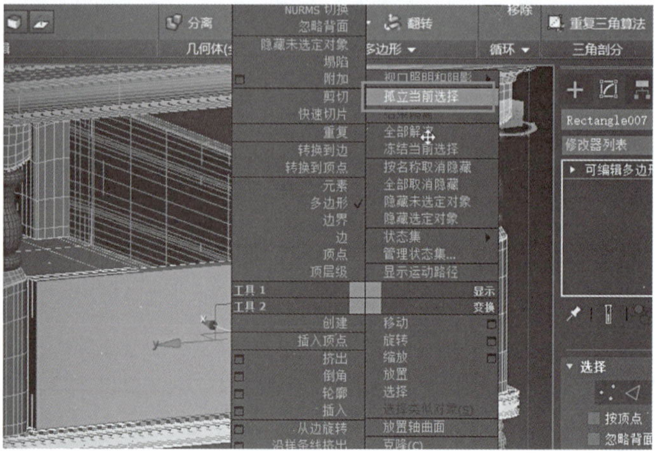

图2-3-132　孤立当前选择

（32）处理接缝。选择横向、纵向两条边，选择“连接”，调整“收缩”数值，处理好结构关系，如图2-3-133所示。

（33）选择四周的面，点击“挤出”，挤出一个高度，再进行倒角，如图2-3-134所示。

（34）和抽屉相同的制作方法，将中间部分进行倒角处理，如图2-3-135所示。

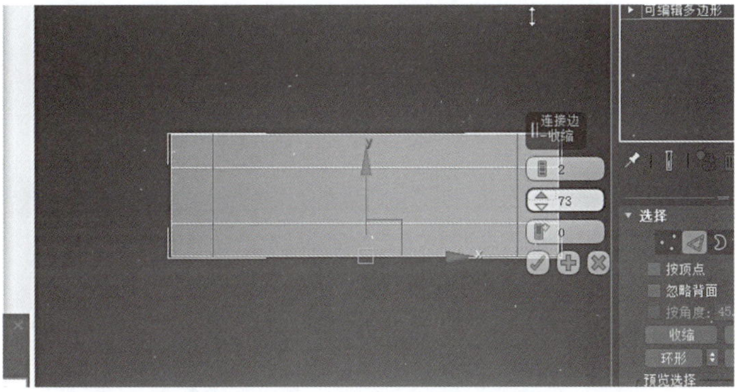

图2-3-133　连接收缩参数设置

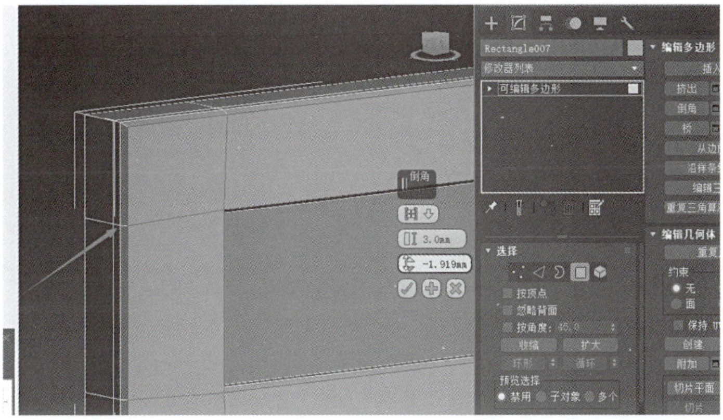

图2-3-134　倒角参数设置

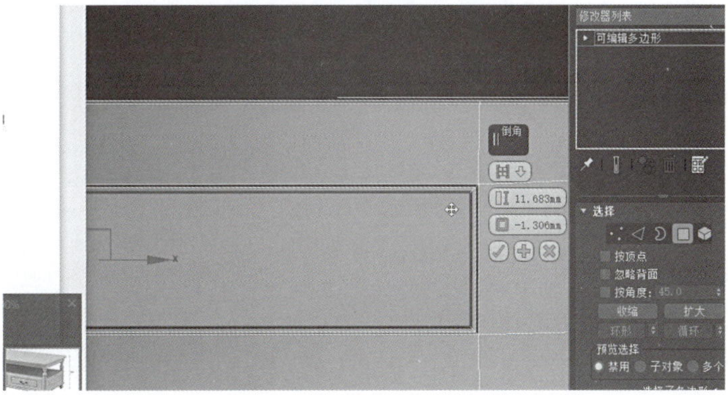

图2-3-135　倒角参数设置

内里的边选择“切角”，如图2-3-136所示。

（35）横向选择边，点击“连接”，分段数为3，缩放滑块，如图2-3-137所示。

（36）选择纵向的边，点击“连接”，如图2-3-138所示。

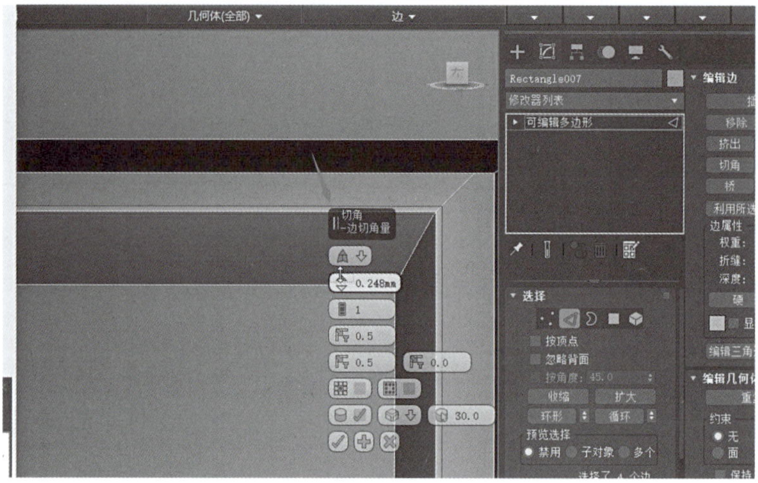

图2-3-136　切角参数设置

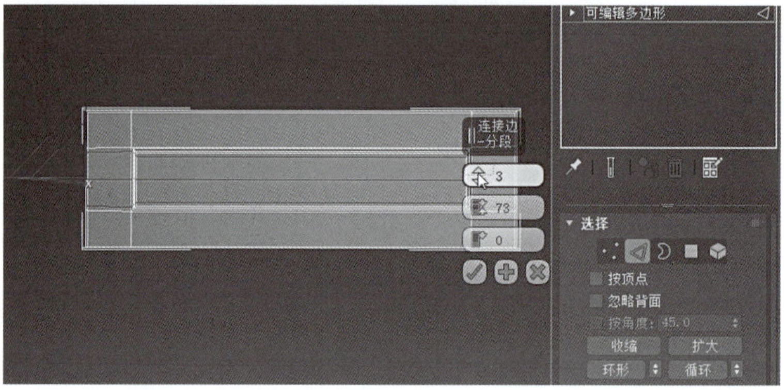

图2-3-137　连接分段设置参数

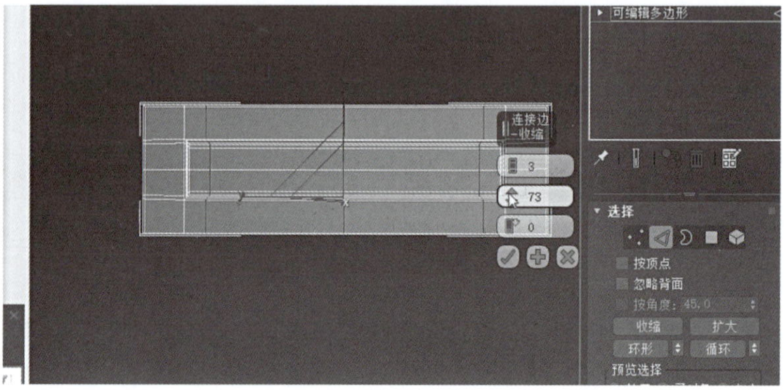

图2-3-138　连接收缩分段设置

（37）利用“快速循环”工具，将边角进行卡线处理，最后添加修改器列表中的“涡轮平滑”，最终效果如图2-3-139所示。

（38）选择侧板，点击“镜像”，“实例”，移动到另一边，如图2-3-140所示。

（39）制作中间的隔板，创建长方体，右键选择“转换为可编辑多边形”，选择面层级，选择两边的侧面，点击“挤出”，再选择另外两个侧面，点击“挤出”，然后孤立出来，效果如图2-3-141所示。

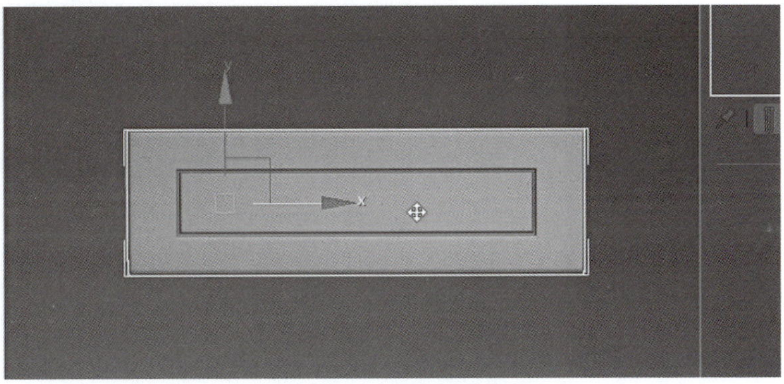

图2-3-139　涡轮平滑效果图

图2-3-140　镜像实例

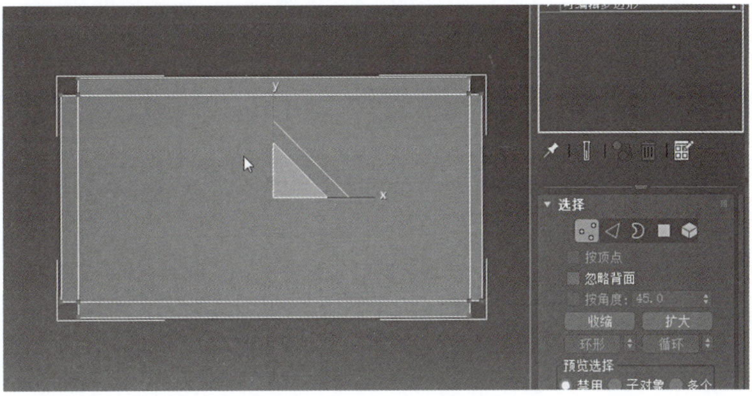

图2-3-141　挤出效果图

（40）选择所有的边，点击“切角”，调整切角量，如图2-3-142所示。

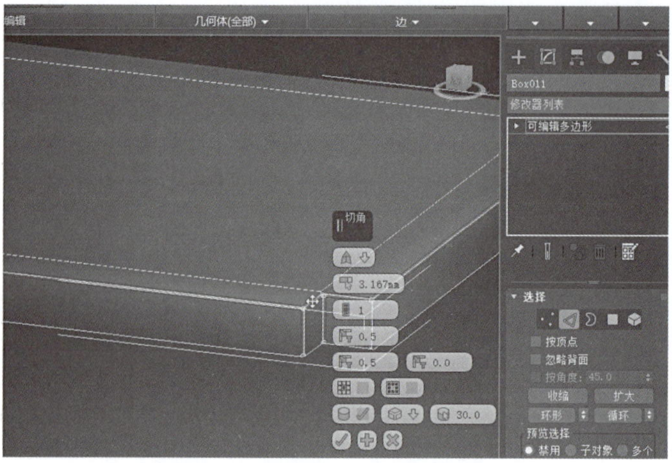

图2-3-142　切角参数设置

（41）快捷键Alt+R环形选择，点击“连接”，进行收缩，横向进行“连接”，再进行收缩，点击“快速循环”，进行卡线，点击修改器列表中的“涡轮平滑”，最终效果如图2-3-143所示。

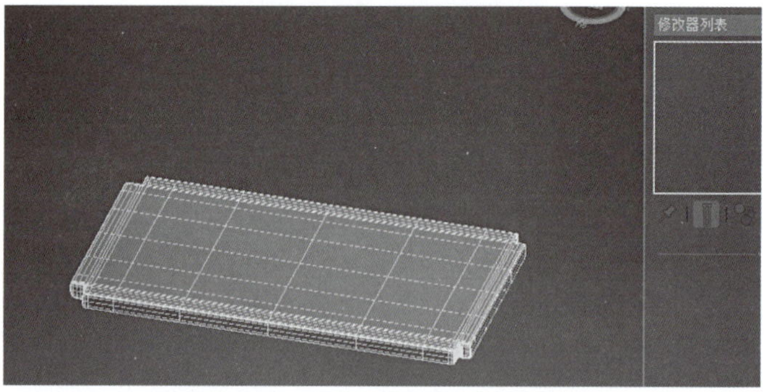

图2-3-143　涡轮平滑

（42）创建平面，右键选择“转换为可编辑多边形”，如图2-3-144所示。选择边界，选择“挤出”，挤出一个厚度，如图2-3-145所示。

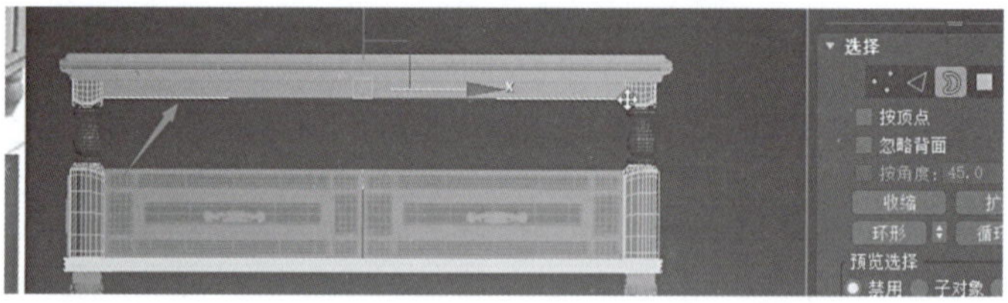

图2-3-144　转换为可编辑多边形

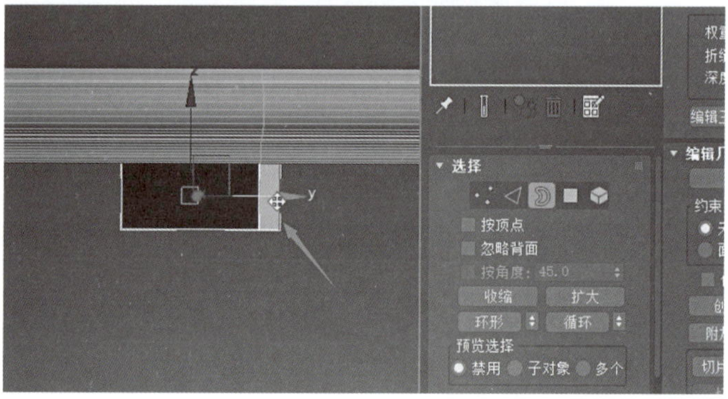

图2-3-145　挤出厚度

（43）在下方点击“连接”，加一条线，再选择外侧这条边，右键点击“挤出”，调整挤出高度进行收缩，如图2-3-146所示。

（44）选择顶点，点击“焊接”，如图2-3-147所示。

（45）选择所有边，点击“切角”，然后右键点击“连接”，增加分段和收缩量，如图2-3-148所示。再选择横向边，点击“连接”，如图2-3-149所示。进入顶视图，

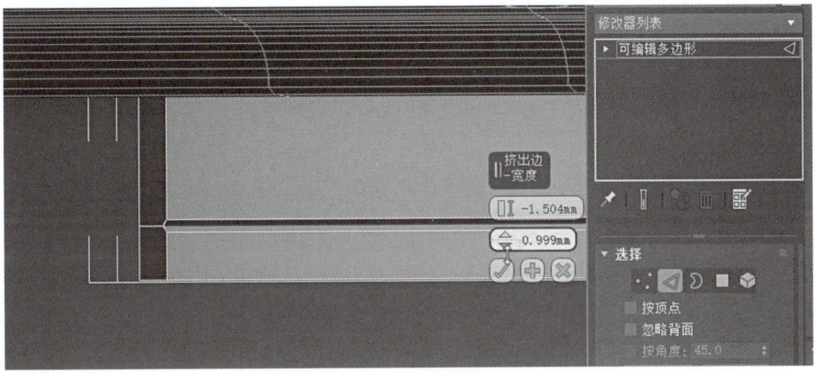

图2-3-146　挤出参数设置

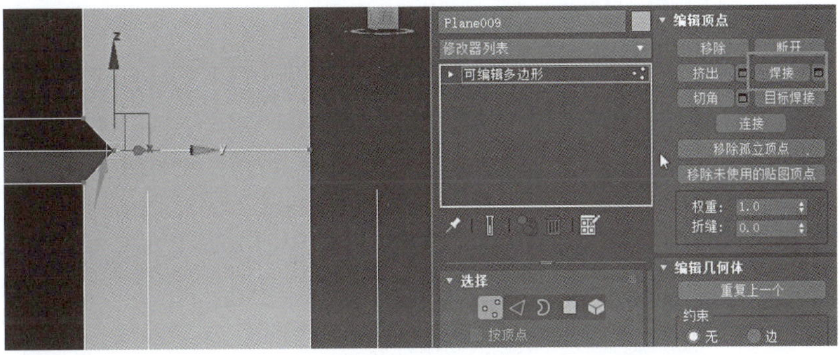

图2-3-147　焊接

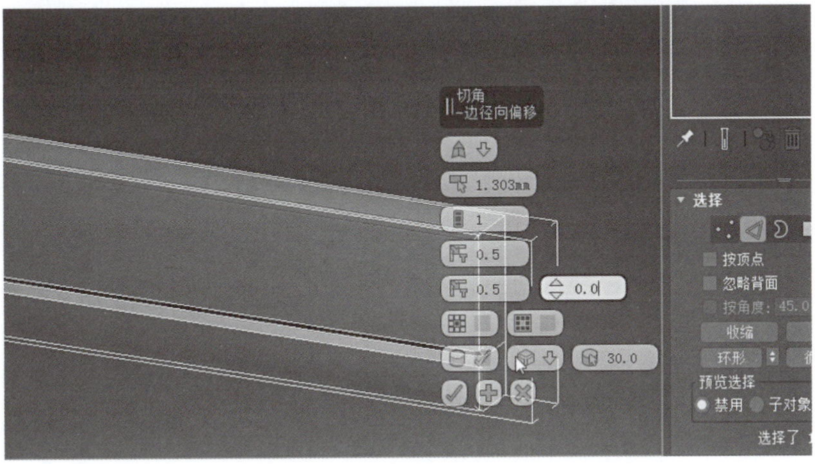

图2-3-148　切角分段参数设置

复制一个并旋转90°，再进入左视图，如图2-3-150所示。

（46）将步骤（45）做好的模型复制到另一边，选择“实例”，再选择“镜像”，*X*轴，点击“克隆”，然后全部选中，赋予材质，至此，茶几整体制作完成，效果如图2-3-151所示。

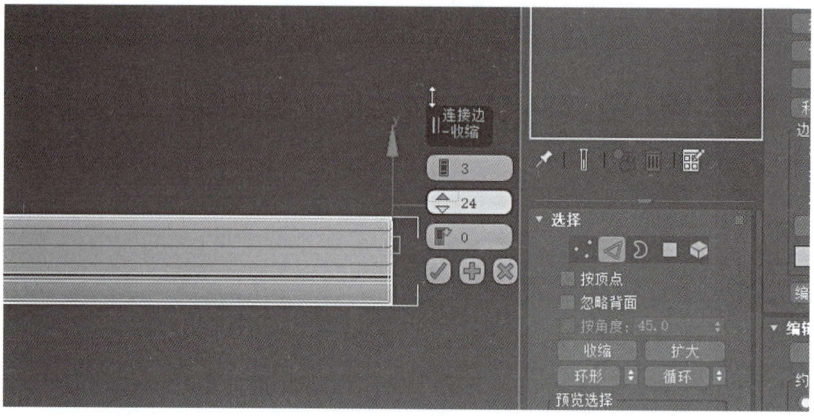

图2-3-149　连接参数设置

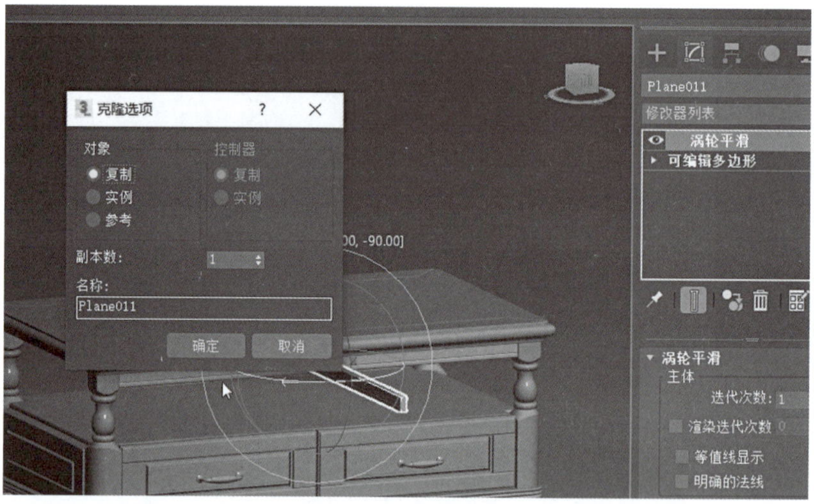

图2-3-150　复制

图2-3-151　整体效果

5. 创建摄像机及渲染

（1）创建平面，进行缩放。将茶几放到一个合适的位置，右键点击“转换为可编辑多边形”，将创建的平面进行切角，点击“切角”，调整分段数量和切角量。快捷键Ctrl+C从视图创建摄像机，镜头角度85°，快捷键Shift+F5显示安全框，如图2-3-152所示。

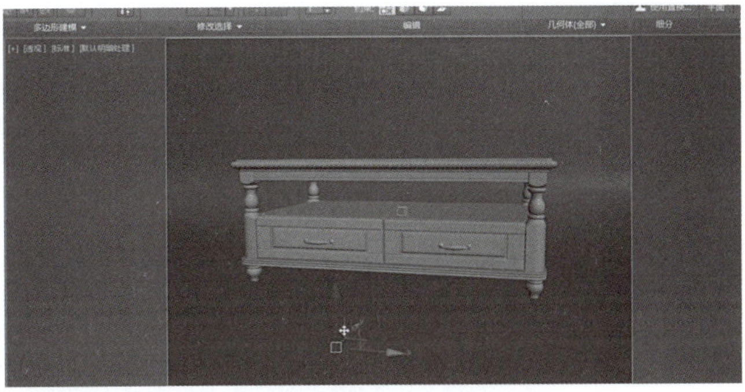

图2-3-152　创建摄像机

（2）打开“渲染设置”，高度设置为600，在VRay面板中，“图像采样器”改为“渲染块”，“过滤器”改为Catoull-Rom，“颜色贴图”改为“指数”，“GI”中改为发光贴图，“当前预设”改为“低”，“灯光缓存”改为101，“设置”中改为“专家”，然后点击“渲染”，如图2-3-153所示。

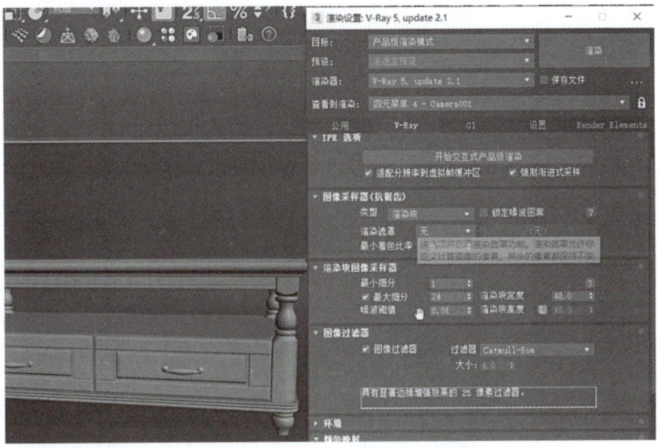

图2-3-153　渲染设置参数

（3）调整灯光。打开材质，将“漫反射”改为深色，选择茶几，赋材质，“漫反射”改为白色，“反射”为白色，勾选“菲涅尔反射”，“光泽度”为0.8，“金属度”为0.1，如图2-3-154所示。

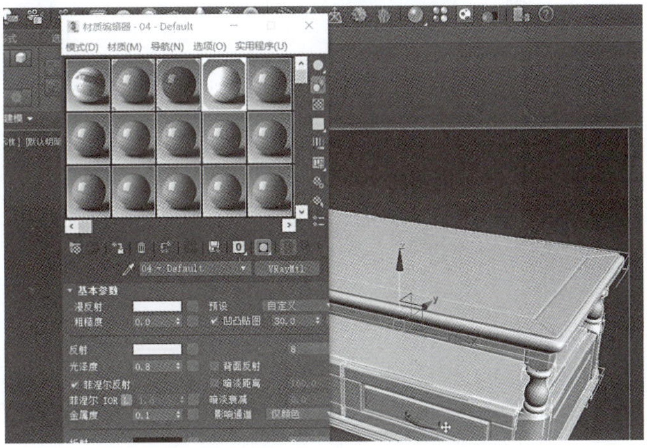

图2-3-154　灯光参数设置

（4）选择门把手，赋金属材质，“漫反射”改为咖色，然后复制这个颜色给到“反射”，和抽屉相反，在这里取消“菲涅尔反射”，“光泽度”为0.8，如图2-3-155所示。

（5）选择VRay灯光，移动到上方，“倍增”11，按C点击渲染，将这个灯光复制到侧面，进行“旋转”，复制右边侧面，选择“实例”，如图2-3-156所示。再点击“渲染”，如图2-3-157所示。

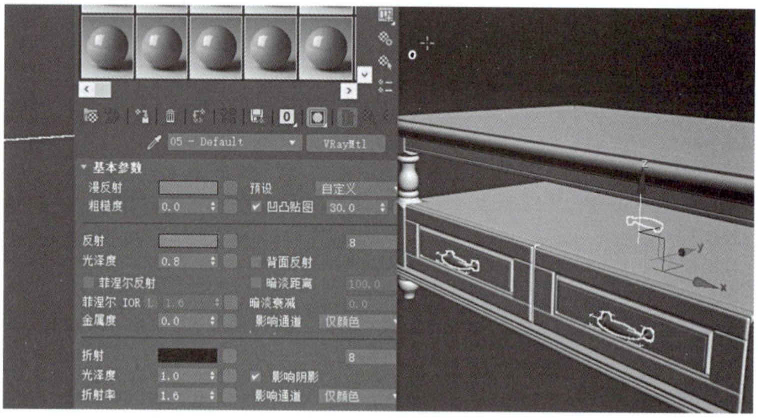

图2-3-155　门把手参数设置

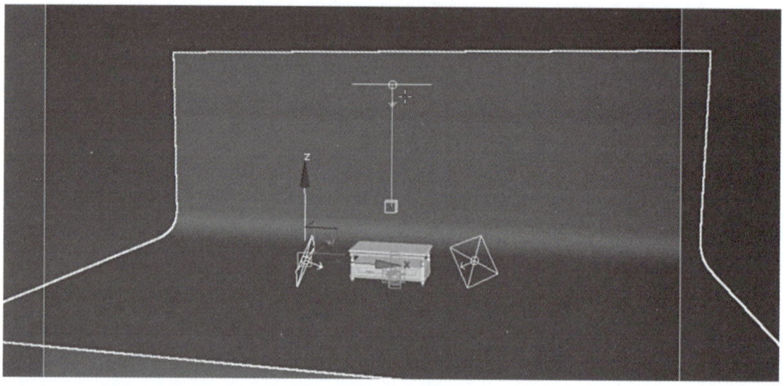

图2-3-156　VRay灯位置

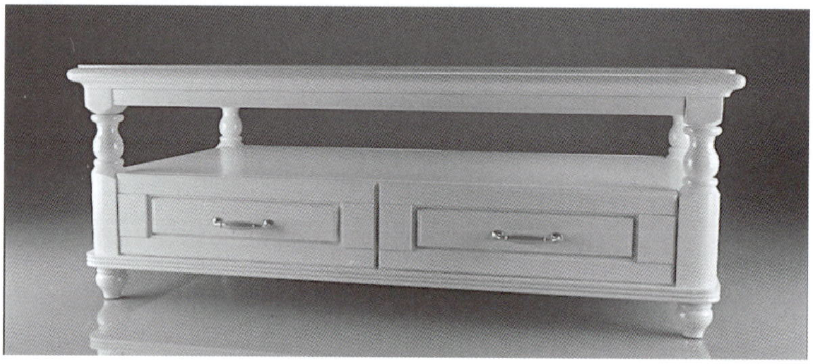

图2-3-157　最终效果图

课堂实例2　象棋制作

1. 底盘制作

（1）将需要做的模型导入3Dmax中，右击“对象属性”，勾选“冻结”“以灰色显示冻结对象”，点击“确定”，方便制作象棋盘模型，如图2-3-158所示。

（2）切换到顶视图，在创建几何体面板当中创建圆柱体，高度分段设置为1，边数设置为36，如图2-3-159所示。

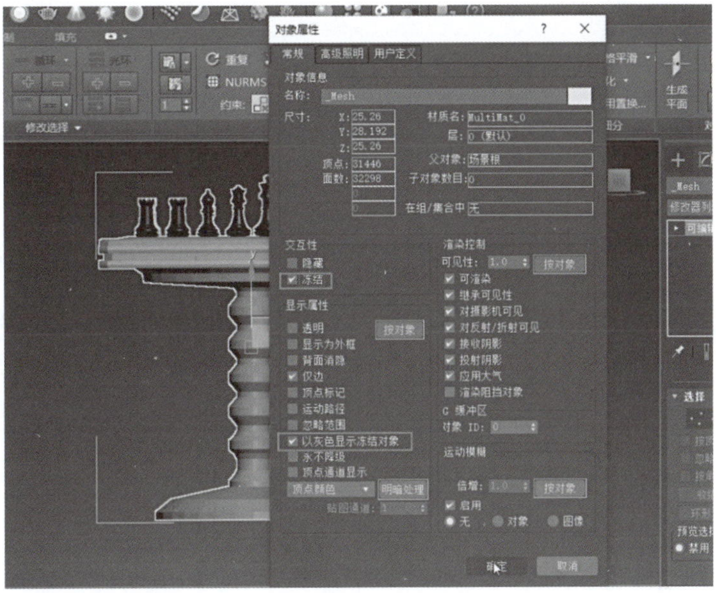

图2-3-158　对象属性

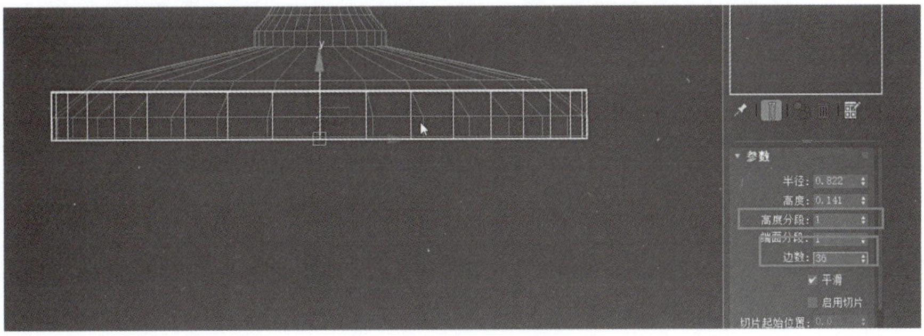

图2-3-159　几何体参数设置

(3)右击转换为“可编辑多边形”，点击多边形层级，点击“编辑多边形”中的“挤出”，设置高度，如图2-3-160所示。

(4)快捷键R进行等比例缩放，缩放到合适的大小，如图2-3-161所示。

(5)点击“编辑多边形”中的“倒角”命令，调整轮廓的高度和大小，如图2-3-162所示。

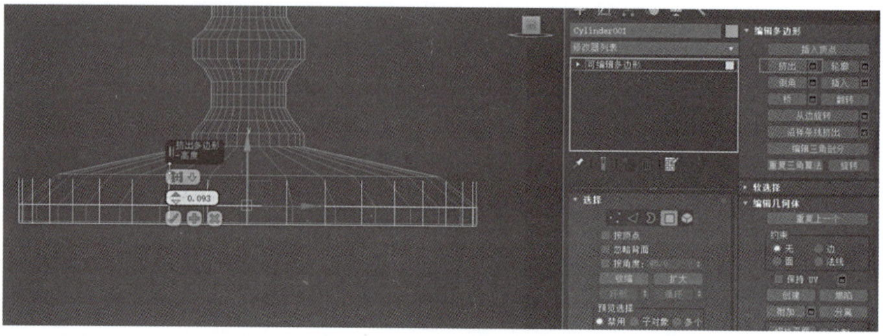

图2-3-160　挤出参数设置

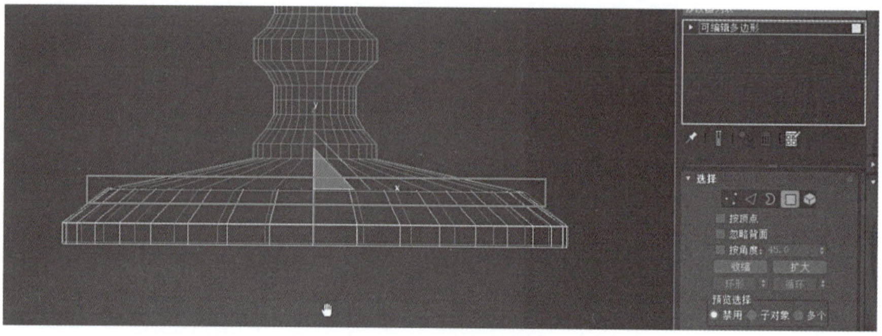

图2-3-161　等比例缩放

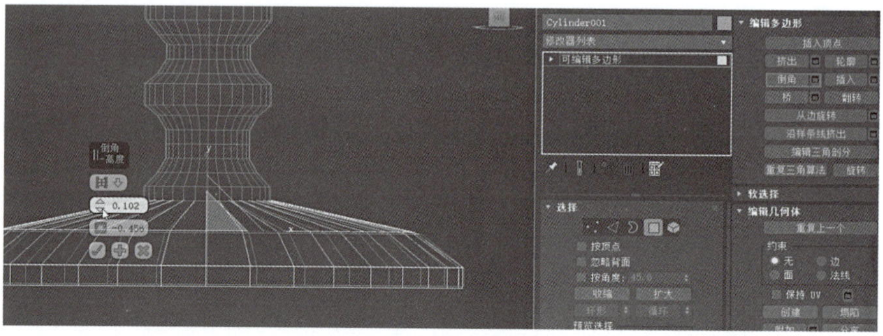

图2-3-162　倒角参数设置

（6）观察腿部结构，整体桌腿结构是一样的，只需做出一部分，再进行复制就可以。用“挤出”命令和“缩放”工具做好一部分，如图2-3-163所示。

（7）在多边形层级，按住Shift键沿着*Y*轴复制，选择“克隆到元素”，如图2-3-164所示。

（8）选择步骤（7）中两个元素的交界处，选择顶点层级，全部框选，点击“焊接”，如图2-3-165所示。

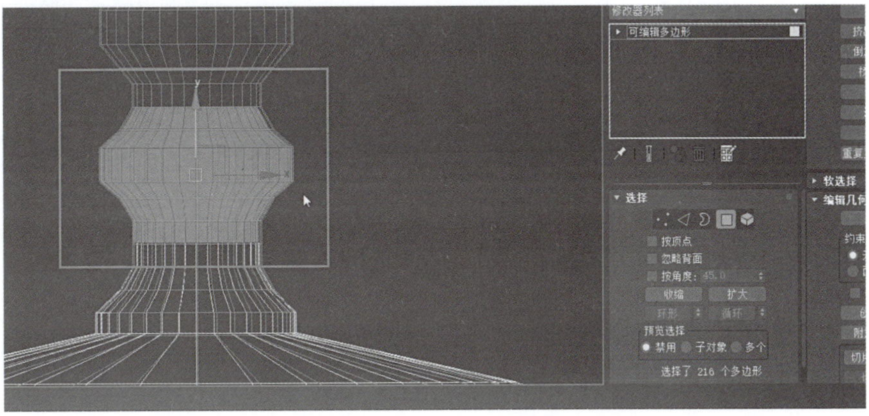

图2-3-163 多边形选择

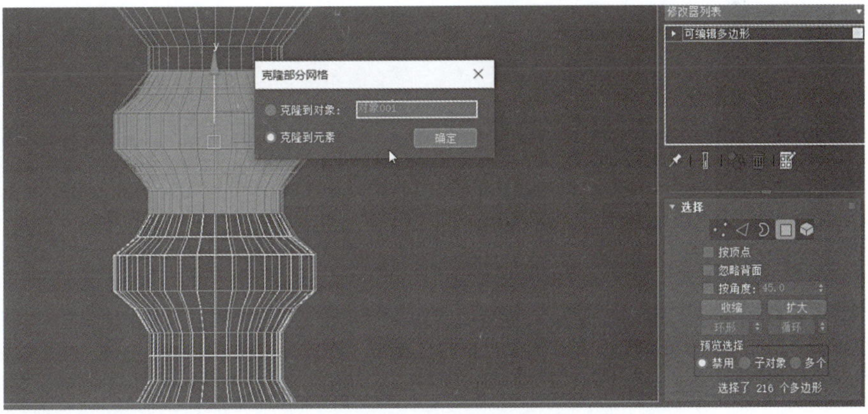

图2-3-164 克隆到元素

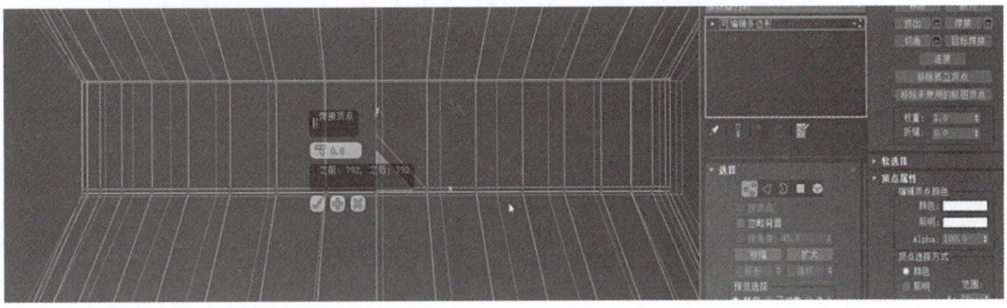

图2-3-165 焊接

（9）用同样的方法制作其他相同的结构，最终效果如图2-3-166所示。

（10）选择边界层级，按住Shift键复制，使用快捷键R缩放工具来调节大小。同样的步骤进行多次操作，最终效果如图2-3-167所示。

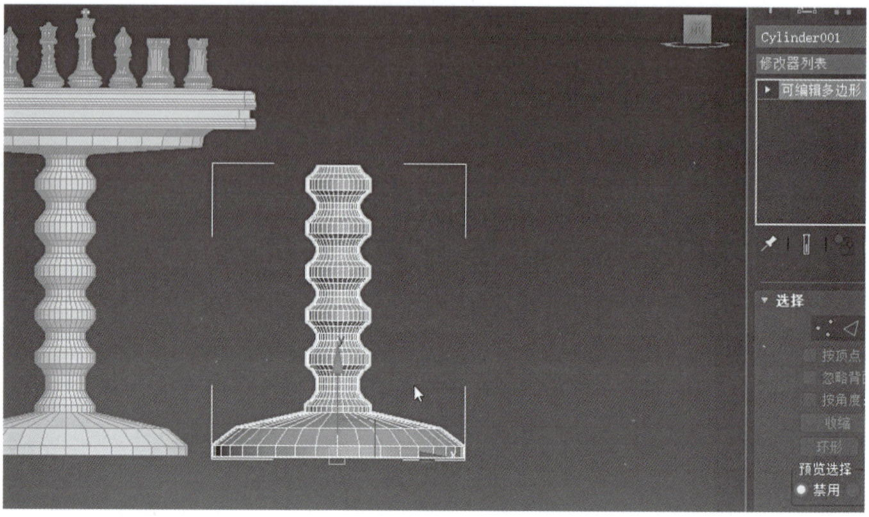

图2-3-166　棋盘腿部效果图

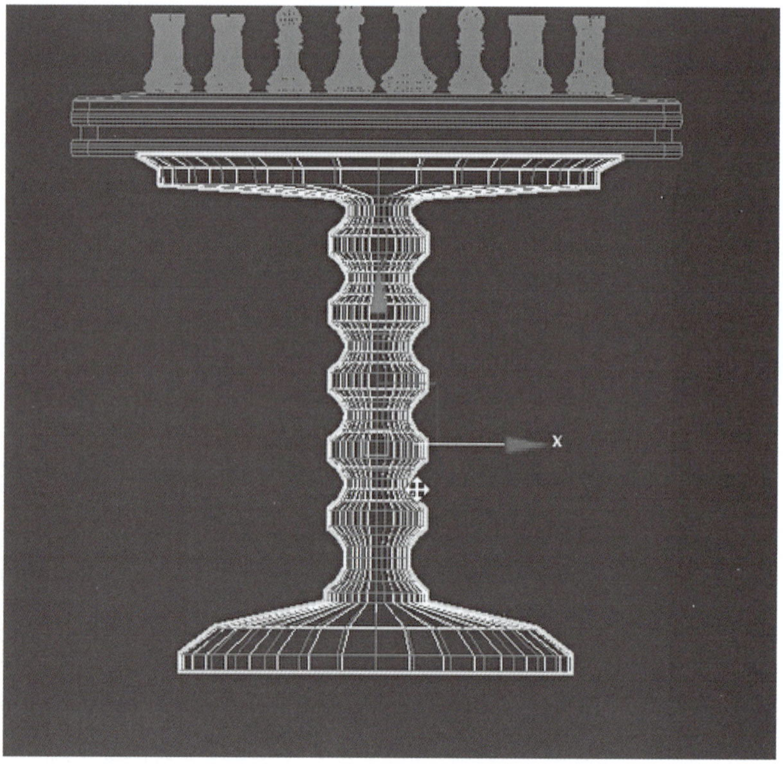

图2-3-167　底盘效果图

2. 桌面制作

（1）切换到顶视图，在创建几何体面板当中创建长方体，右键选择“转换为可编辑多边形”，如图2-3-168所示。

（2）选择顶点层级，调整合适的位置，如图2-3-169所示。

（3）选择边层级，横向选择几何体的边，点击“连接”，分段数量为2，如图2-3-170所示。

图2-3-168　创建几何体

图2-3-169　调整合适位置

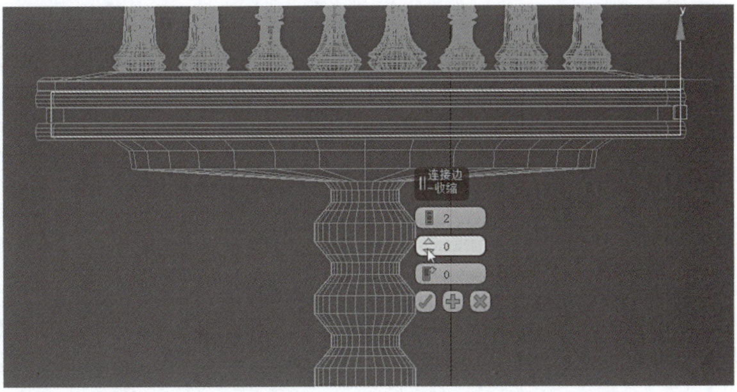

图2-3-170　连接参数设置

（4）选择多边形层级，鼠标右键按住Ctrl，框选上下两圈的面，如图2-3-171所示。

（5）选择“挤出”，此处选择“按局部法线挤出”，如图2-3-172所示。

（6）选择顶面，点击多边形层级，进行倒角，此处倒角完一次之后，再点击“+”号倒角一次，第二次的倒角轮廓值降低，如图2-3-173所示。

图2-3-171　多边形层级

图2-3-172　挤出参数设置

图2-3-173　倒角轮廓参数设置

(7) 选择这条边，点击“相似”，如图2-3-174所示。

(8) 将选中的边进行切角，点击“切角”，如图2-3-175所示。

(9) 将多余的顶点塌陷成一个顶点。框选顶点，选择“塌陷”，如图2-3-176所示。

图2-3-174　相似

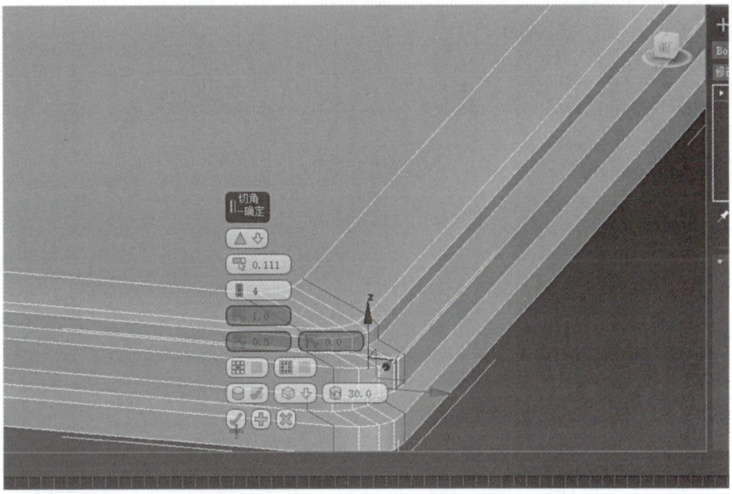

图2-3-175　切角参数设置

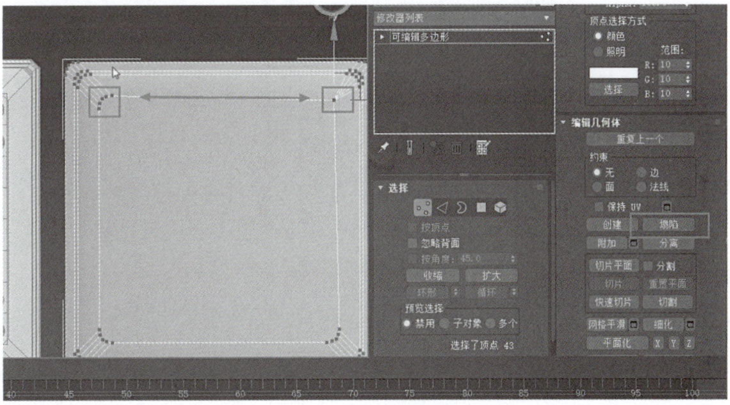

图2-3-176　塌陷

3. 象棋制作

（1）创建线，在创建面板进入图形级别，单击“线”，在创建方法卷展栏上将“初始类型”和“拖动类型”勾选为“角点”，如图2-3-177所示。

（2）切换到前视图，第一个点落在棋子顶部中心位置，按Shift键将线条约束到垂直轴，然后单击棋子基部上的第二个点，如图2-3-178所示。继续绘制棋子基部右侧底边上的点，然后参考模型有轮廓的点进行绘制，直到完成图像的右半面。画完之后将样条线拖拽出来，如图2-3-179所示。

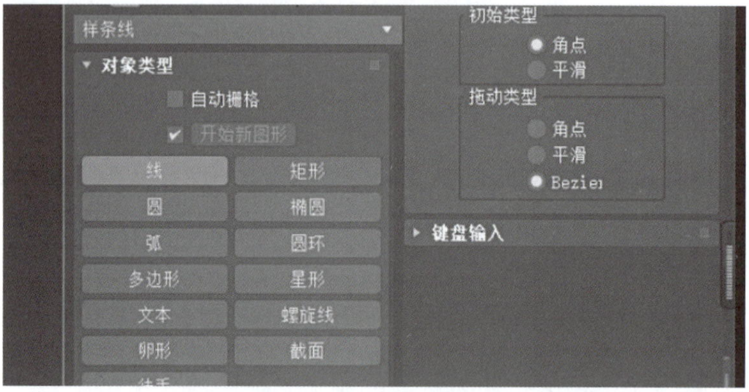

图2-3-177　创建样条线

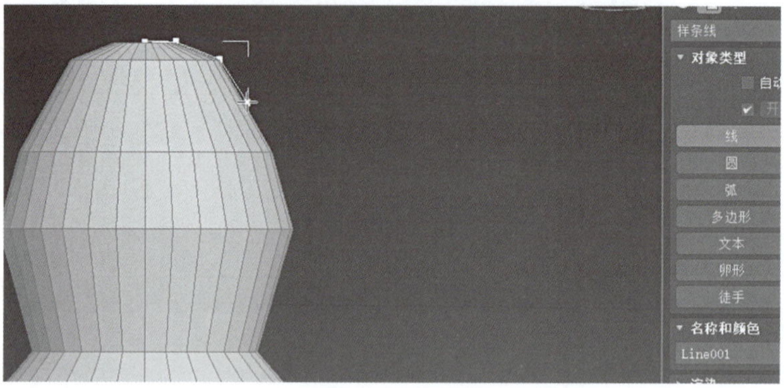

图2-3-178　线条走向

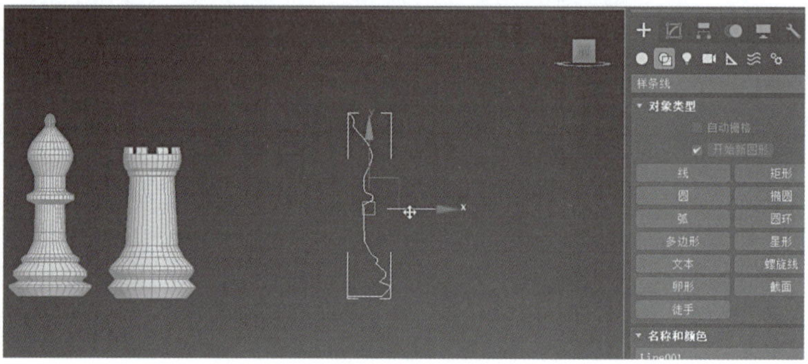

图2-3-179　效果图

（3）在修改面板为上一步绘制的模型添加“车削”修改器，激活车削修改器，按住X轴直接向左拖拽，分段设置为16，最终效果如图2-3-180所示。

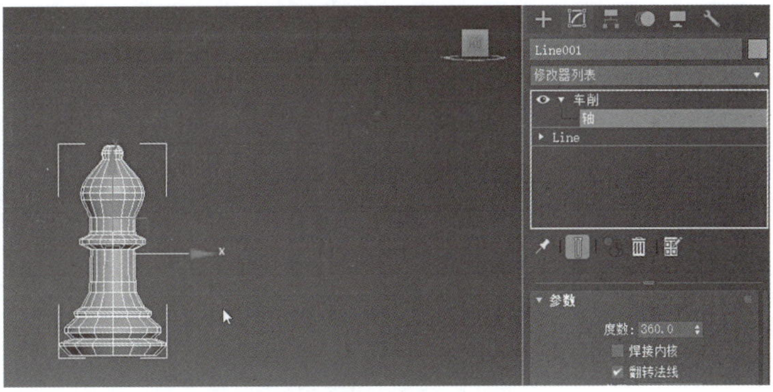

图2-3-180　车削

（4）兵与皇后相似，其他的象棋按照同样的步骤制作即可完成。此处，车削结束后如果模型面数过多，选择“面片”模式即可，如图2-3-181所示。

（5）按照棋盘格的大小、数量，将象棋一一摆放，效果如图2-3-182所示。

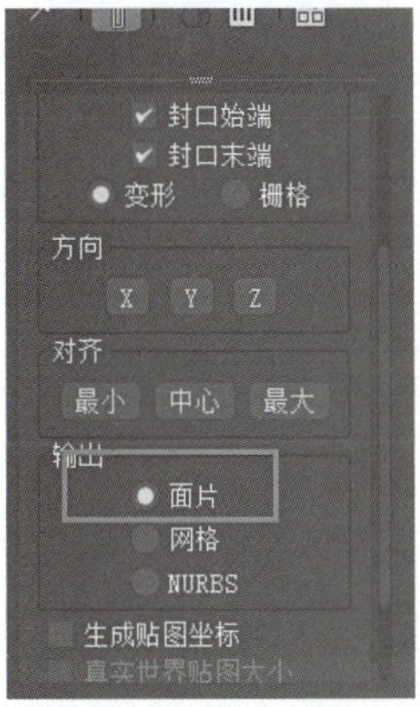

图2-3-181　面片模式

图2-3-182　象棋效果图

4. 材质设置

（1）打开材质球，快捷键M，选择桌面中间的面片，赋“棋盘格”材质，瓷砖设置改为4×4，如图2-3-183所示。

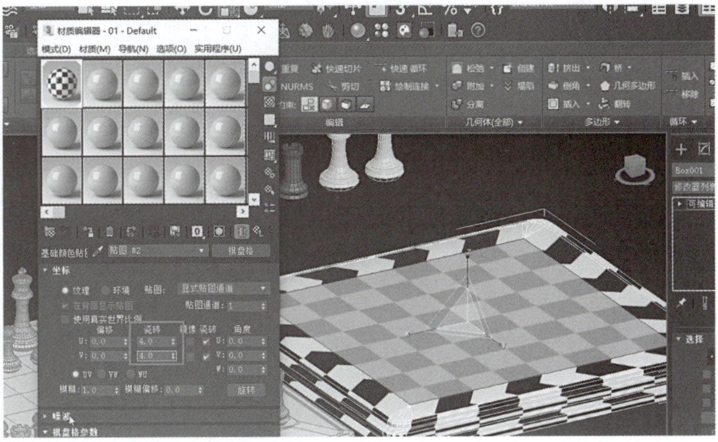

图2-3-183　桌面材质参数设置

（2）选择其他的位置，设置一个卡其色，如图2-3-184所示。

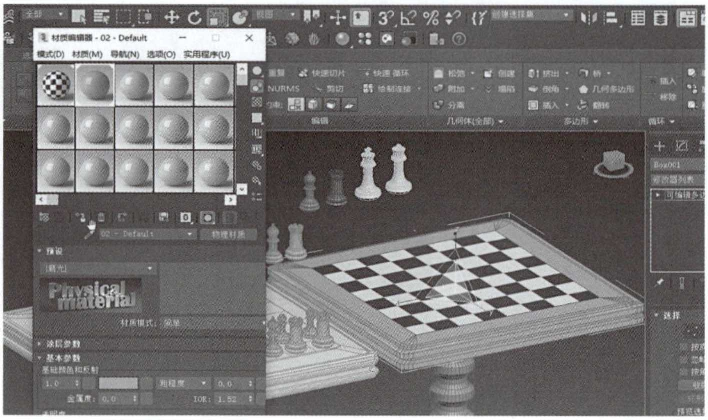

图2-3-184 桌面材质参数设置

（3）象棋材质改为一半黑、一半白，如图2-3-185所示。

图2-3-185 最终材质效果

（4）至此，象棋整体制作完成，效果如图2-3-186所示。

图2-3-186 整体效果图

课堂实例3　富贵凳制作

首先确定好模型尺寸结构，方便制作模型，也可以利用参考图来制作，如图2-3-187所示。

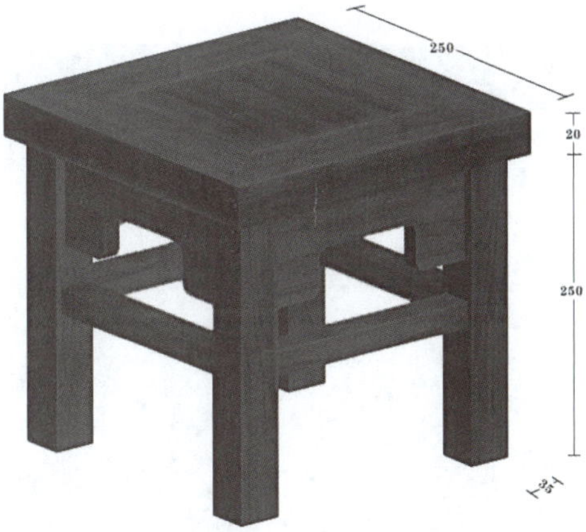

图2-3-187　参考图

1. 凳面制作

（1）打开软件，先观察参考图，快捷键Alt+Ctrl+Z最大化显示，按T切换到顶视图，创建立方体，长度250mm，宽度250mm，高度270mm，如图2-3-188所示。将“绝对坐标值”归零，右键选择“对象属性”，如图2-3-189所示。勾选“仅边”“显示为外框”“冻结”，如图2-3-190所示。

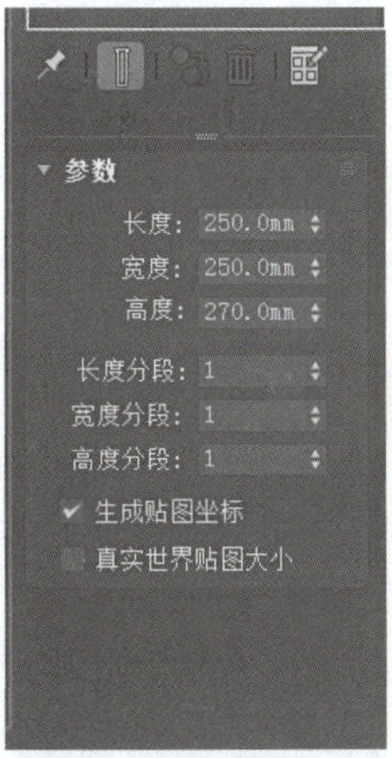

图2-3-188　参数设置

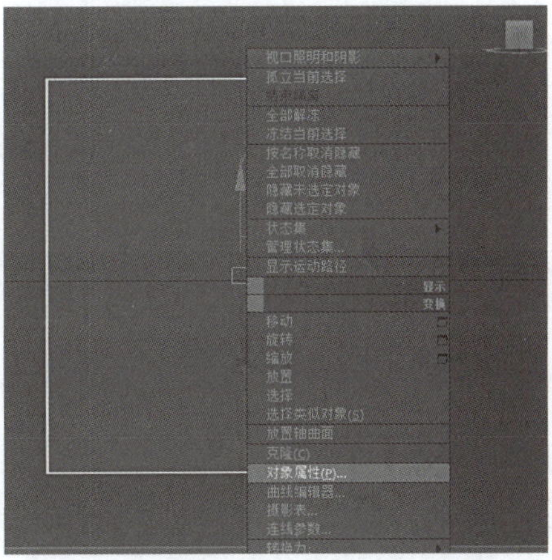

图2-3-189　对象属性

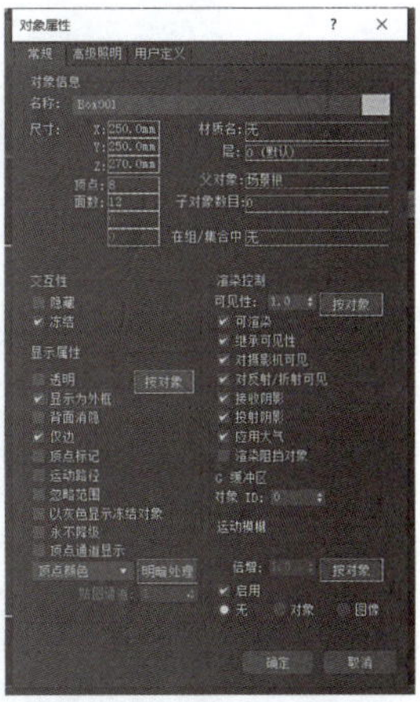

图2-3-190　对象属性设置

（2）在“创建”面板中单击“标准基本体”按钮，选择创建“长方体”，在“创建方法”选项当中，选择创建“立方体”，如图2-3-191所示。创建好的物体尺寸改为250mm×250mm×20mm，如图2-3-192所示。

（3）选择创建好的物体，右键选择“转换为”→“转换为可编辑多边形”，如图2-3-193所示。

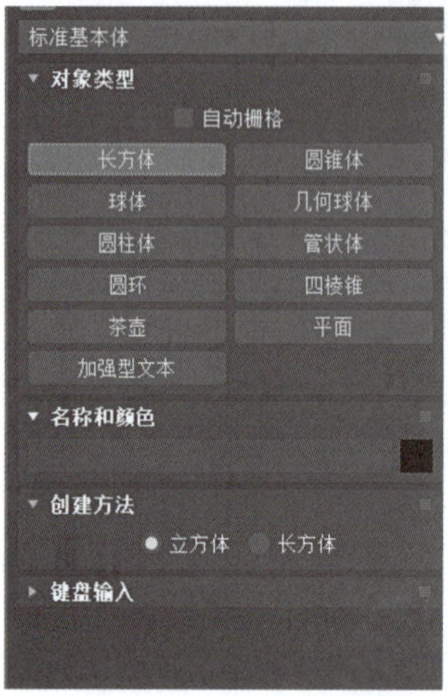

图2-3-191　几何体

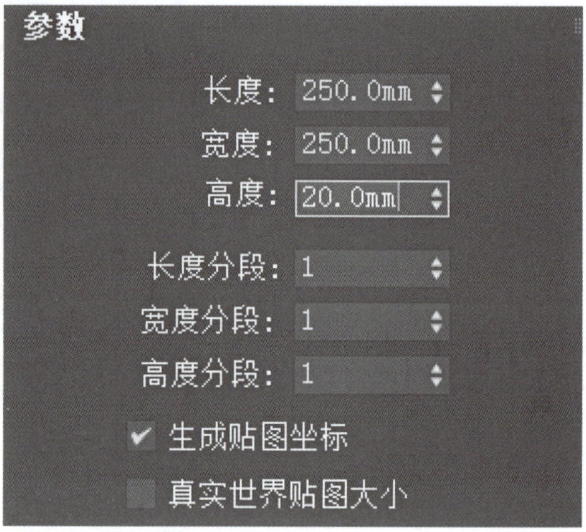

图2-3-192　参数设置

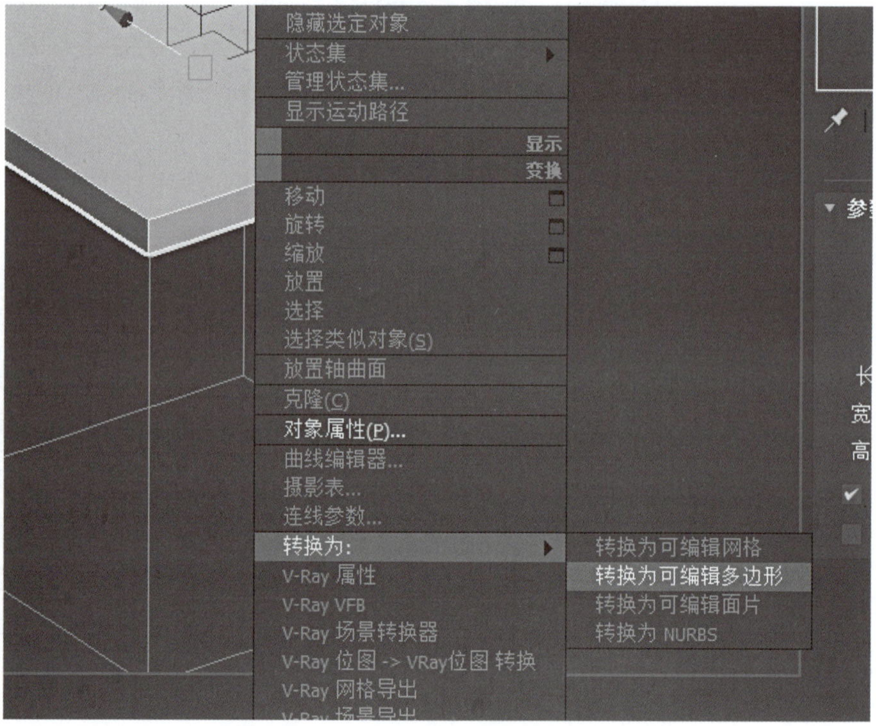

图2-3-193　转换为可编辑多边形

（4）按F3显示为实体，切换到顶视图，选中面层级，点击“插入”，插入数值为55，如图2-3-194所示。

（5）富贵凳为榫卯结构，将凳子顶面拆分为五个结构，选择四分之一的板面将其分离。选择面层级，点击“分离”，勾选“以克隆对象分离”，如图2-3-195所示。

（6）将分离出的板面封口，点击“边界”→“封口”，如图2-3-196所示。点击“点”，选择图中四个顶点，点击“连接”，如图2-3-197所示。

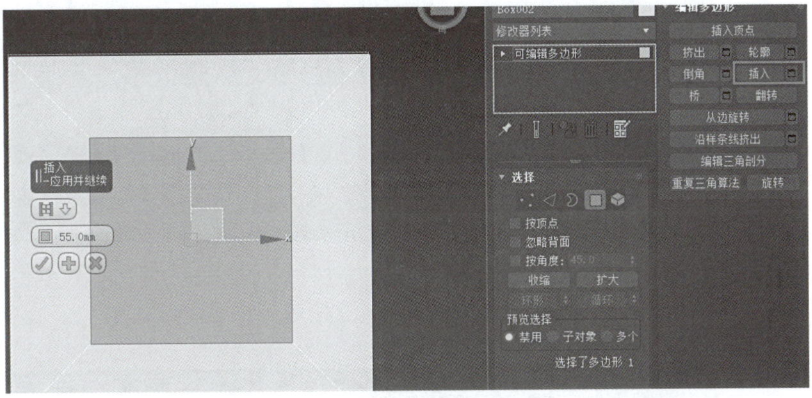

图2-3-194　插入参数设置

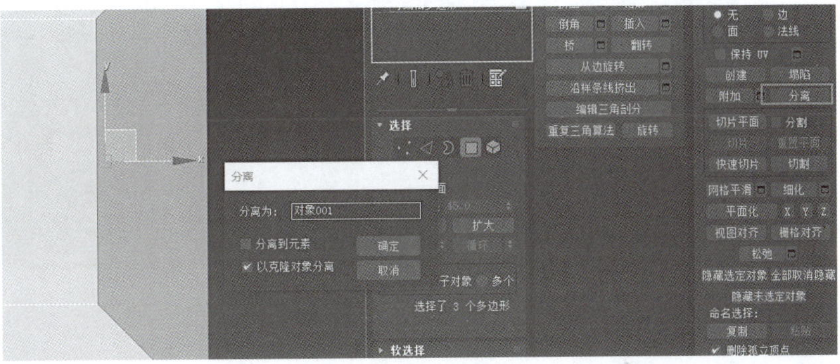

图2-3-195　克隆对象

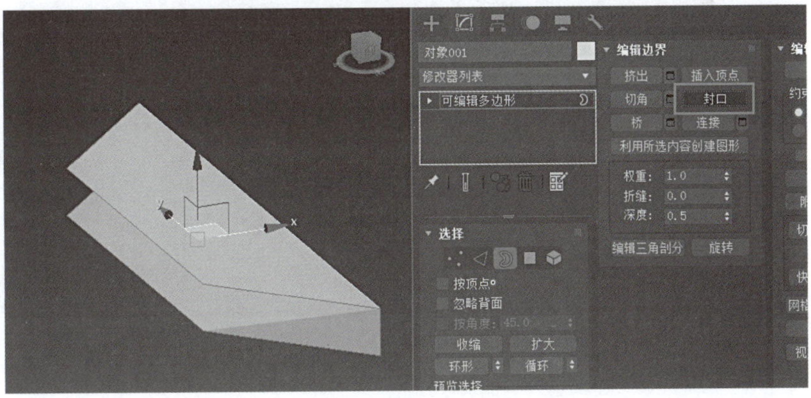

图2-3-196　封口

（7）选择最外侧的两条边，点击“连接”，连接分段设置为2，收缩数值设置为40，如图2-3-198所示。选择点层级，选择两个点，点击“连接”，如图2-3-199所示。

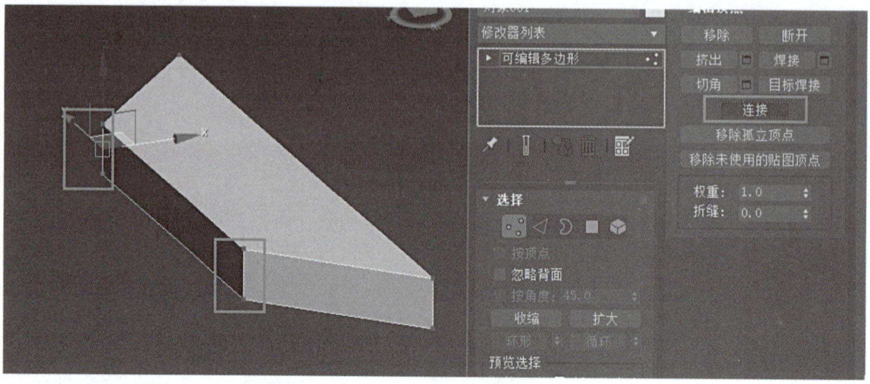

图2-3-197 连接

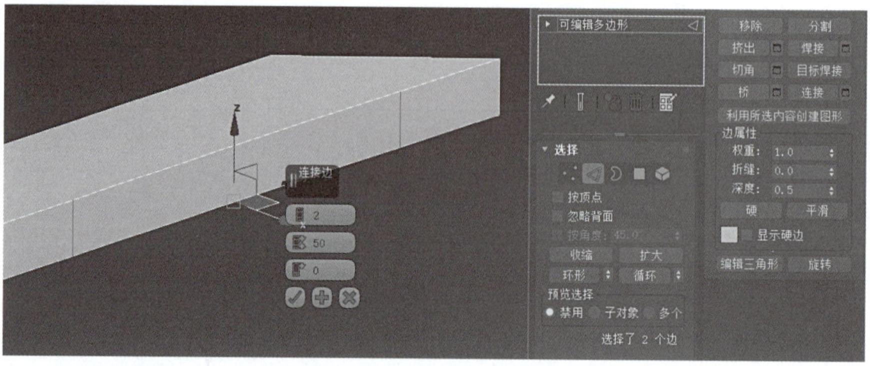

图2-3-198 连接设置

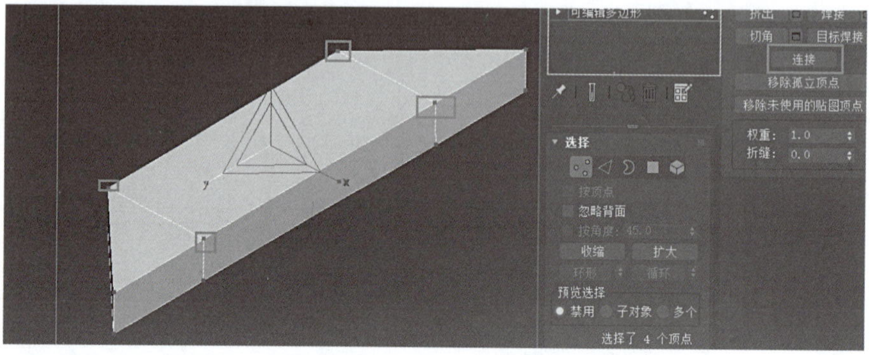

图2-3-199 连接线段

（8）选择中间的线段，点击“连接”，删除选中的一半。选择“修改器列表”，打开下拉菜单，找到“对称”，并点击，如图2-3-200和图2-3-201所示。激活“对称”修改器，将参数设置为*Y*轴，勾选“翻转”，如图2-3-202所示，只需要做其中的一半物体，另一半形状、大小、长短和排列等和原模型都是相等的。

（9）选择四条边，点击“连接”，分段设置为2，确定，如图2-3-203所示。同样的操作方法，选择横向的边，点击“连接”，分段设置为2，如图2-3-204所示。

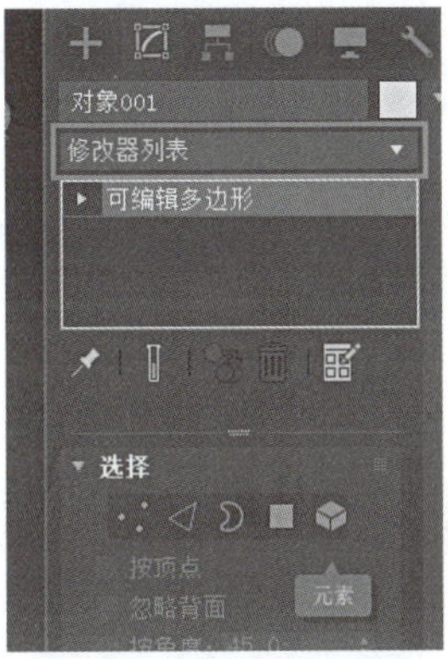

图2-3-200　修改器列表

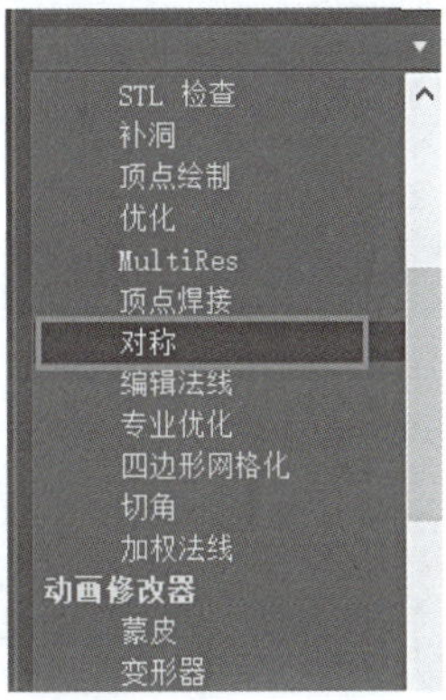

图2-3-201　对称

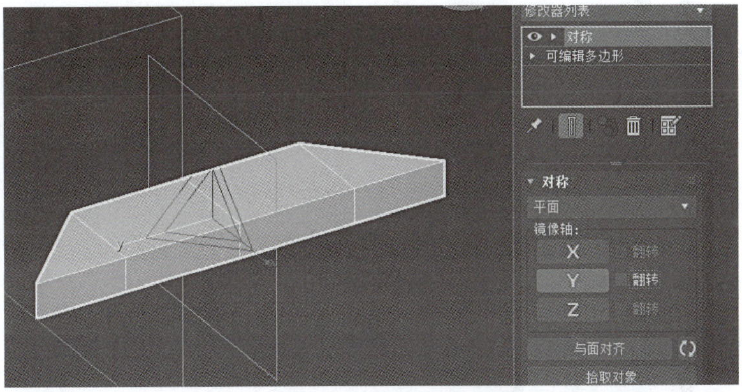

图2-3-202　镜像—翻转

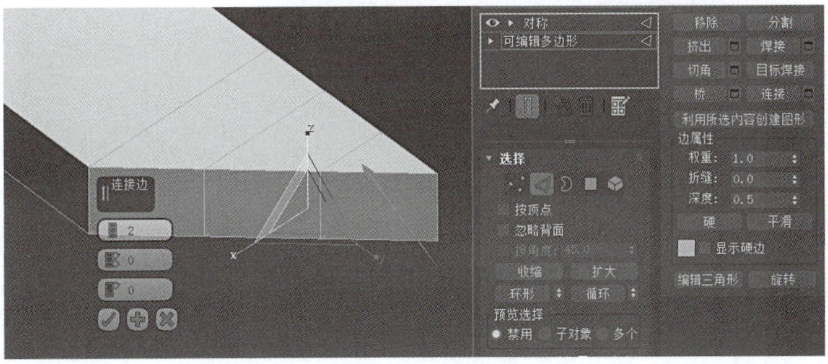

图2-3-203　竖向连接设置

（10）将步骤（10）做好的模型复制一个备用，如图2-3-205所示。

（11）将中间的部分选择面层级，如图2-3-206所示。点击“删除”，选择“边界”，点击“桥”，如图2-3-207所示。

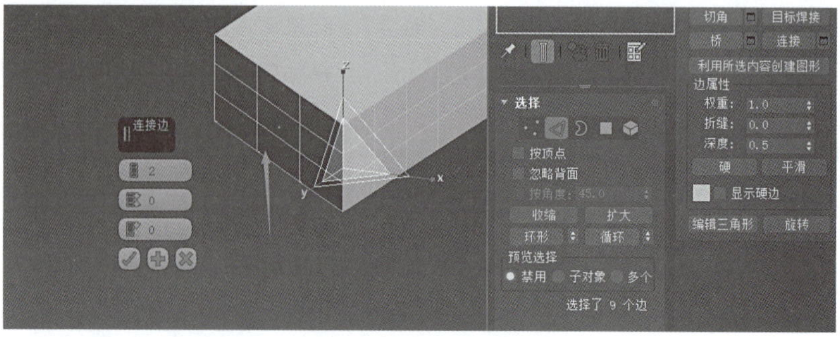

图2-3-204　横向连接设置

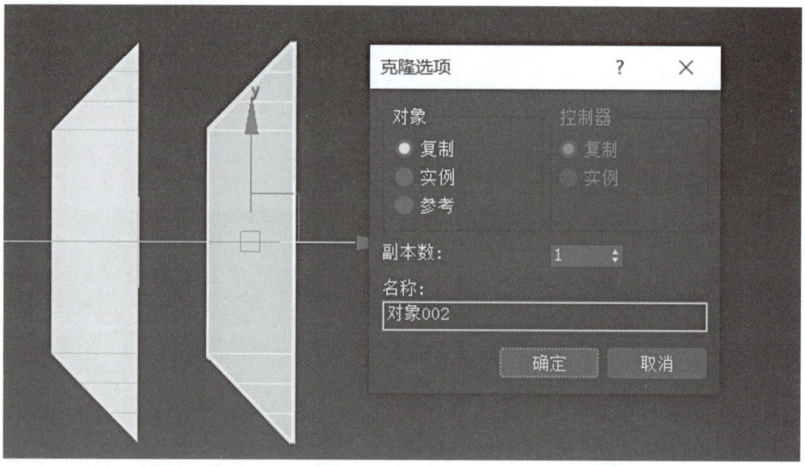

图2-3-205　复制

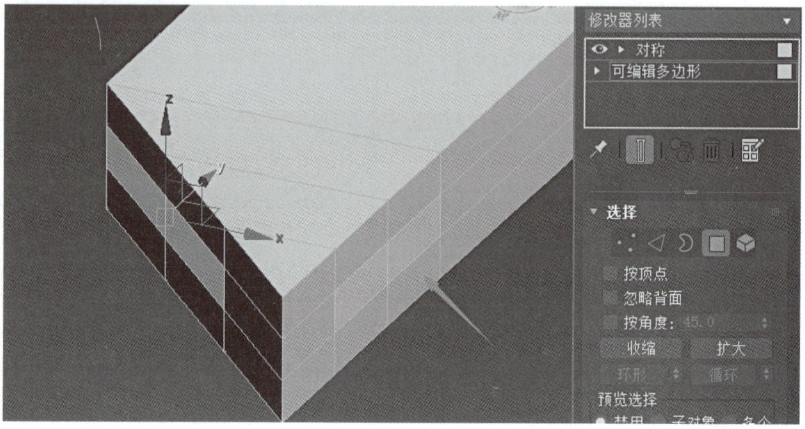

图2-3-206　选择面层级

（12）选择中间的边，点击“环形”，点击“连接”，分段为1，点击确定，如图2-3-208所示。按住Z轴往上拖拽，呈现上窄下宽效果，如图2-3-209所示。

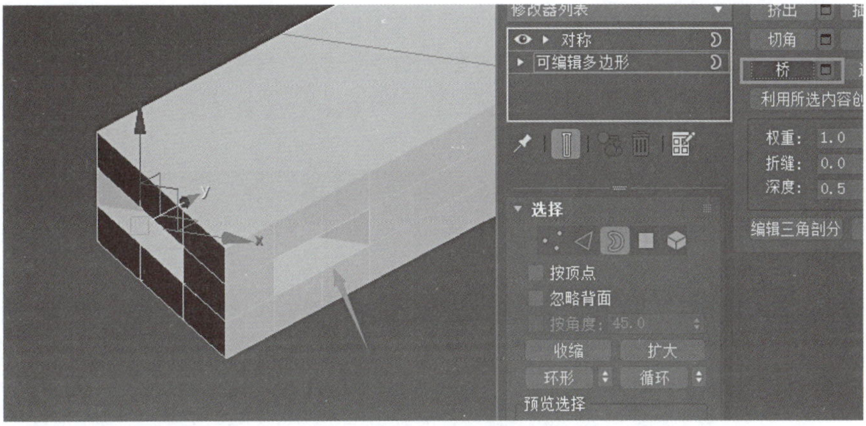

图2-3-207　桥

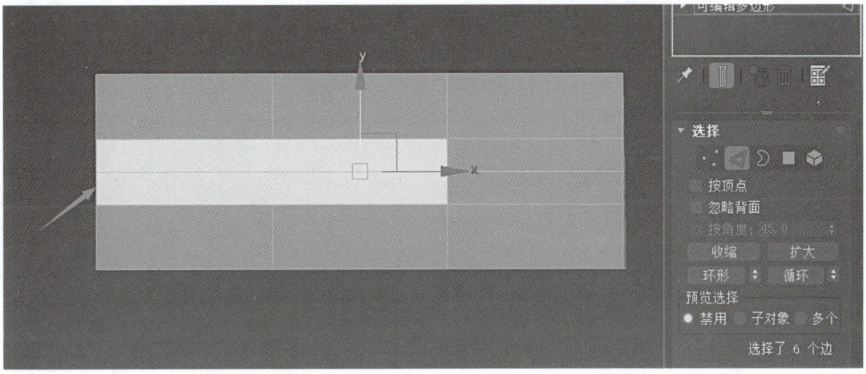

图2-3-208　连接设置

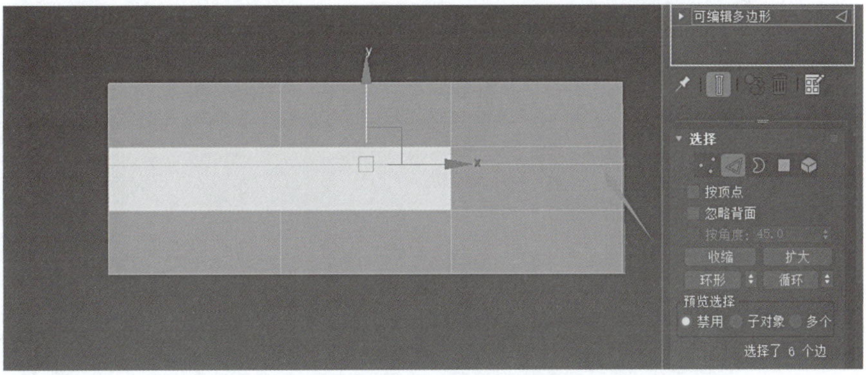

图2-3-209　上窄下宽效果

（13）选择面层级，选择板面内侧的面，点击“挤出”，挤出设置为-5.0，点击“确定”，如图2-3-210上图所示。

（14）接下来做另一半结构，和前面的结构是相反的做法。首先选择面层级，点击“挤出”，挤出数值50，挤出的部分刚好能卡住上一部分的榫眼，如图2-3-210下图所示。选择“点”，打开“角度捕捉2.5”，按住*Y*轴移动，对齐到平行点上，整体是一条水平线，如图2-3-211和图2-3-212所示。

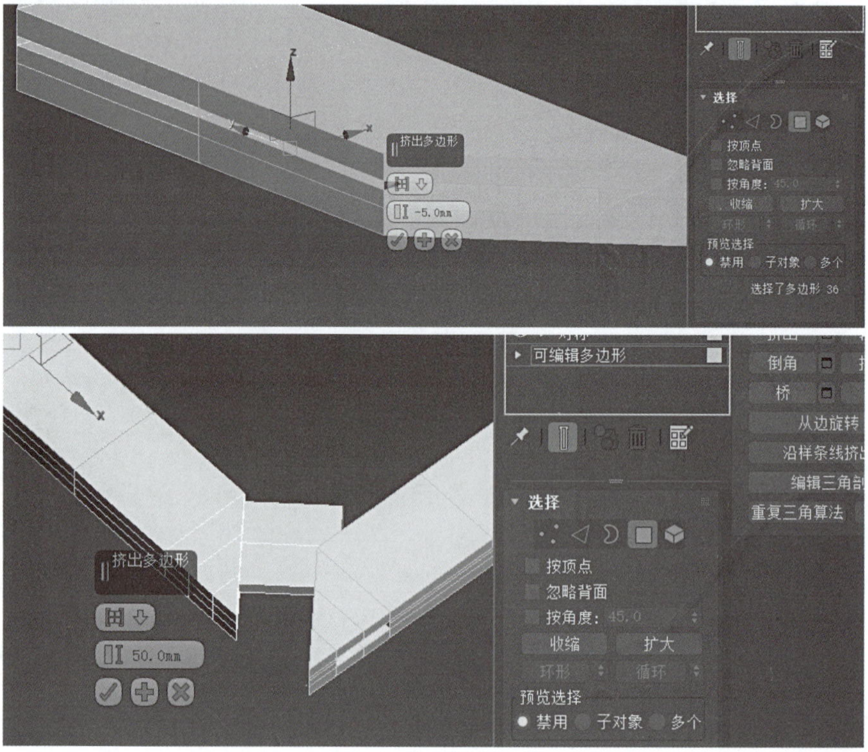

图2-3-210　挤出设置

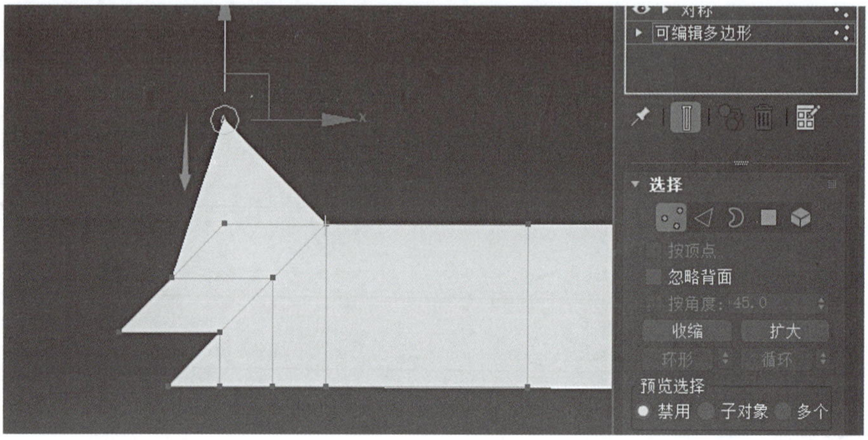

图2-3-211　角度捕捉

（15）打开“角度捕捉2.5”，按住*X*轴移动，以最外侧的点为终点，如图2-3-213和图2-3-214所示。

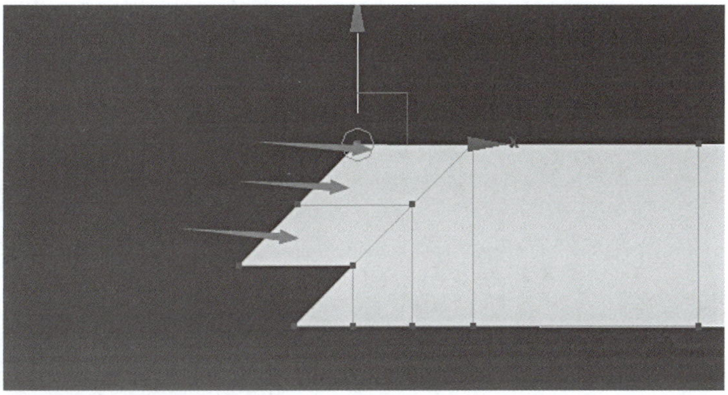

图2-3-212　对齐效果

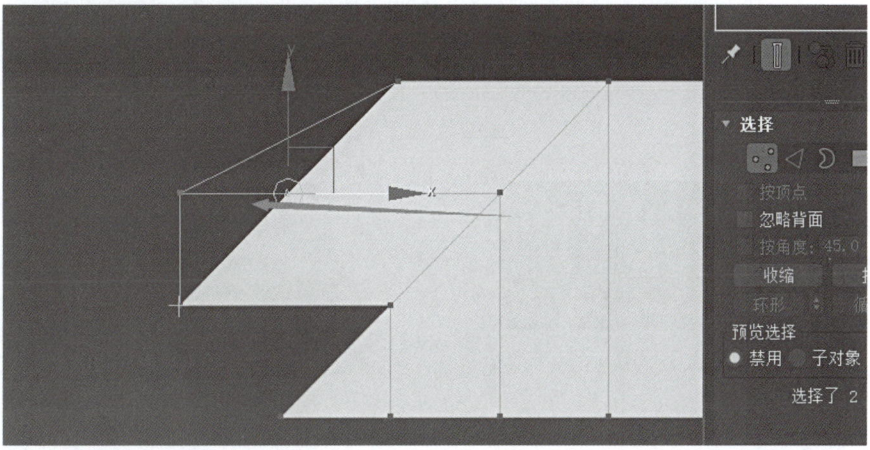

图2-3-213　捕捉方向

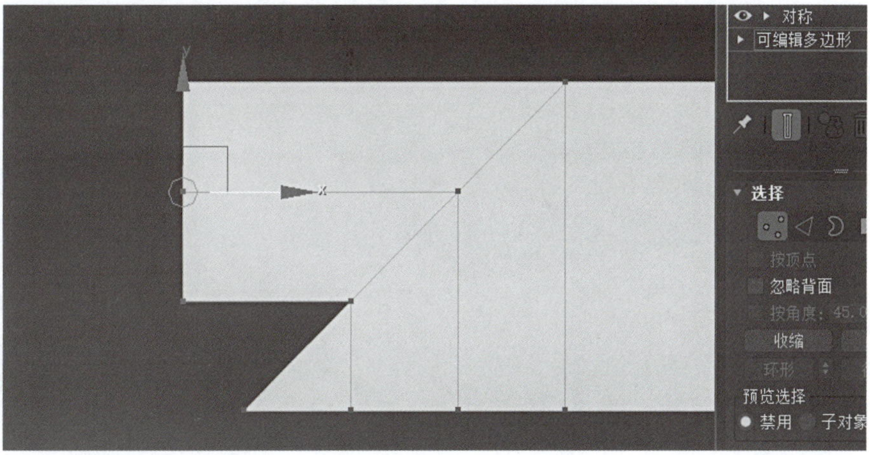

图2-3-214　对齐效果

（16）将两个结构合并到一起，点击 “层次”，选择“仅影响轴”，将轴心移动到如图2-3-215所示位置，点击“确定”。

（17）打开“角度捕捉2.5”，按住*X*轴移动，移动到两个物体的结合处，如图2-3-216所示。

（18）榫头比榫眼大，这里将榫头*X*轴往内侧移动，合并后如图2-3-217所示。

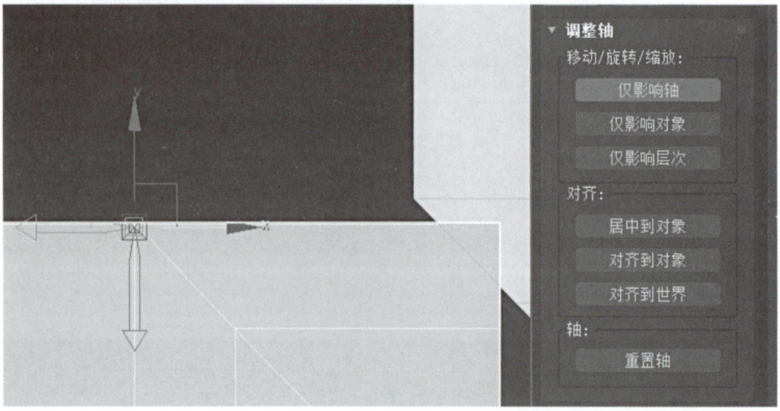

图2-3-215　仅影响轴

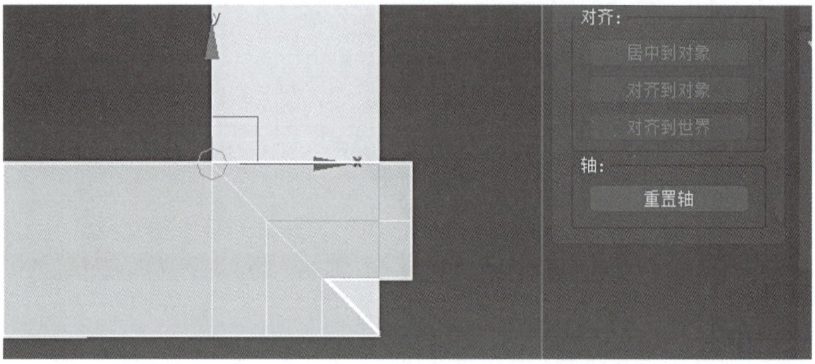

图2-3-216　角度捕捉

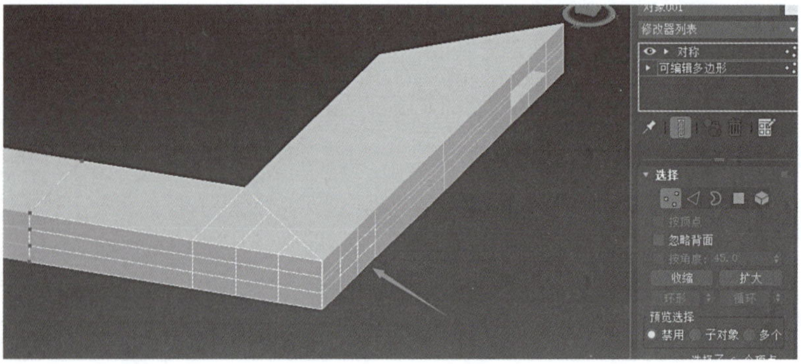

图2-3-217　合并效果

（19）同样，对物体的内侧进行卡槽的处理。对比第一个物体，点击“环形”，点击“连接”，分段设置为1，点击“确定”，如图2-3-218所示。选择面层级，选择板面内侧的面，点击“挤出”，挤出的数值-5.0，点击“确定”，如图2-3-219所示。

（20）回到步骤（15），将中间的板面分离出来，处理细节，如图2-3-220所示。选择一条边，点击“环形”，点击“连接”，分段设置为2，按照图片数值调整大小和宽度，

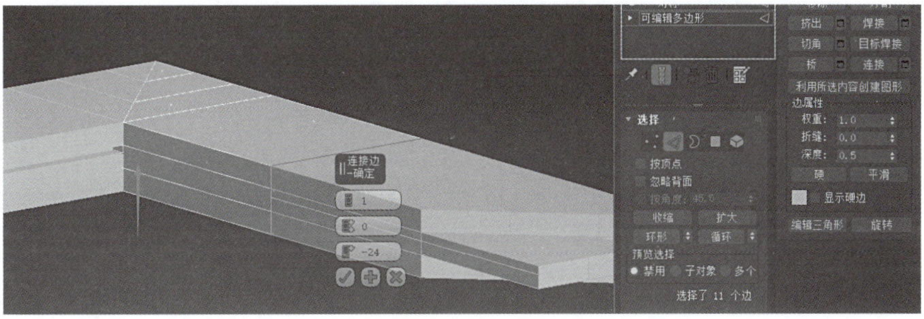

图2-3-218　连接设置

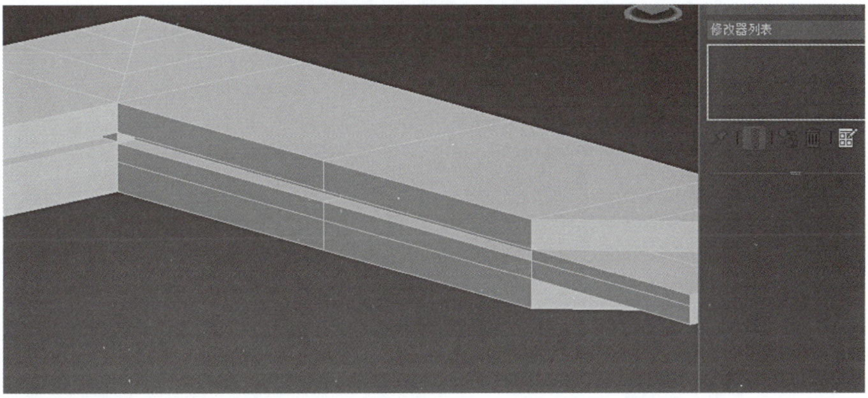

图2-3-219　挤出设置

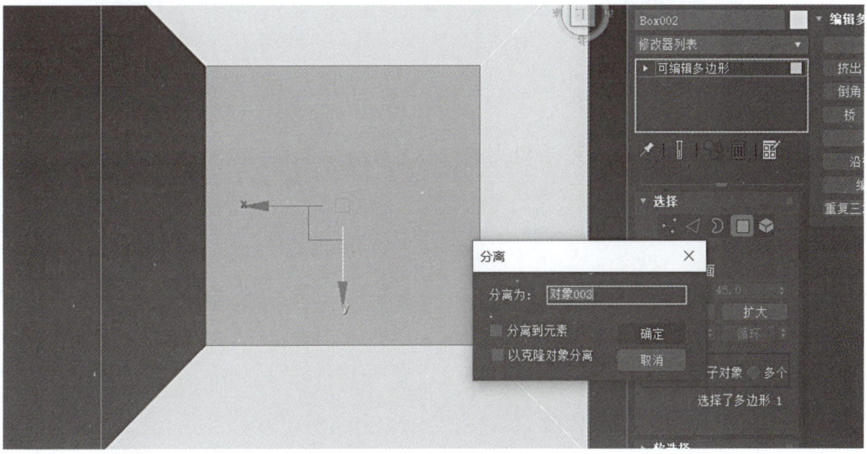

图2-3-220　分离

如图2-3-221所示。选择面层级，将周围一圈的面选中，点击“挤出”，挤出值5，如图2-3-222所示。需要注意，这里挤出的面的大小，要和前面做的榫眼尺寸贴合，如图2-3-223所示。

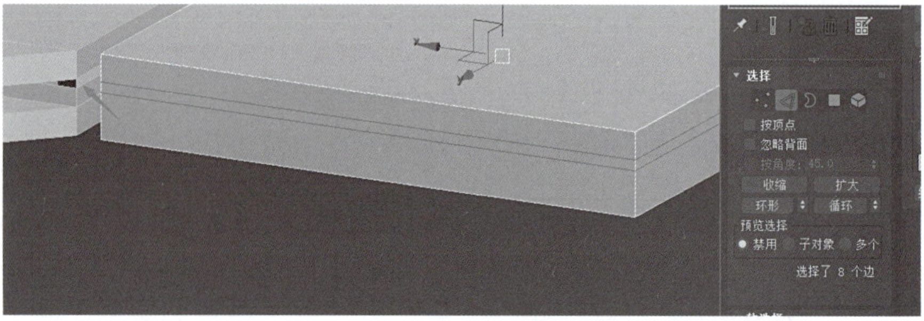

图2-3-221　连接设置

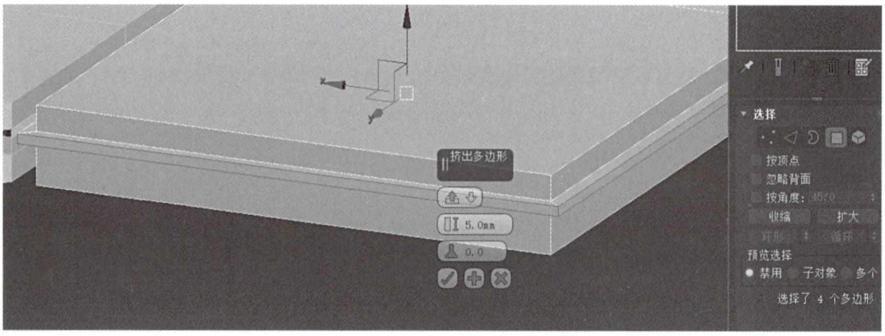

图2-3-222　挤出设置

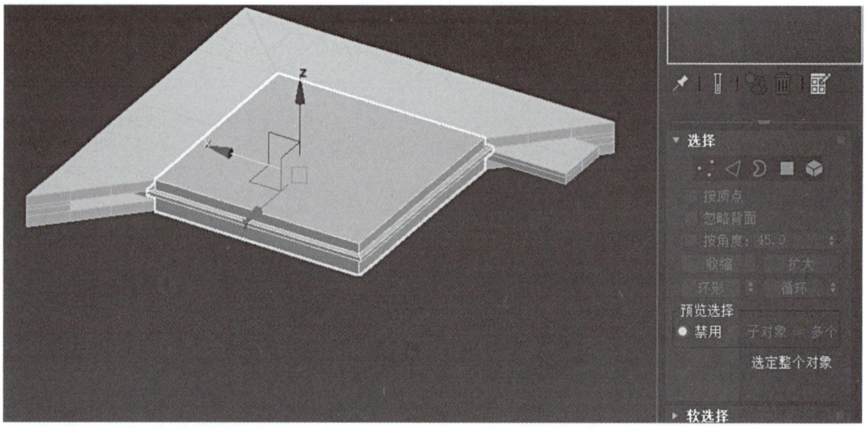

图2-3-223　榫眼贴合效果图

2. 凳腿制作

（1）做腿部结构，做好其中一个，再复制三个就可以。在“创建”面板中单击“标准基本体”按钮，选择创建“长方体”，在“创建方法”选项当中，选择创建“长方体”，创建好的物体尺寸改为35mm×35mm×250mm，如图2-3-224所示。

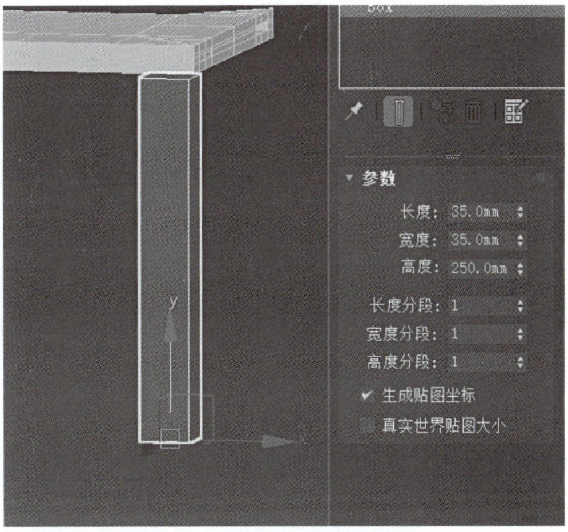

图2-3-224　参数设置

（2）处理腿部细节，将腿部的位置摆放好。右键选择“转换为”→“转换为可编辑多边形”，右键“孤立当前选择”。选择一条边，点击“环形”，点击“连接”，分段为4，收缩为-30，滑块为-70，如图2-3-225所示。用相同的方式连接另一端的边，如图2-3-226所示。

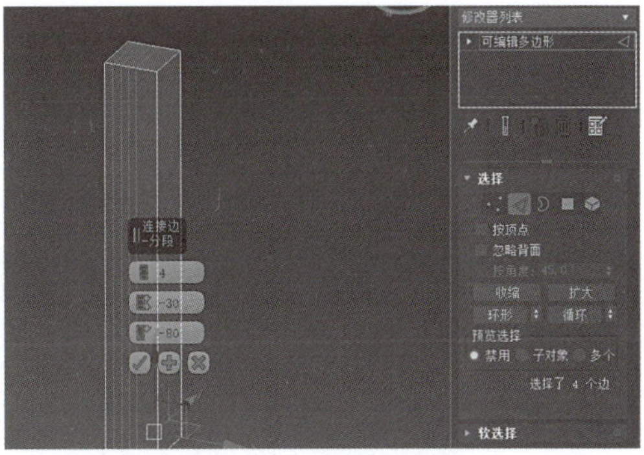

图2-3-225　腿部连接设置（1）

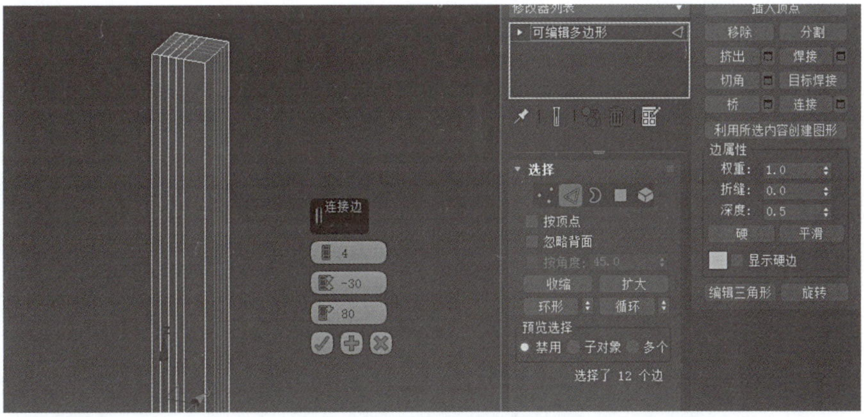

图2-3-226　腿部连接设置（2）

（3）横向选择一条边，点击“环形”，点击“连接”，分段为1。按住Y轴向上拖拽，如图2-3-227所示。

（4）做腿部榫眼结构。选择面层级，选中要挤出的面，点击“挤出”，挤出设置为-5.0，点击“确定”，如图2-3-228所示。

（5）选中腿下部的边，点击“连接”，具体位置参数如图2-3-229所示。

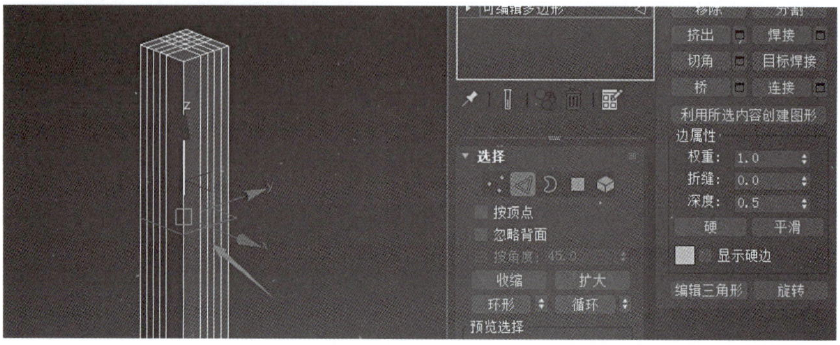

图2-3-227　横向连接

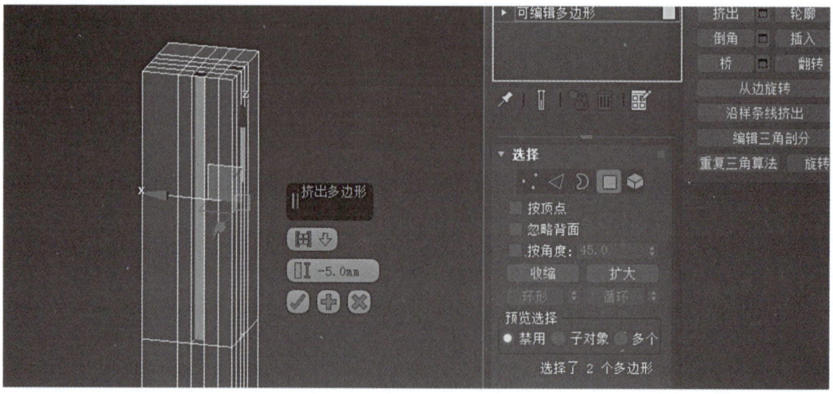

图2-3-228　挤出设置

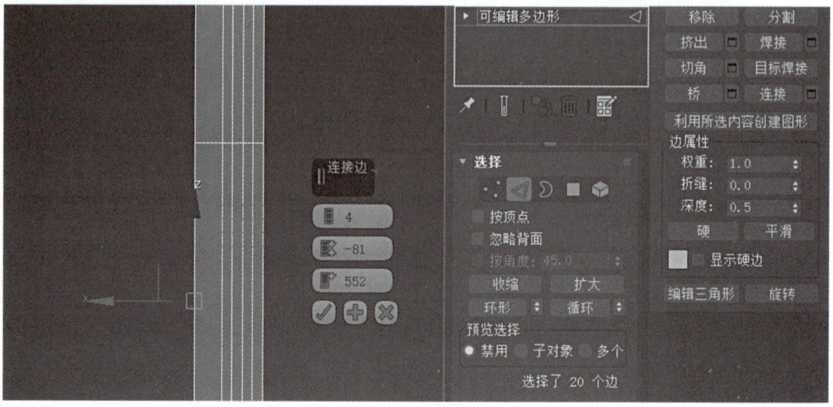

图2-3-229　连接设置

（6）选择面层级，选中要挤出的面，点击“挤出”，挤出为-5.0，点击“确定”，如图2-3-230所示。

（7）在“创建”面板中单击“标准基本体”按钮，选择创建“长方体”，在“创建方法”选项当中，选择创建“长方体”，创建好的两个物体尺寸如图2-3-231和图2-3-232所示。

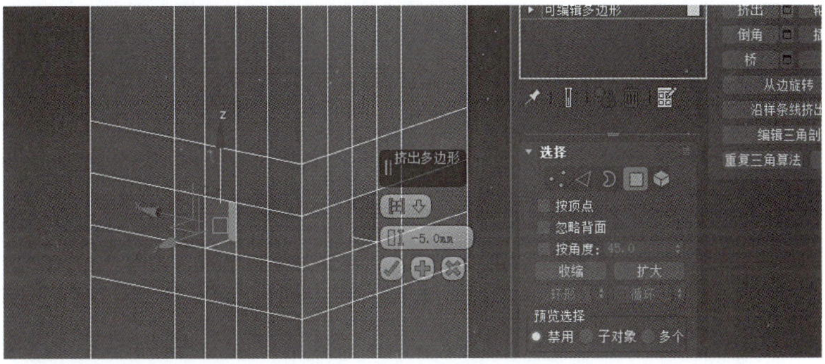

图2-3-230　挤出设置

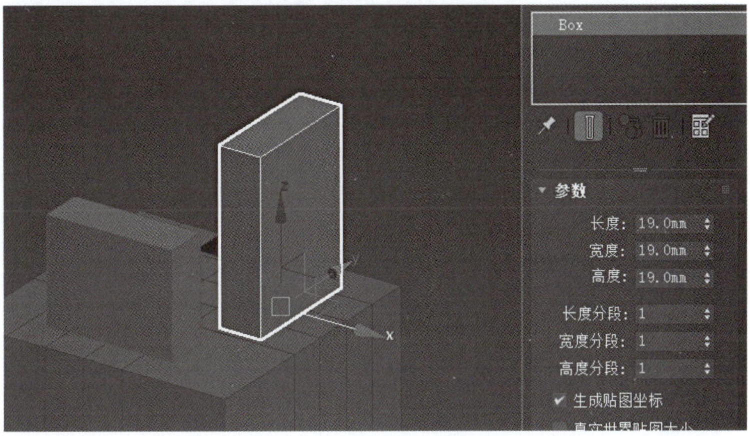

图2-3-231　创建几何体参数（1）

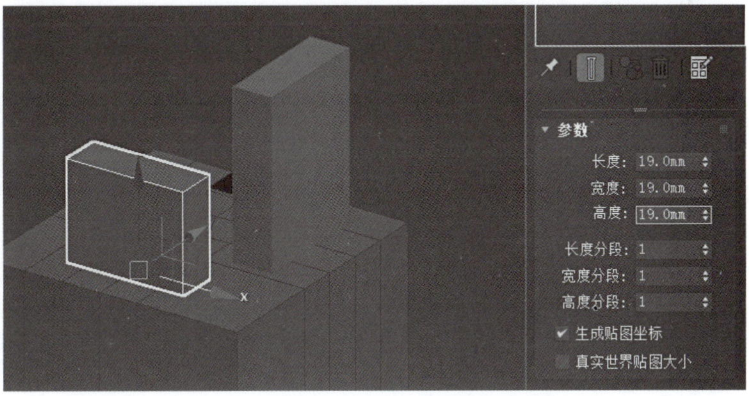

图2-3-232　创建几何体参数（2）

（8）制作凳子侧板结构，选中这两个面，按Shift键复制，将中间缝隙进行封口，如图2-3-233和图2-3-234所示。

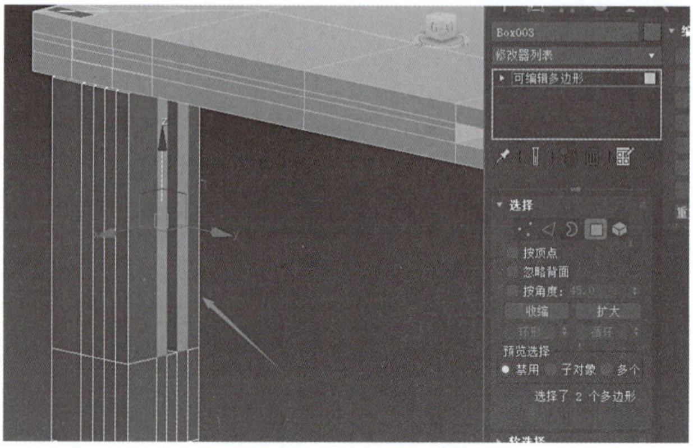

图2-3-233　选择面层级

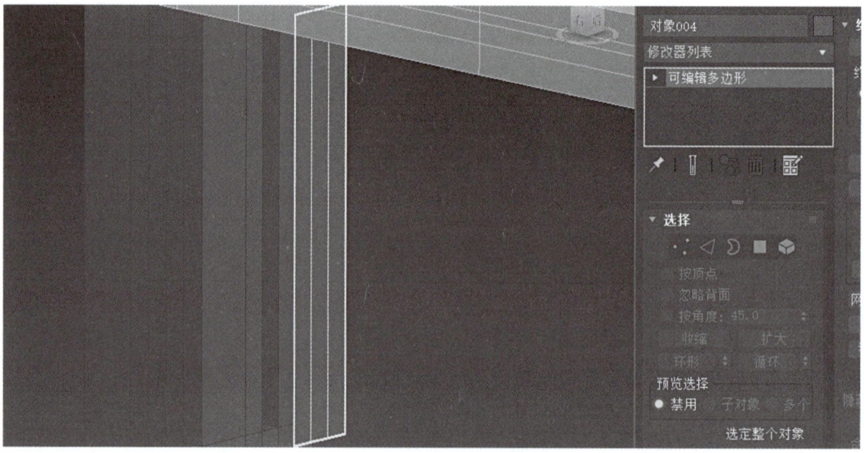

图2-3-234　复制

（9）利用复制的面，制作凳子侧板。首先，选择“边界”，按住*Y*轴向外拖拽，点击“封口”，如图2-3-235所示。将多余的点连接起来，如图2-3-236所示。

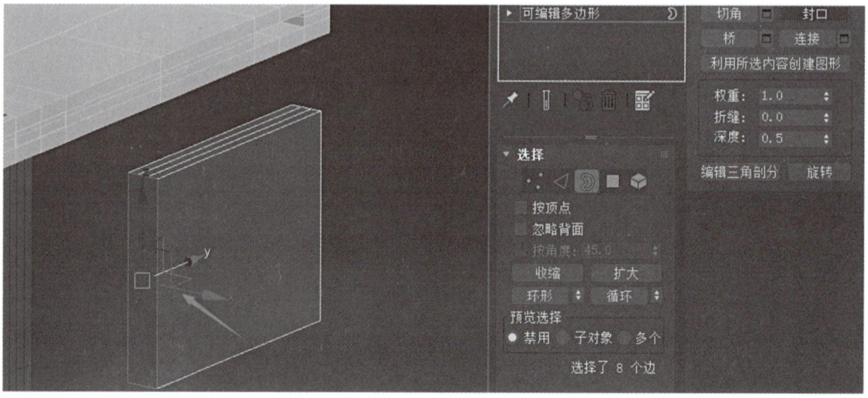

图2-3-235　封口

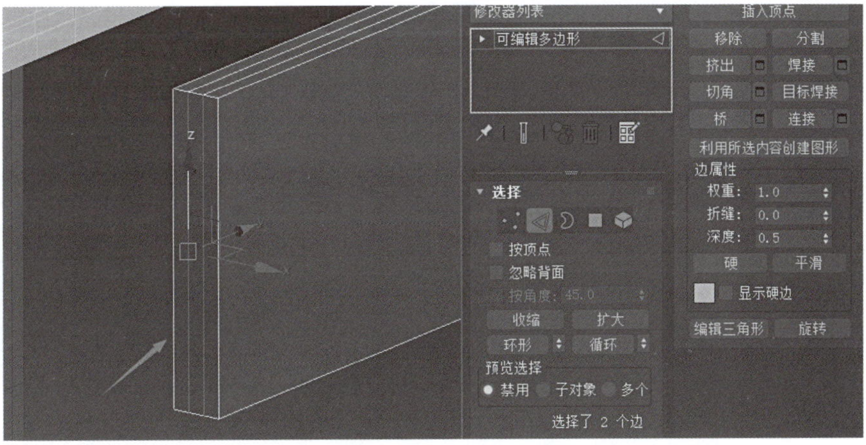

图2-3-236　连接

（10）将当前对象右键选择“孤立当前选择”，选择竖向的边，点击“连接”，分段设置为2，如图2-3-237所示。选择横向的边，点击“连接”，分段设置为1，如图2-3-238所示。

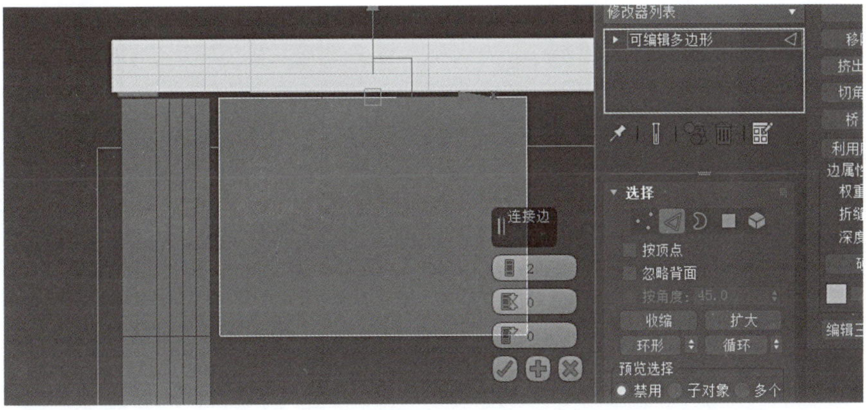

图2-3-237　竖向连接设置

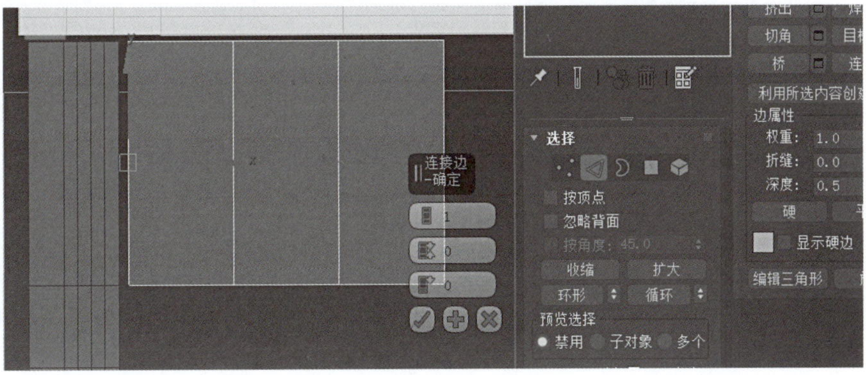

图2-3-238　横向连接设置

（11）选择中间的面，按删除，将其封口，并将多边面进行连接，如图2-3-239和图2-3-240所示。

（12）选中四条边，点击“切角”，切角量设置为5，分段设置为3，点击“确定”，如图2-3-241所示。

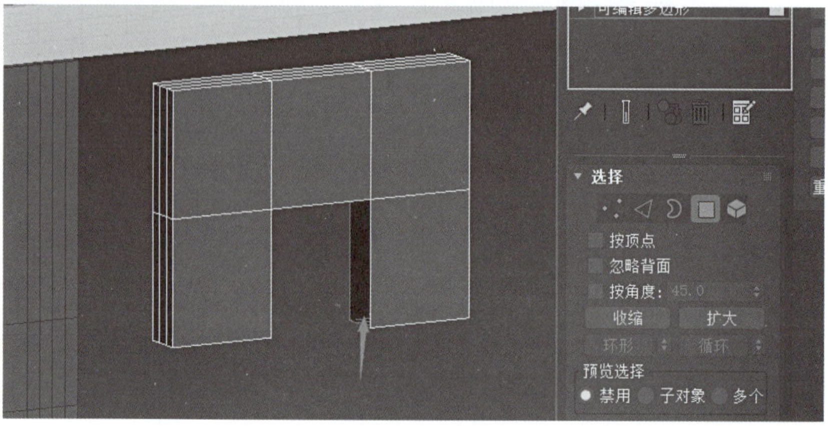

图2-3-239　封口

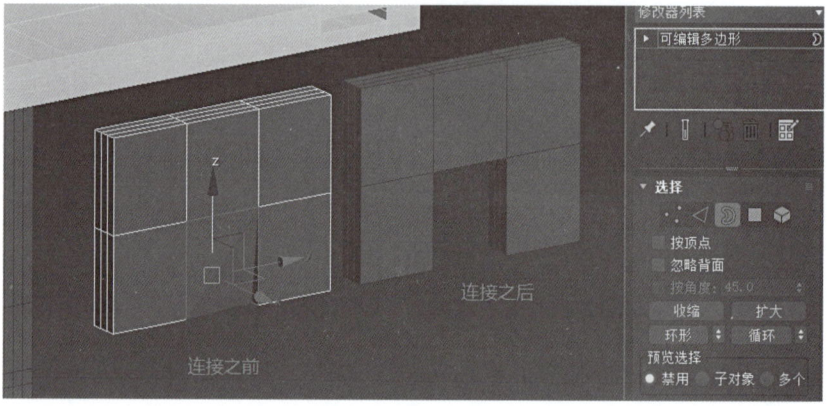

图2-3-240　连接

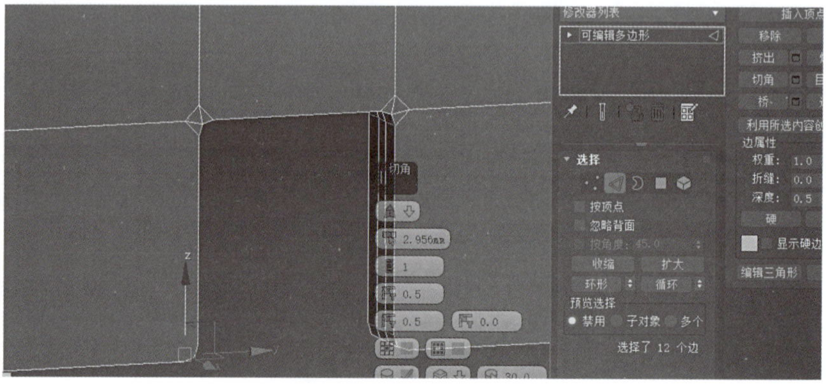

图2-3-241　切角设置

3. 凳侧板制作

接下来做侧面的侧板，选择面层级，选中要挤出的面，点击“挤出”，挤出设置为5，如图2-3-242所示。侧板制作完成，如图2-3-243所示。

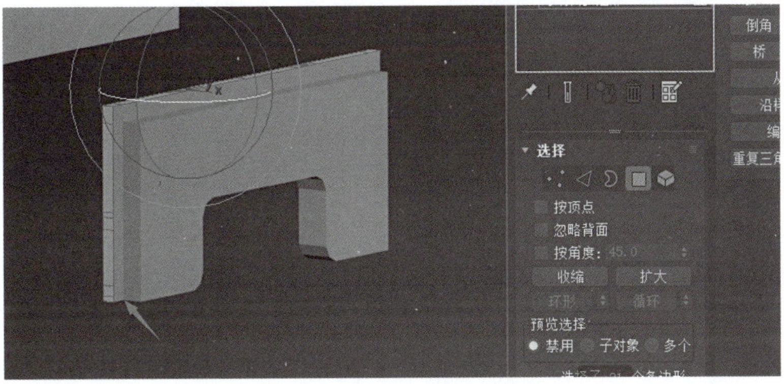

图2-3-242　挤出设置

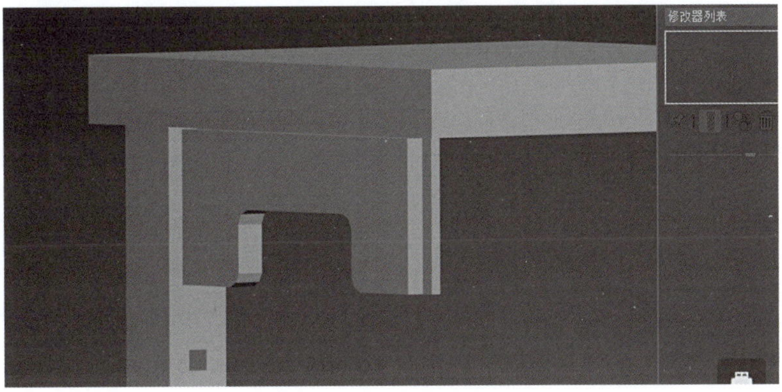

图2-3-243　侧板效果图

4. 凳撑子制作

（1）和侧板制作方法一样，利用原本结构复制制作。选中两个面，按Shift键复制，将中间缝隙进行封口，如图2-3-244和图2-3-245所示。

图2-3-244　复制

（2）选择“边界”，按住*Y*轴向外拖拽，点击“封口”，如图2-3-246所示。将多余的点连接起来，连接之后效果如图2-3-247所示。

图2-3-245 封口效果图

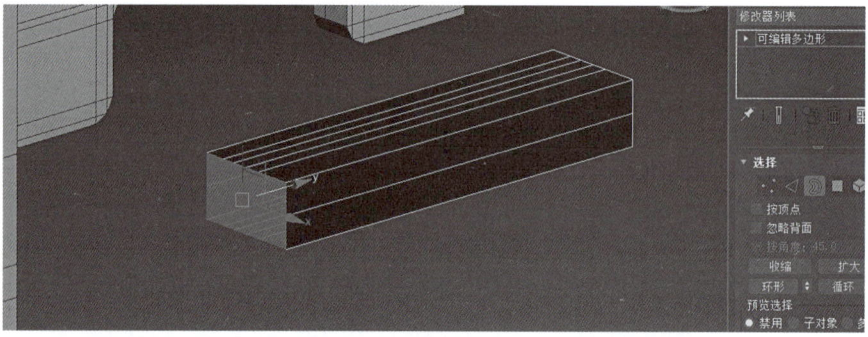

图2-3-246 封口

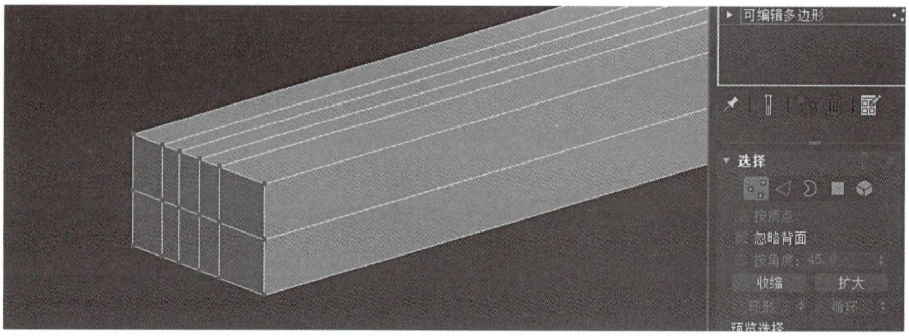

图2-3-247 连接

（3）选择面层级，选中第二个面，点击“挤出”，挤出设置为5，如图2-3-248所示。凳撑子制作完成。

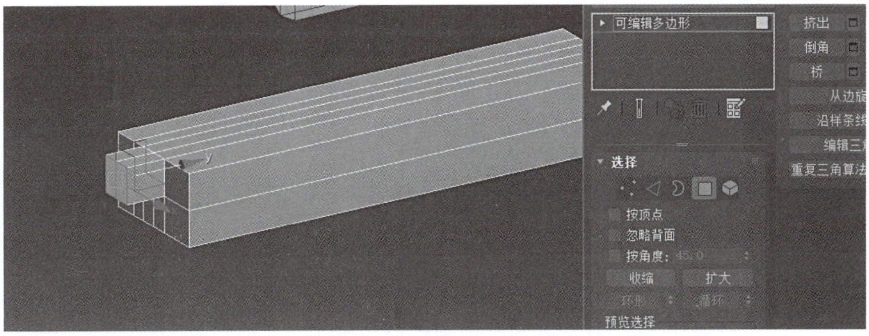

图2-3-248　挤出设置

至此，所有的结构已经制作完成，最后只需要镜像复制即可。在镜像之前，将做好的部分结构赋予材质。

（1）首先，打开材质球，用快捷键M，在弹出的对话框中选择一个材质球，点击 ，如图2-3-249所示。

（2）点击“漫反射”后面的设置框，如图2-3-250所示。弹出对话框，直接搜索“位图”，找到材质路径，如图2-3-251所示。然后赋予材质，如图2-3-252所示。

（3）确定之后，将材质赋予物体，以凳面为例，点击图中 两个按钮，材质就赋到模型上，如图2-3-253所示。

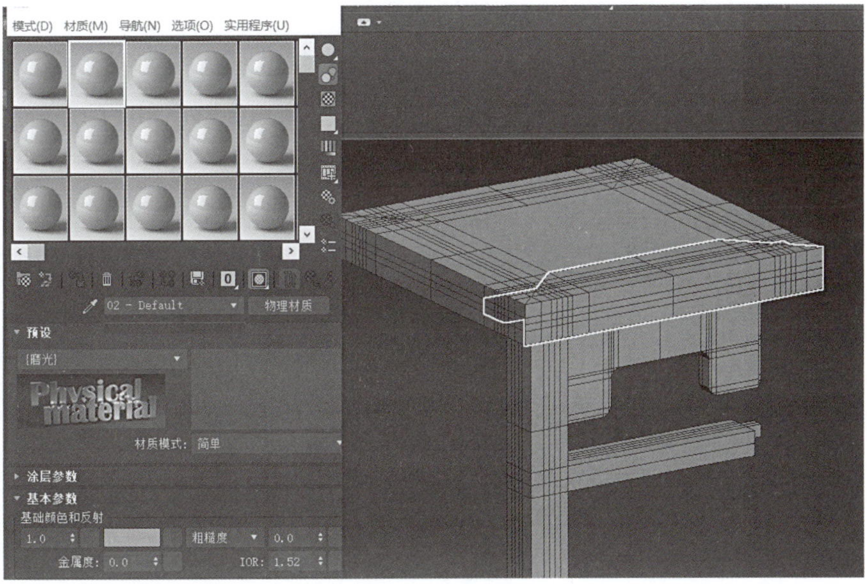

图2-3-249　赋予材质

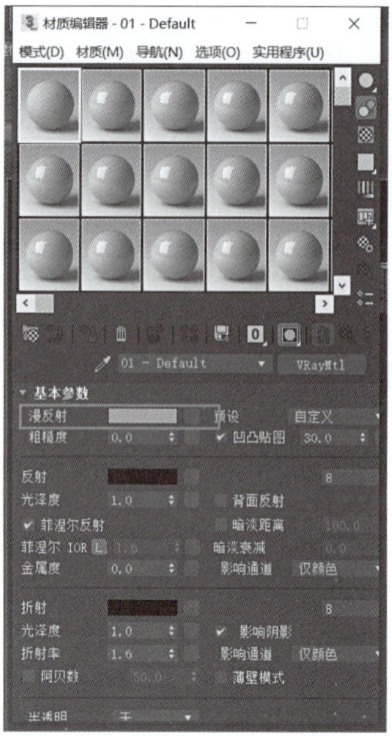

图2-3-250　漫反射

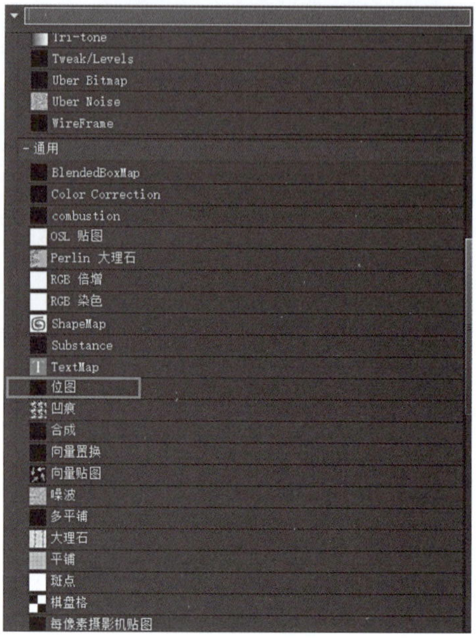

图2-3-251　位图

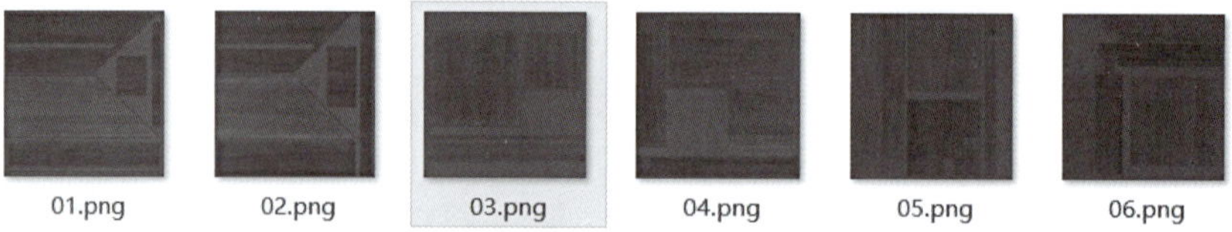

图2-3-252　材质图

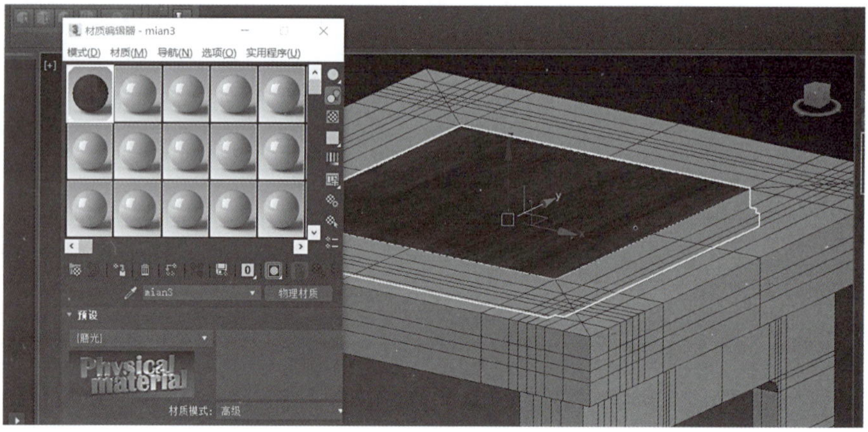

图2-3-253　材质赋予模型

（4）打开“修改器列表”，点击“UVW展开”，如图2-3-254所示。

（5）进入UVW展开编辑器当中，找到“编辑UV”→“打开UV编辑器”，如图2-3-255所示。

（6）将物体按照贴图进行拆分，如图2-3-256所示。选择边，选择顶面，右键选择“断开”，绿色的线段就代表已经拆分好。这样结构就单独拆分出来，如图2-3-257所示。所有物体按照这个步骤一一拆分，拆分图如图2-3-258所示。

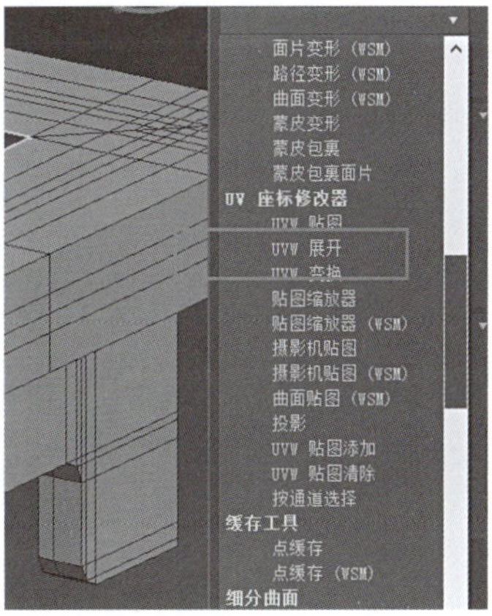

图2-3-254　UVW展开

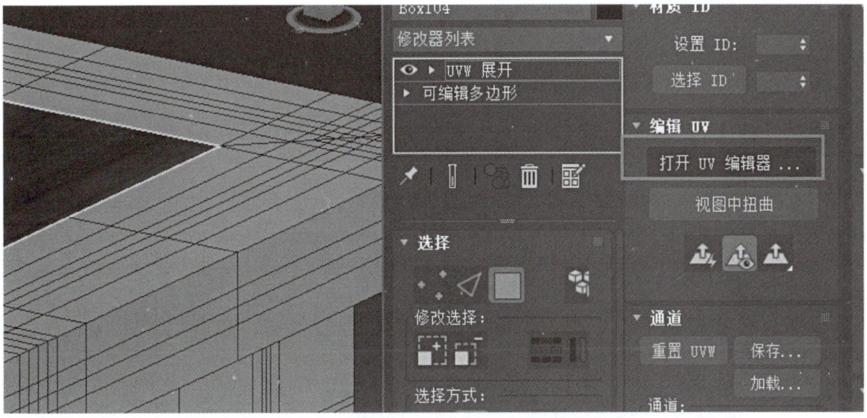

图2-3-255　编辑器

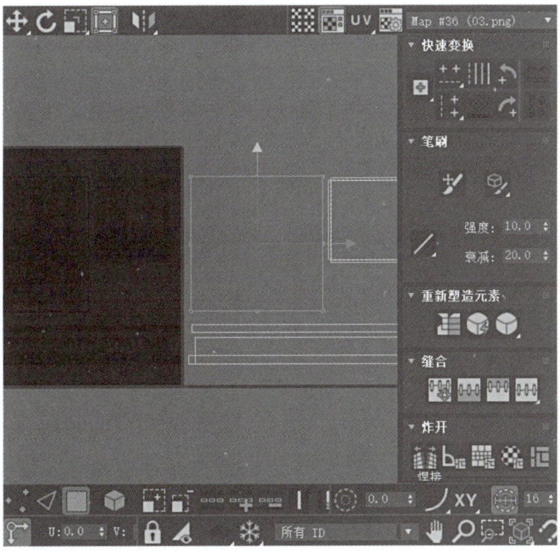

图2-3-256　拆分

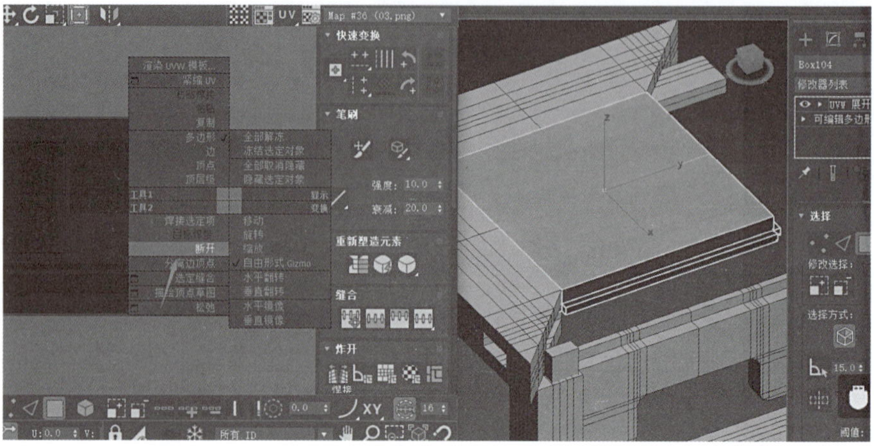

图2-3-257　断开

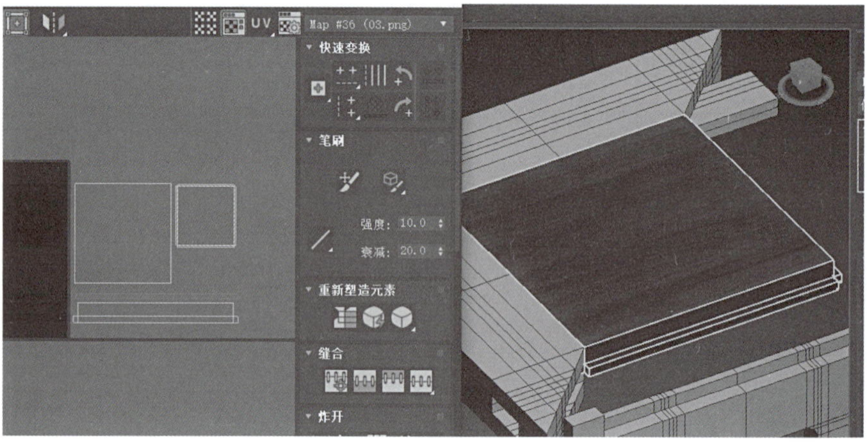

图2-3-258　拆分效果

（7）打开编辑器，将这两个按钮激活，选中所有物体，点击，再点击，排列整齐，如图2-3-259所示。

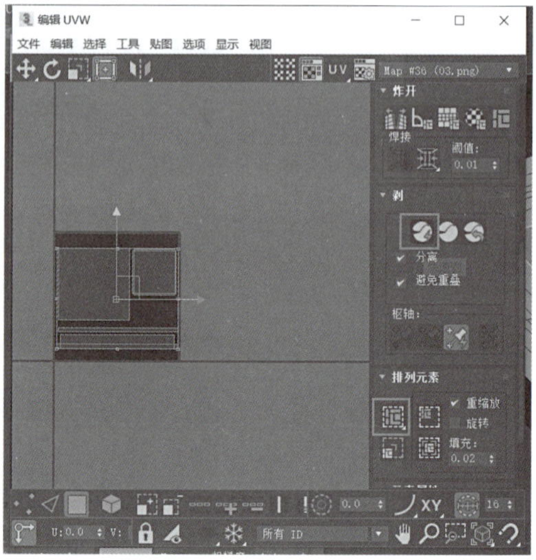

图2-3-259　编辑器窗口

（8）拆分完成后，对照导入的贴图，找到合适的贴图位置，对每一个进行摆放，如图2-3-260所示。其他结构也是用相同的方法进行拆分，最后效果如图2-3-261所示。

（9）接下来，复制其他腿部结构和凳面结构，选择需要镜像的对象，点击镜像，选择做好的一半结构，点击*Y*轴复制，点击“确定”，如图2-3-262所示，最终效果如图2-3-263所示。

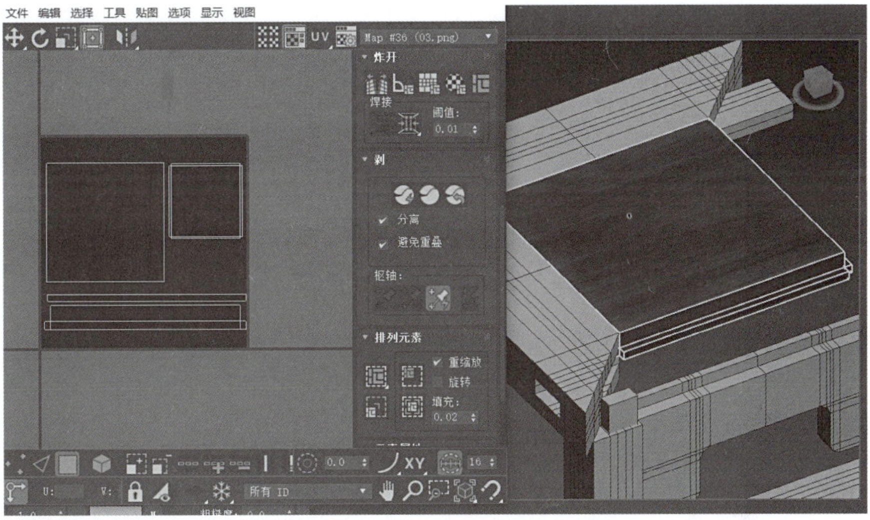

图2-3-260　摆放效果

图2-3-261　材质效果图

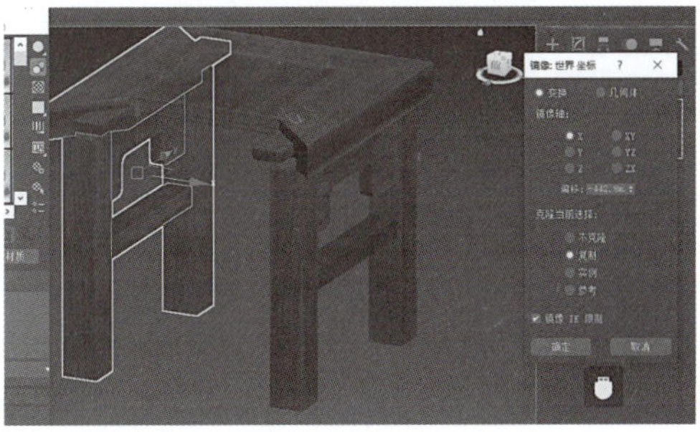

图2-3-262　镜像

图2-3-263　富贵凳效果图

任务评价

1 本次任务的技能点评价

本次任务的技能点评价见表2-3-1。

表2-3-1 本次任务的技能点评价

序号	技能点评价	佐证	达标	未达标
1	多边形的转换方式	掌握三维模型转化为可编辑多边形的方法		
2	编辑多边形卷展栏	掌握选择卷展栏的重要工具		
3	编辑顶点、编辑边、编辑多边形	掌握可编辑多边形、边的连接、边的切角		
4	课堂实例——茶几	能够利用编辑多边形制作模型		
5	课堂实例——象棋	理解并掌握可编辑多边形中的镜像、对称命令		
6	课堂实例——富贵凳	使用可编辑多边形完成富贵凳的模型制作		

2 本次任务的素质点评价

本次任务的素质点评价见表2-3-2。

表2-3-2 本次任务的素质点评价

序号	素质点评价	佐证	达标	未达标
1	创新意识	能够利用可编辑多边形制作具有创意的模型		
2	团队合作精神	能够和团队成员协商合作，共同完成模型制作		
3	精益求精的工匠精神	能够充分利用可编辑多边形等命令做出精确的模型		
4	自我学习	能够运用可编辑多边形的相关知识和技能进行自我学习		

03 项目三

摄像机技术

在现实世界中，影像的记录需要通过摄像机，在3Dmax中，影像的渲染输入也需要摄像机。3Dmax中的摄像机可以模拟真实的摄像机渲染，输出需要的图像。

知识目标

1 了解真实摄像机的结构和参数。
2 了解目标摄像机的分类和作用。
3 掌握目标摄像机的参数。
4 掌握目标摄像机的制作流程和方法。
5 掌握利用摄像机制作景深效果的方法。

能力目标

1 能够制作目标摄像机。
2 能够利用目标摄像机制作景深效果。

素质目标

1 培养学生运用已有知识分析问题、解决问题的能力。
2 培养学生的知行统一和持续学习的能力。
3 提升学生的审美教育。

任务

摄像机制作

一个好的摄像机的设置，能够突出场景中的主体，使整个动画流畅自然。摄像机为用户提供了不同的观察视角，还可以通过摄像机的运动来制作动画。

一、真实摄像机的结构

摄像机是利用光学成像原理形成影像的设备。一般摄像机由机身、镜头、光圈、快门、取景器五部分组成，如图3-1-1所示。

图3-1-1　摄像机机身结构

1. 镜头

镜头一般分为变焦镜头和定焦镜头。变焦镜头可以在一定范围内变换焦距，从而改变摄像范围。定焦镜头只有固定的焦距，只能得到一个固定范围的视野。按照焦段，镜头还可以分为标准镜头、广角镜头、长焦镜头等。除此之外，还有鱼眼镜头、微距镜头、移轴镜头等其他镜头。

2. 光圈

光圈一般是位于镜头中央的环形，可以控制曝光时进入镜头内的光线量。用F数值表达光圈大小。标准光圈值如下：F/1.0，F/1.4，F/2.0，F/2.8，F/4.0，F/5.6，F/8.0，F/11，F/16，F/22，F/32，F/44，F/64。F/1.0是最大光圈，F后面的数值越大光圈越小，数值越小光圈越大，光圈越大越明亮，如图3-1-2所示。

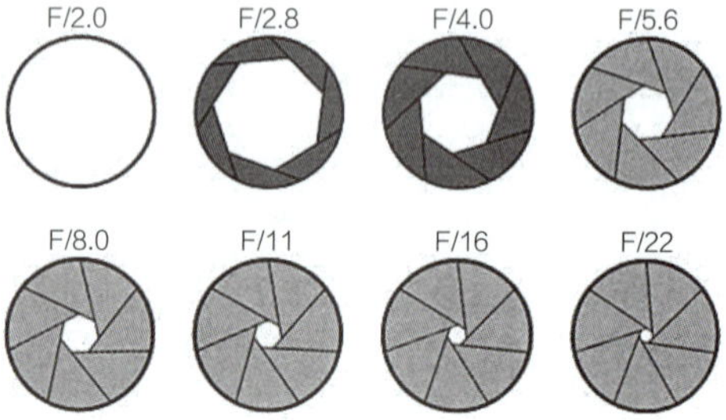

图3-1-2　光圈

3. 快门

快门是相机用来控制光线照射感光元件的装置，它决定光线进入相机与否和进入多久。快门的单位是“秒（s）”，一般用1s，1/50s，1/100s等形式表示。快门影响曝光，快门速度越慢，光线进入相机时间越长，进入相机的光量越多，照片越亮；快门速度越快，进入相机的光线时间越短，进入相机的光量越少，照片越暗。

二、目标摄像机

标准摄像机分为物理摄像机、自由摄像机和目标摄像机。

课堂实例1　目标摄像机制作

（1）绘制几何体。工具栏中选择“创建”，选择“几何体”—“标准基本体”—“球体”，如图3-1-3所示。

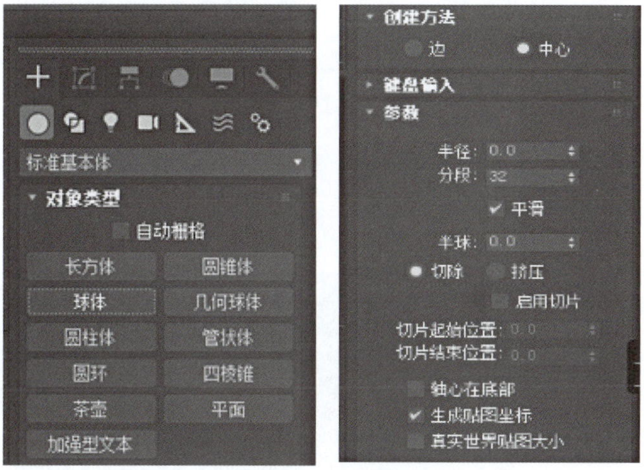

图3-1-3　绘制几何体

（2）制作目标摄像机。单击工具栏中的摄像机按钮，下拉菜单选择“标准”，对象类型选择“目标”，鼠标呈现十字光标状，如图3-1-4所示。

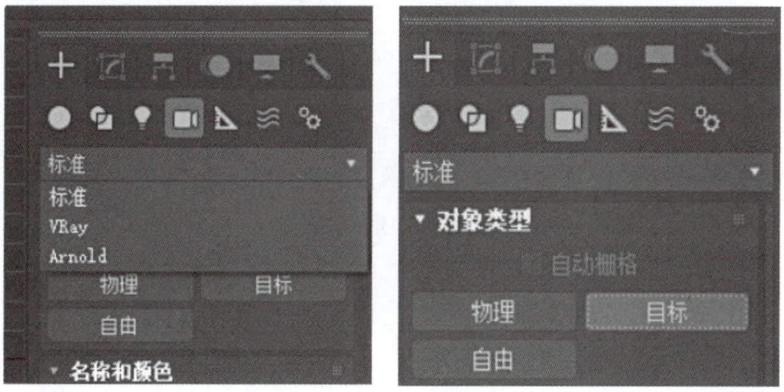

图3-1-4　目标摄像机

（3）单击鼠标左键，拖拽绘制出摄像机，如图3-1-5所示。

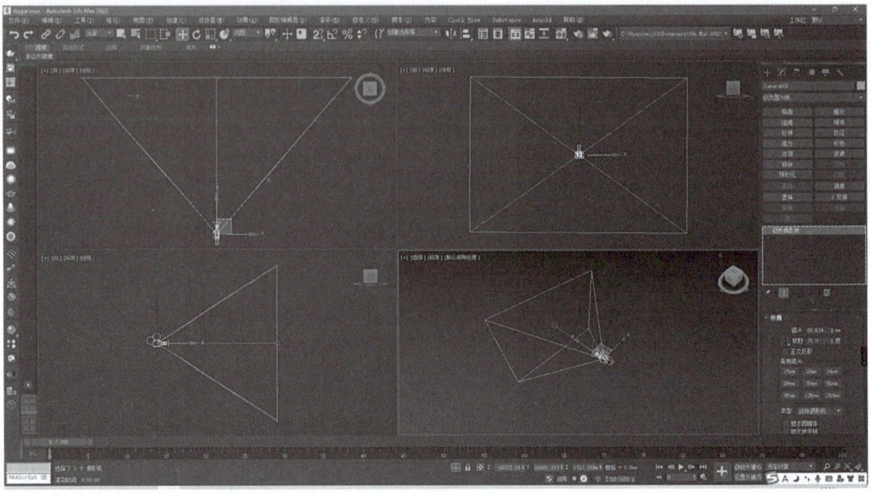

图3-1-5　摄像机

（4）按快捷键C，进入摄像机视角，如图3-1-6所示。

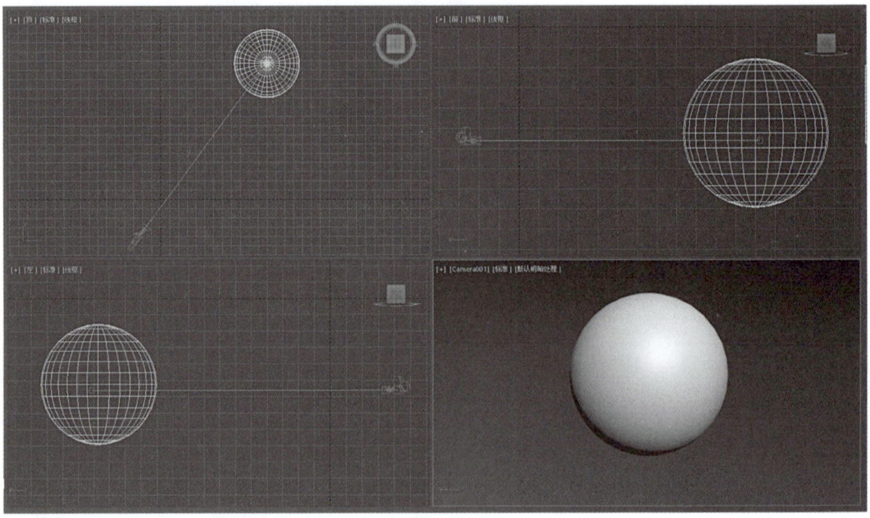

图3-1-6　摄像机视角

（5）移动目标摄像机。方法一：在主工具栏点击“选择并移动”按钮，点击摄像机。方法二：按快捷键W，点击摄像机。

（6）平移视图。方法一：按住鼠标滚轮，当鼠标呈现手的形状时移动视图。方法二：点击界面右下角平移图标按钮，移动视图。

课堂实例2　目标摄像机的景深效果

景深是多重过滤效果，可以使人的视觉焦点放在关键物体上，突出主体，模糊背景，形成近实远虚的效果，营造空间感。

1. 创建摄像机

（1）绘制4个圆柱体。工具栏中选择“创建”，选择“几何体”—“标准基本体”—“圆柱体”，如图3-1-7所示。按住Shift键，复制3个圆柱体，如图3-1-8所示。

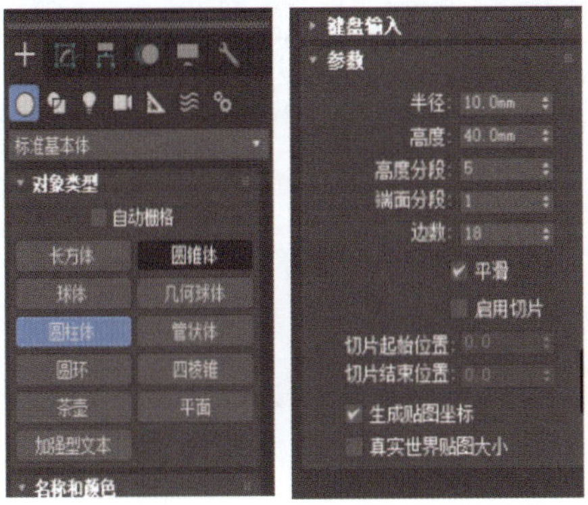

图3-1-7　绘制圆柱体

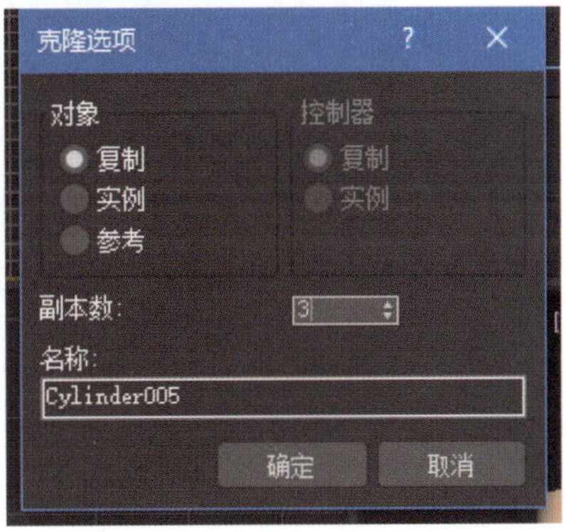

图3-1-8　复制圆柱体

（2）制作目标摄像机，观察圆柱体，如图3-1-9所示。

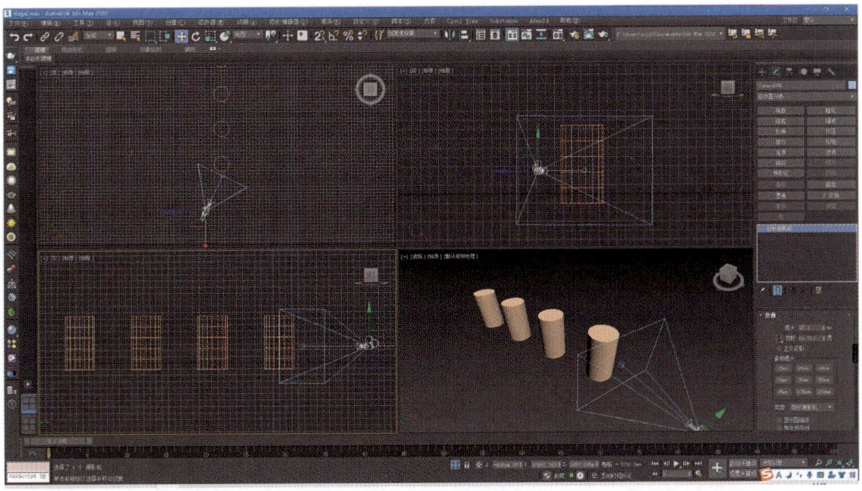

图3-1-9　制作摄像机

（3）将鼠标放在透视图上，按快捷键C，将右下角视图切换为摄像机视图，如图3-1-10所示。

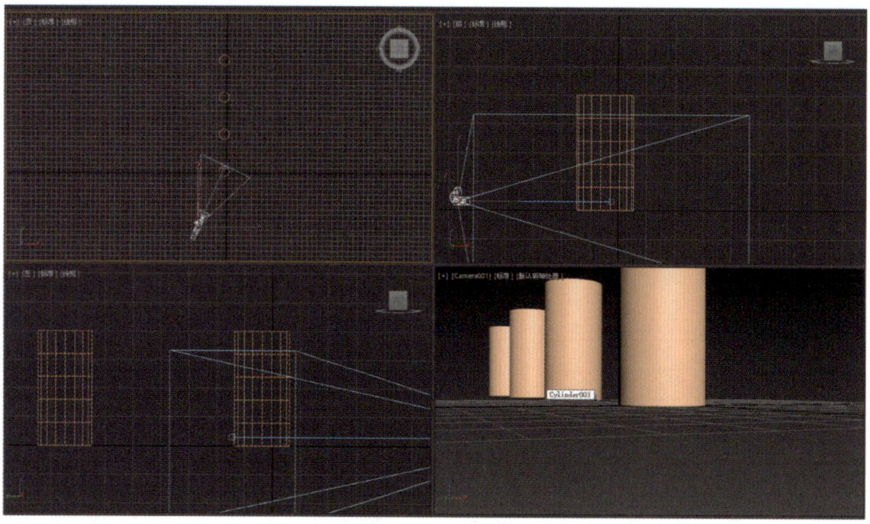

图3-1-10　摄像机视图

2. 景深设置

（1）选择摄像机，在工具栏中点击“修改”按钮，向下滑动至“多过程效果”，勾选“启用”，下拉菜单中选择“景深”，目标距离设置为130，目标距离指摄像机机身与目标点之间的距离，如图3-1-11所示。

（2）景深参数中焦点深度选项，勾选“使用目标距离”，焦点深度设置为10000，如图3-1-12所示。

（3）预览景深效果。预览可以快速观察场景景深效果，节省渲染时间，如图3-1-13所示。鼠标放置在画面，则预览效果消失。

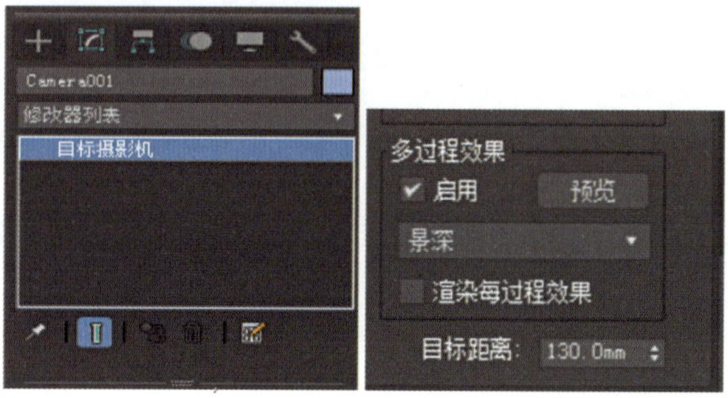

图3-1-11　设置参数

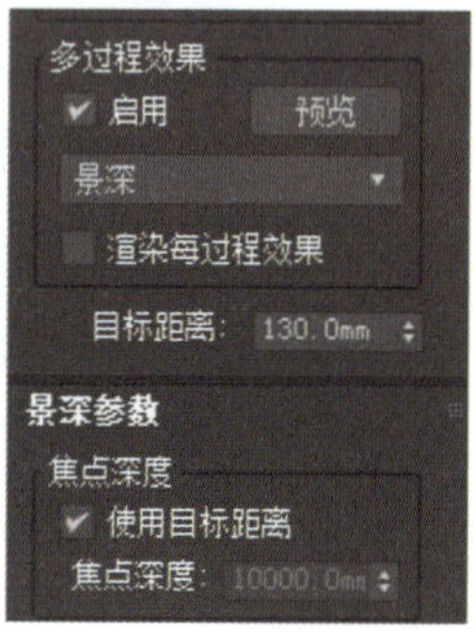

图3-1-12　参数设置

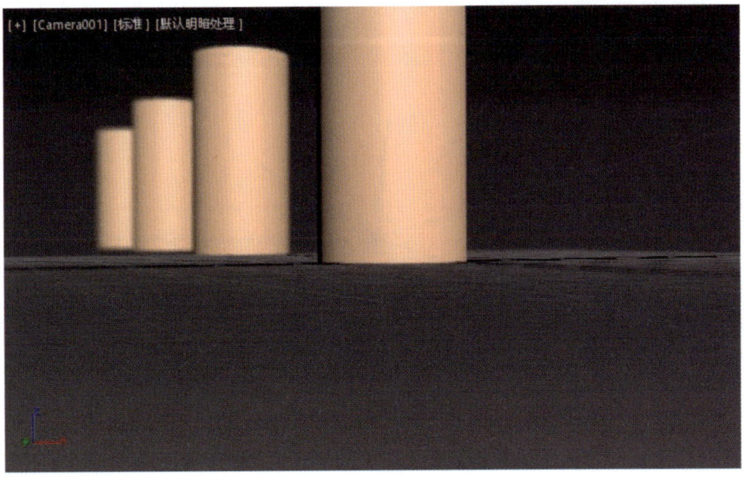

图3-1-13　预览效果

任务评价

1　本次任务的技能点评价

本次任务的技能点评价见表3-1-1。

表3-1-1　本次任务的技能点评价

序号	技能点评价	佐证	达标	未达标
1	真实摄像机的认知	能够了解真实摄像机的结构和作用		
2	目标摄像机的分类和作用	能够分析目标摄像机的分类和作用		
3	目标摄像机制作	能够制作目标摄像机		
4	景深效果制作	能够调节参数，制作景深效果		

2　本次任务的素质点评价

本次任务的素质点评价见表3-1-2。

表3-1-2　本次任务的素质点评价

序号	素质点评价	佐证	达标	未达标
1	知识迁移能力	能够将原有的知识拓展到3Dmax摄像机知识		
2	知行统一运用知识的能力	能够制作目标摄像机		
3	持续学习能力	能够调节目标摄像机的参数，制作景深效果		

04 项目四 灯光技术

在3Dmax中，灯光模拟了真实光源中的物体。不同类型的灯光通过不同的方式投射光线，模拟真实世界中的不同光源。

知识目标

1 了解灯光的分类。
2 了解各类灯光的作用。
3 掌握各类灯光的参数属性。
4 掌握参数设置的方法。
5 掌握各类灯光的制作流程和方法。

能力目标

1 能够选择适应场景的灯光。
2 能够根据需要设置灯光参数。
3 能够制作灯光。

素质目标

1 培养学生勤学苦练、智能劳动的精神。
2 培养学生的诚信与匠心精神和意识。
3 培养学生精益求精的工匠精神。

任务一

光度学灯光制作

良好的灯光能够营造空间氛围，同时能减少建模、贴图等工作量，对场景和动画的渲染起着至关重要的作用。如图4-1-1和图4-1-2所示为用3Dmax制作的室内效果图。

图4-1-1 效果图（1）

图4-1-2 效果图（2）

在“创建”面板中单击“灯光”按钮（ ），在下拉列表中选择灯光类型。在3Dmax2022版中有2种灯光类型，分别是“标准”灯光和“光度学”灯光，如果安装VRay渲染器，系统还会显示“VRay”灯光，如图4-1-3所示。

图4-1-3　灯光分类

“光度学”灯光是3Dmax默认的灯光，本任务主要学习目标灯光和自由灯光。

一、目标灯光

目标灯光主要用于模拟筒灯、射灯、壁灯等，有一个指向被照明物体的目标点。目标灯光参数包含6个卷展栏，如图4-1-4所示。

“常规参数”卷展栏主要用于目标灯光的常规参数设置，如图4-1-5所示。

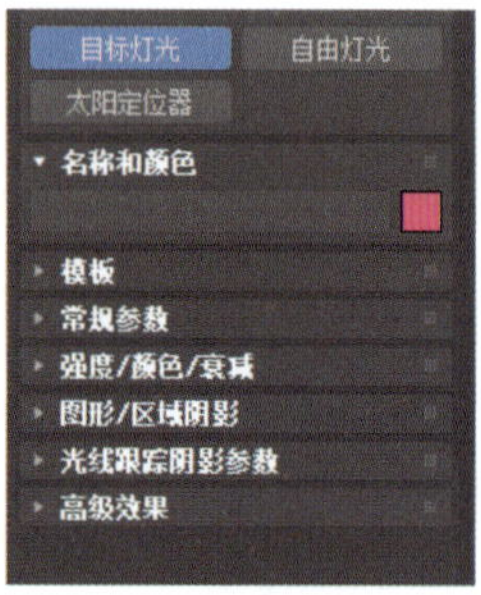

图4-1-4　目标灯光卷展栏

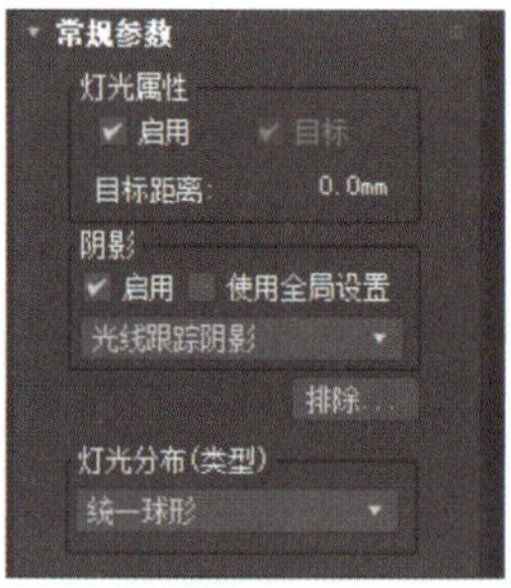

图4-1-5　常规参数

1. 灯光属性

①启用：控制是否开启灯光。

②目标：启用该项，目标灯光显示目标点，如图4-1-6所示。不启用该项，目标灯光没有目标点，变为自由光，如图4-1-7所示。

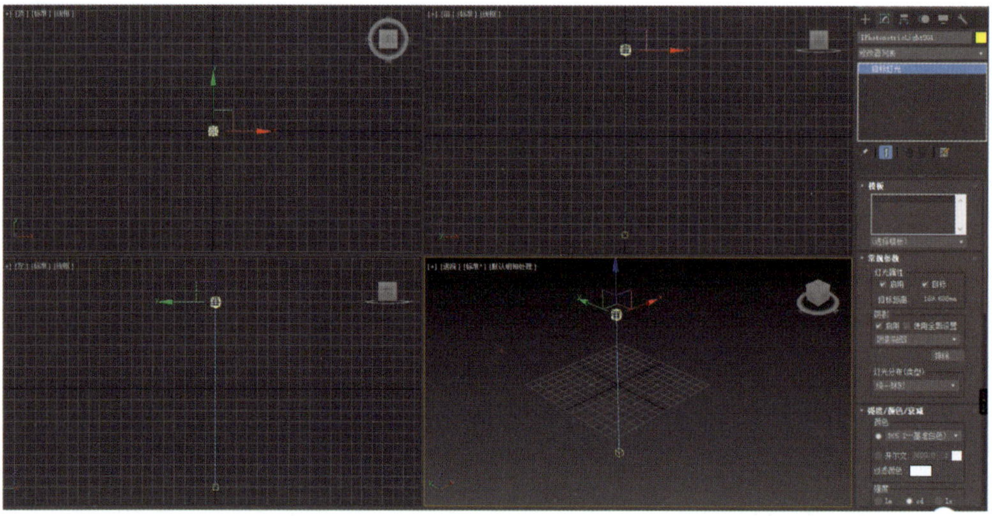
图4-1-6　有目标点

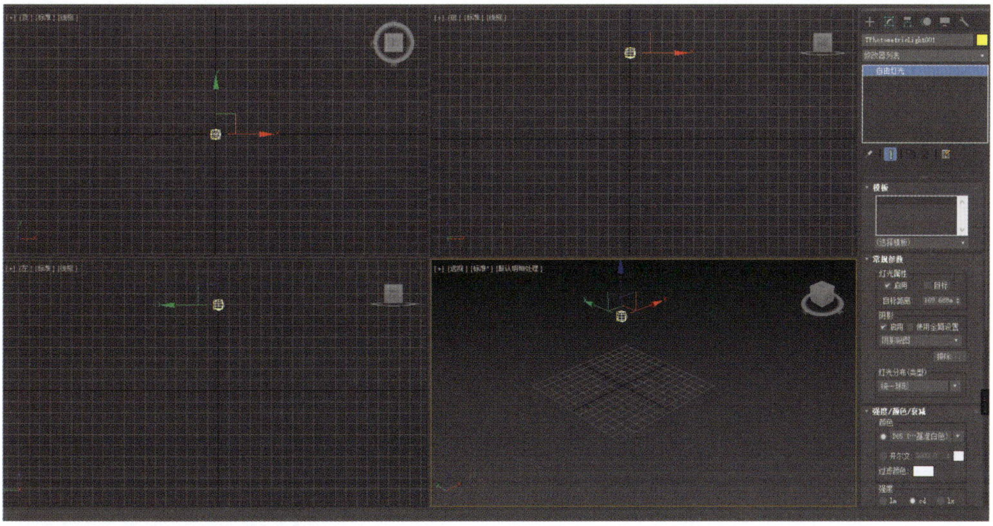

图4-1-7　无目标点

2. 阴影

①启用：控制是否开启阴影效果。

②使用全局设置：启用该项，灯光投射的阴影会影响渲染效果。不启用该项，则必须选择渲染器使用何种方式生成灯光阴影，如图4-1-8所示。

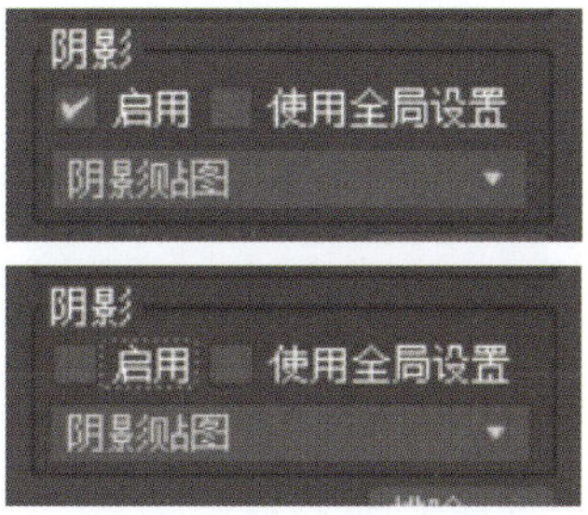

图4-1-8　阴影启用

③阴影类型列表：用于设置渲染器的阴影类型，包括高级光线跟踪、区域阴影、阴影贴图、光线跟踪阴影、VRayShadow 5种类型，如图4-1-9所示。

④排除：将选定的对象排除在灯光效果之外，单击该按钮，可以打开“排除/包含”对话框。

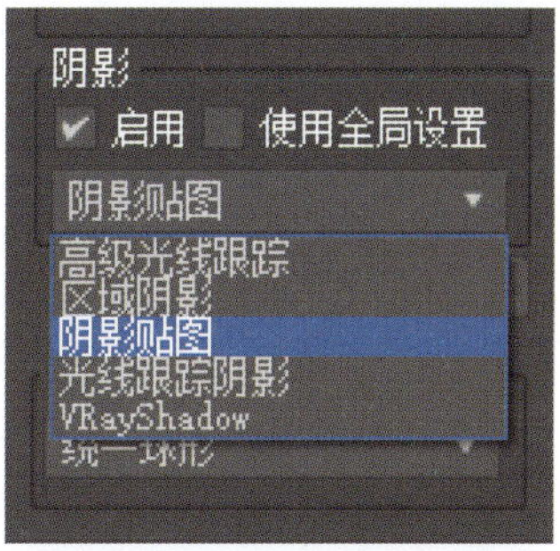

图4-1-9　阴影类型

3. 灯光分布（类型）

灯光分布（类型）用于设置灯光的分布类型，包括光度学Web、聚光灯、统一漫反射、统一球形4种类型，如图4-1-10所示。

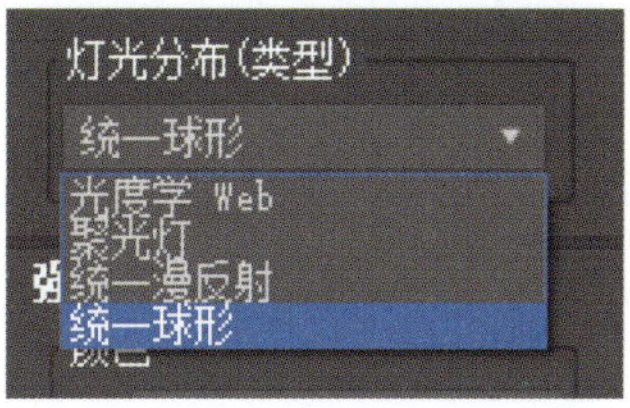

图4-1-10　灯光的分布类型

4. 强度/颜色/色衰卷展栏

强度/颜色/色衰卷展栏，主要用于设置色彩相关参数，如图4-1-11所示。

（1）颜色

①灯光：挑选灯光。

②开尔文：通过色温设置灯光颜色。

③过滤颜色：使用颜色过滤器模拟过滤色效果。

（2）强度

①lm（流明）：光通量国际单位，指烛光在1m以外所显现出的亮度。光通量越大，灯越亮。

②cd（坎德拉）：发光强度单位，是光源在给定方向上的发光强度。

③lx（勒克斯）：指示光照的强弱和物体表面积被照明程度的量。

（3）暗淡

①结果强度：显示暗淡所产生的强度。

②暗淡百分比：用于降低灯发光强度的百分比。

③光线暗淡时白炽灯颜色会切换：灯光可以在暗淡时产生更多黄色，模拟白炽灯。

（4）远距衰减

①使用：启用灯光的远距衰减。

②显示：显示远距衰减的范围设置。

③开始：设置灯光开始淡出的距离。

④结束：设置灯光为0时的距离。

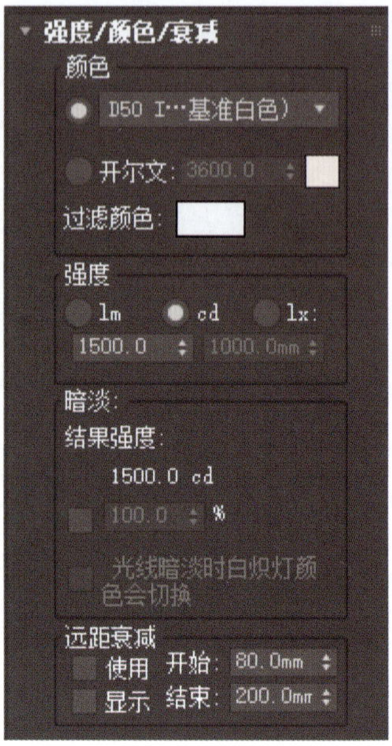

图4-1-11　参数设置

5. 图形/区域阴影卷展栏

（1）从（图形）发射光线。阴影生成的图形类型包括点光源、线、矩形、圆形、球体和圆柱体6种类型。

（2）灯光图形在渲染中可见。若启用，如灯光对象在视野之内，灯光图形在渲染中会显示为自供照明（发光）的图形。

6. 阴影参数卷展栏

“阴影参数”卷展栏参数如图4-1-12所示。

（1）对象阴影

①颜色：设置灯光阴影的颜色，默认为黑色。

②密度：调整阴影的密度。

③贴图：启用该选项，可使用贴图作为灯光的阴影。

④灯光影响阴影颜色：启用该选项，可将灯光与阴影颜色（如果阴影已设置贴图）混合起来。

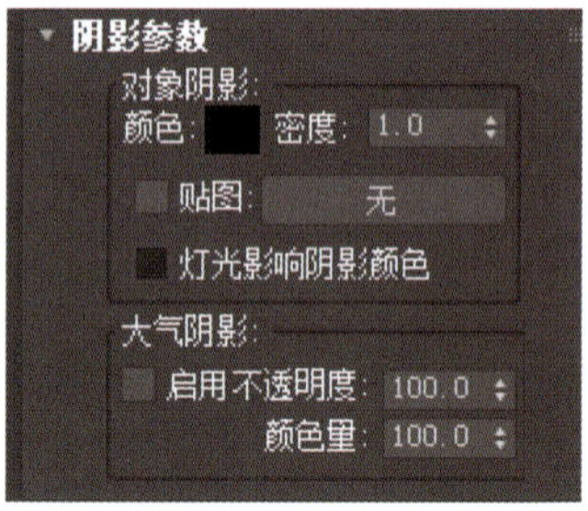

图4-1-12　阴影参数

（2）大气阴影

①启用：启用该选项，大气效果如灯光穿过它们一样投射阴影。

②不透明度：设置阴影的不透明度百分比。

③颜色量：设置大气颜色与阴影颜色混合的量。

课堂实例1　目标灯光

（1）点击创建面板，选择灯光，点击光度学一栏的“目标灯光”。

（2）在视口中拖动，拖动的初始点即为灯光的位置，释放鼠标的位置为目标点。

（3）设置参数，调节灯光效果。

（4）使用移动工具，调节灯光位置和方向。

二、自由灯光

自由灯光是指没有明确的目标点的灯光，其参数设置和目标灯光基本一致。

课堂实例2　自由灯光

（1）点击创建面板，选择灯光，点击光度学一栏的“自由灯光”，如图4-1-13所示。

（2）在顶视图中间位置点击，创建自由灯光，在前视图或左视图调整自由灯光的高度，如图4-1-14所示。

图4-1-13　自由灯光

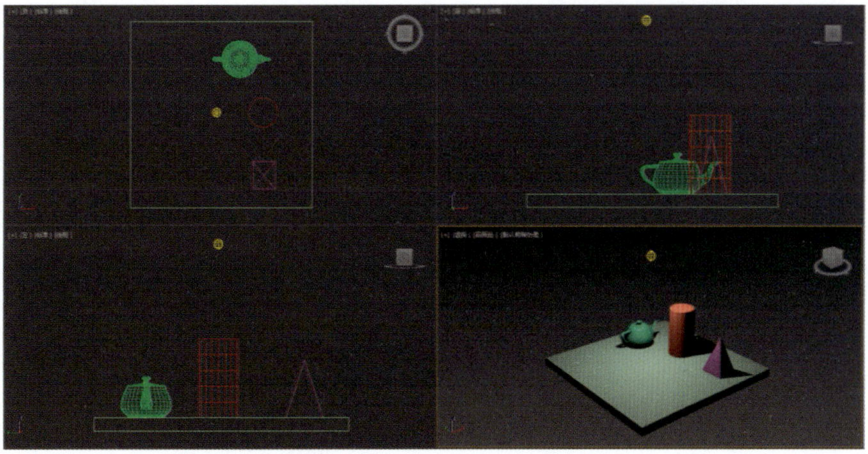

图4-1-14　调整自由灯光的高度

（3）点击自由灯光，打开“强度/颜色/衰减”栏，修改强度选择“cd”参数为20，如图4-1-15所示。

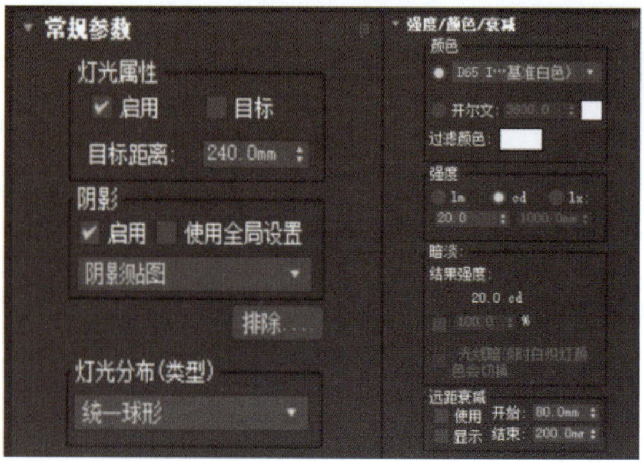

图4-1-15　参数设置

任务评价

1　本次任务的技能点评价

本次任务的技能点评价见表4-1-1。

表4-1-1　本次任务的技能点评价

序号	技能点评价	佐证	达标	未达标
1	目标灯光的认知	能够了解目标灯光的作用和特点		
2	目标灯光制作	能够设置目标灯光参数		
3	自由灯光制作	能够调整倍增值		

2　本次任务的素质点评价

本次任务的素质点评价见表4-1-2。

表4-1-2　本次任务的素质点评价

序号	素质点评价	佐证	达标	未达标
1	创新和审美意识	能够通过场景灯光制作，培养学生创新和审美意识		
2	运用知识的能力	能够制作目标灯光和自由灯光		
3	持续学习能力	能够灵活运用灯光相关知识和技能，举一反三		

任务二
标准灯光制作

“标准”灯光包括6种类型，分别是目标聚光灯、自由聚光灯、目标平行光、自由平行光、泛光和天光，其作用见表4-2-1。

表4-2-1　标准灯光类型及作用

灯光名称	主要作用
目标聚光灯	模拟手电筒、吊灯等
自由聚光灯	模拟动画灯光
目标平行光	模拟自然光线
自由平行光	模拟太阳光
泛光	模拟烛光
天光	模拟天空光

一、目标聚光灯

目标聚光灯包含两个部分：投射点和目标点。目标聚光灯可以产生一个锥形的灯光照射区域，常用来模拟手电筒、吊灯等物体所散发出的光。

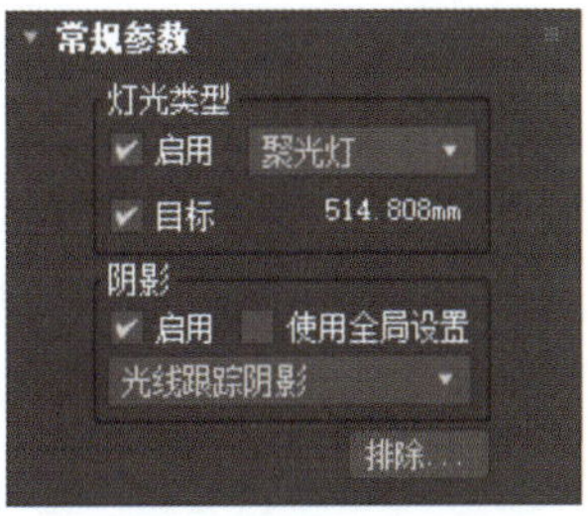

图4-2-1　常规参数

1.“常规参数”卷展栏

“常规参数”卷展栏如图4-2-1所示。

（1）灯光类型

①启用：控制灯光是否开启。

②灯光类型列表：选择灯光的类型，包含聚光灯、平行光和泛光，如图4-2-2所示。

③目标：启用，灯光将成为目标聚光灯；不启用，灯光将变成自由聚光灯。

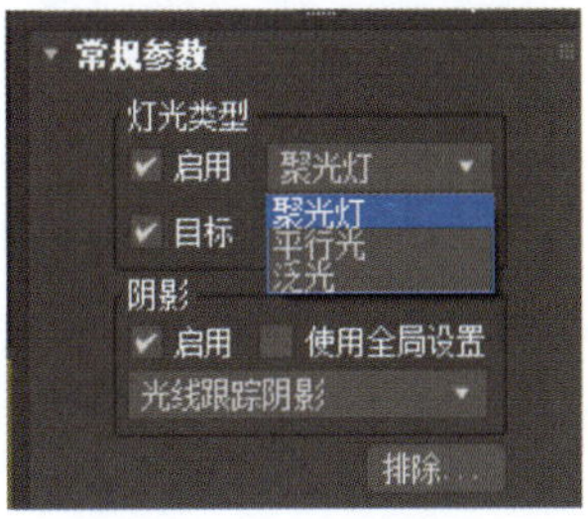

图4-2-2　灯光类型

（2）阴影

①启用：控制灯光阴影是否开启。

②使用全局设置：启用，灯光投射的阴影影响整个场景的阴影效果；不启用，则必须选择渲染器使用何种方式生成特定的灯光阴影。

③阴影类型：不同阴影类型有不同的阴影效果。

④排除：将选定的对象排除在灯光效果之外。

2.“强度/颜色/衰减”卷展栏

“强度/颜色/衰减”卷展栏如图4-2-3所示。

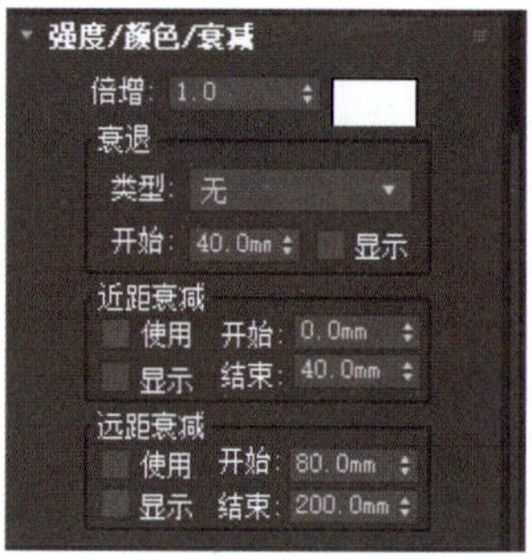

图4-2-3 “强度/颜色/衰减”卷展栏

（1）倍增

①倍增：控制灯光的强弱程度。

②颜色：设置灯光的颜色。

（2）衰退

①类型：灯光的衰退类型。“无"为不衰退，“倒数”为反向衰退，“平方反比”是以平方反比的方式进行衰退。

②开始：设置灯光开始衰退的距离。

③显示：在视口中显示灯光衰退的效果。

（3）近距衰减

①使用：启用灯光近距离衰减。

②显示：在视口中显示近距离衰减的范围。

③开始：设置灯光开始衰减的距离。

④结束：设置灯光衰减最远处的距离。

（4）远距衰减

①使用：启用灯光远距离衰减。

②显示：在视口中显示远距离衰减的范围。

③开始：设置灯光开始衰减的距离。

④结束：设置灯光衰减为0的距离。

3.“聚光灯参数”卷展栏

“聚光灯参数”卷展栏如图4-2-4所示。

光锥：

①显示光锥：控制在视图中是否开启聚光灯的圆锥显示效果，如图4-2-5所示。

②泛光化：开启，灯光在各个方向投射光线。

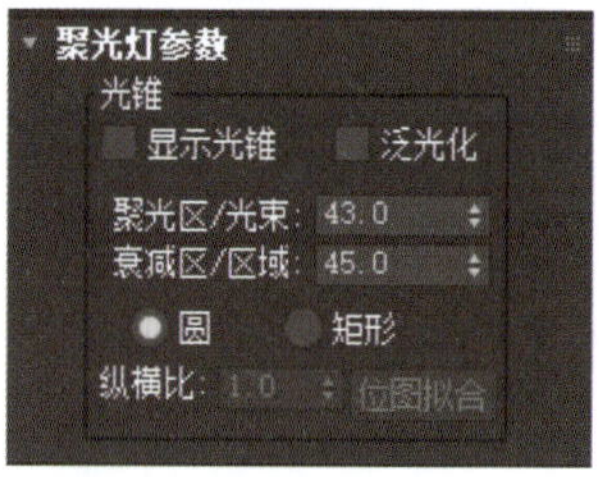

图4-2-4 “聚光灯参数”卷展栏

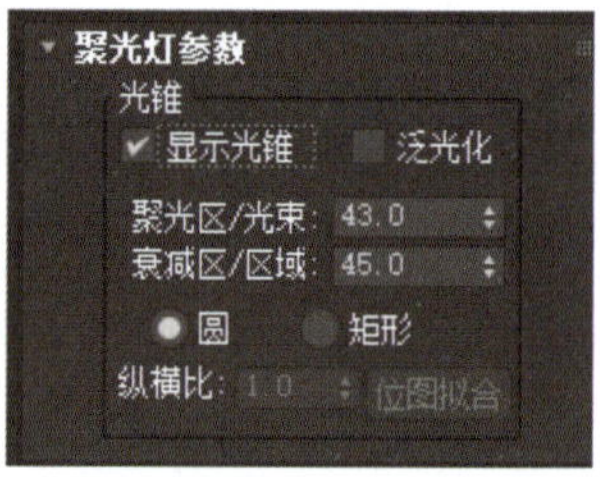

图4-2-5 光锥参数

③聚光区/光束：调整灯光圆锥范围的角度。

④衰减区/区域：设置灯光衰减区的角度。图4-2-6所示是不同“聚光区/光束”和“衰减区/区域”的光锥对比。

⑤圆/矩形：选择聚光区和衰减区的形状。

⑥纵横比：设置矩形光束的纵横比。

⑦位图拟合：如果灯光的投影纵横比为矩形，应设置纵横比，以匹配特定的位图。

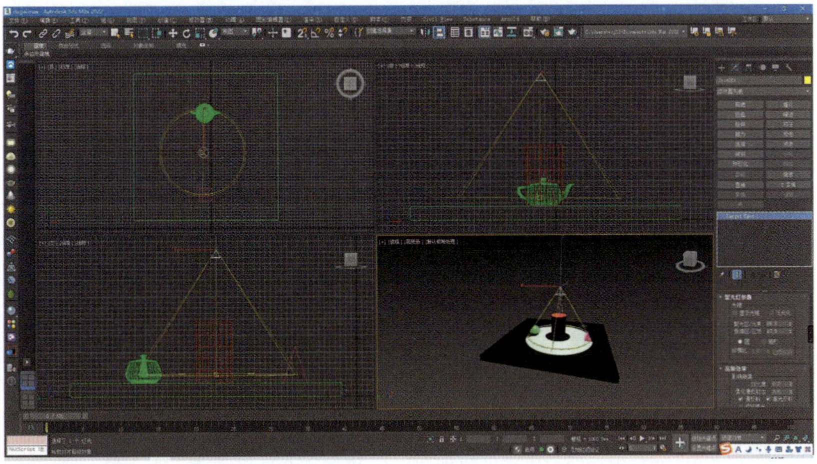

图4-2-6　光锥对比

4. “高级效果”卷展栏

（1）影响曲面

①对比度：调整漫反射区域和环境光区域的对比度。

②柔化漫反射边：柔化漫反射区域和环境光区域的边缘。

③漫反射：启用，灯光影响曲面的漫反射属性。

④高光反射：启用，灯光影响曲面的高光属性。

⑤仅环境光：启用，灯光仅影响照明的环境光。

（2）投影贴图选项组

①贴图：为投影加载贴图。

②无：不为投影加载贴图。

课堂实例1　目标聚光灯灯光制作

（1）在创建面板中选择长方体，在顶视图中创建一个500mm×500mm×25mm的长方体，依次创建茶壶、圆柱体、四棱锥，参数如图4-2-7所示，最终效果如图4-2-8所示。

（2）点击创建面板，选择灯光，点击标准菜单栏中的“目标聚光灯”，如图4-2-9所示。在前视图内，从上往下创建目标聚光灯，如图4-2-10所示，启用阴影为“阴影贴图”。

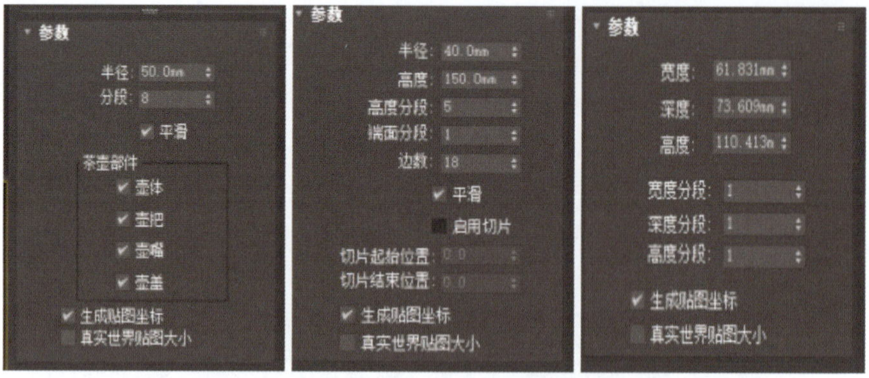

图4-2-7　创建几何体参数

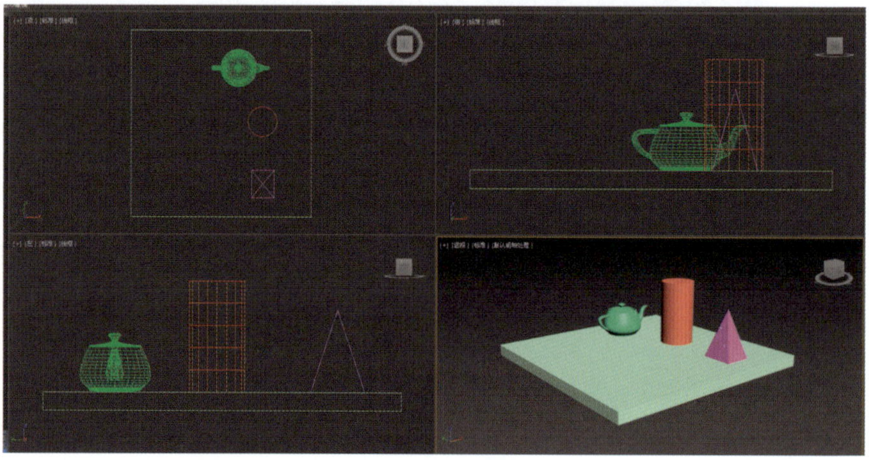

图4-2-8　创建效果

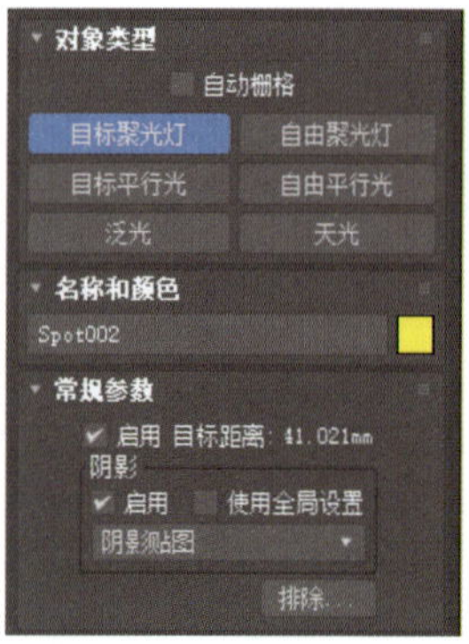

图4-2-9　目标聚光灯

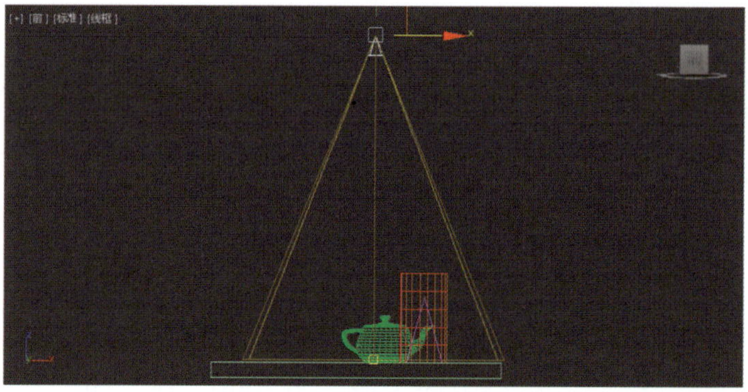

图4-2-10　创建目标聚光灯

（3）选中目标聚光灯，点击修改面板，打开“强度/颜色/衰减”栏，将倍增值调整为1，参数如图4-2-11所示。

（4）在透视图中，将左上角“标准”调整为“高质量”，以查看效果预览，如图4-2-12所示。

（5）最终效果预览如图4-2-13所示。

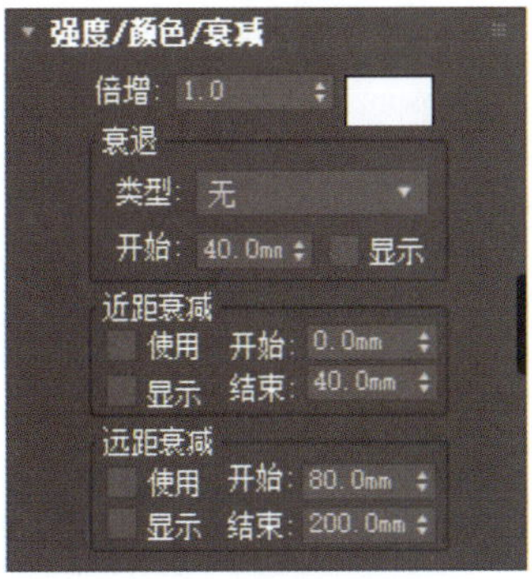

图4-2-11　倍增值调整

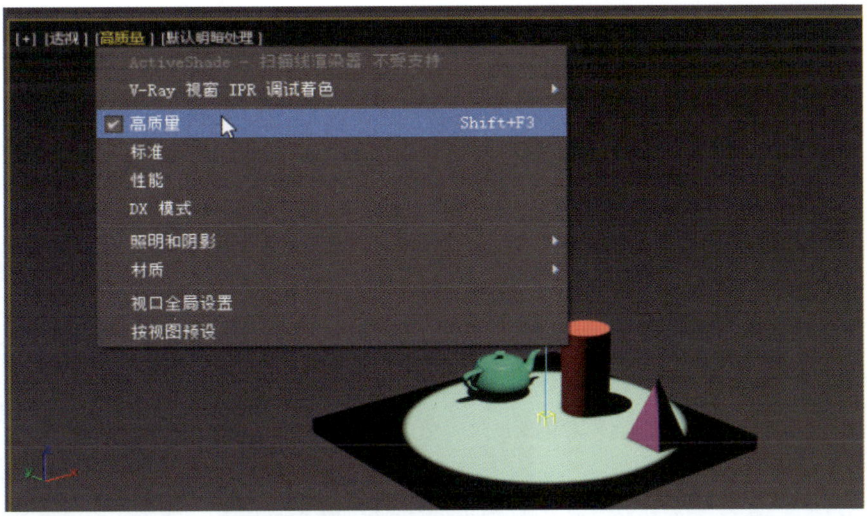

图4-2-12　预览设置

图4-2-13　最终效果

二、自由聚光灯

自由聚光灯与目标聚光灯基本一致，自由聚光灯是一种没有目标的聚光灯，主要用于在动画中设置灯光，或者作为一种子物体连接到另一个物体上。

课堂实例2 自由聚光灯灯光制作

（1）点击创建面板，选择灯光，点击标准菜单栏中的“自由聚光灯”，如图4-2-14所示。

（2）点击顶视图的中间位置，创建“自由聚光灯”，在前视图或左视图中，将“自由聚光灯”向上移动至物体上方，使聚光灯能笼罩所需照射的物体，如图4-2-15所示。

（3）点击自由聚光灯，在修改面板里，打开“强度/颜色/衰减”栏，将倍增设置为0.3，如图4-2-16所示。

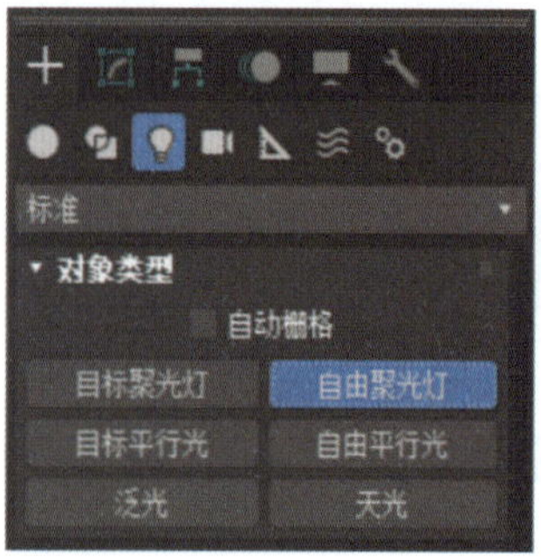

图4-2-14　创建自由聚光灯

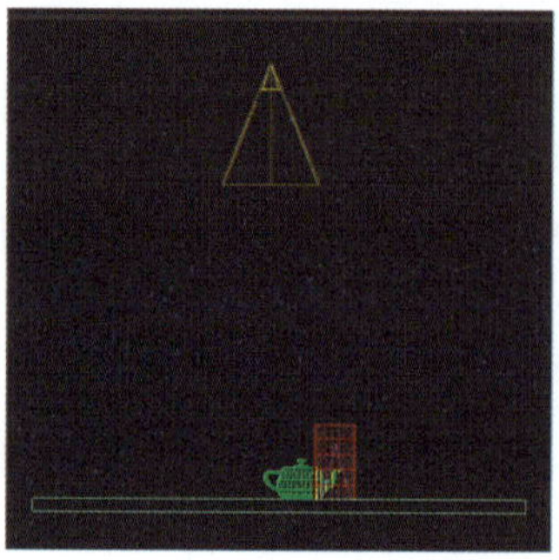
图4-2-15　移动自由聚光灯

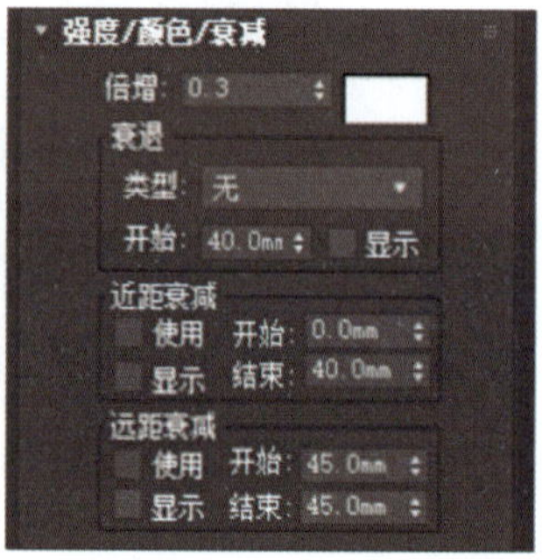

图4-2-16　倍增值调整

（4）在透视图中，将左上角“标准”调整为“高质量”，以查看效果预览，最终效果如图4-2-17所示。

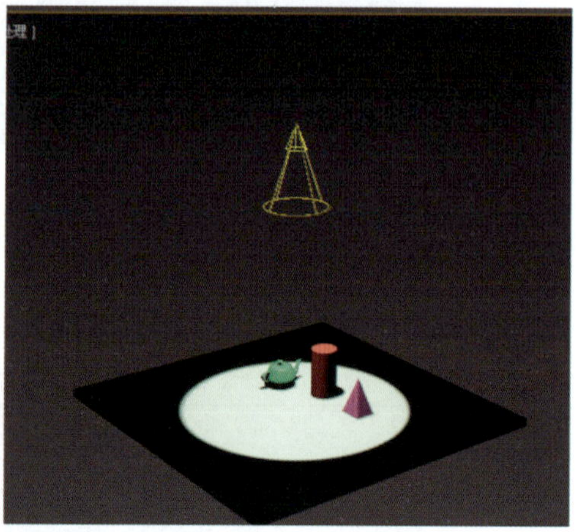
图4-2-17　最终效果

三、目标平行光

目标平行光会产生一个圆柱状的平行照射区域，是一种与目标聚光灯相似的“平行光束”。目标平行光主要用于模拟自然光线等效果。

课堂实例3　目标平行光制作

（1）点击创建面板，选择灯光，点击标准栏中目标平行光，在前视图从右上角向左下角拖动创建灯光，如图4-2-18所示。

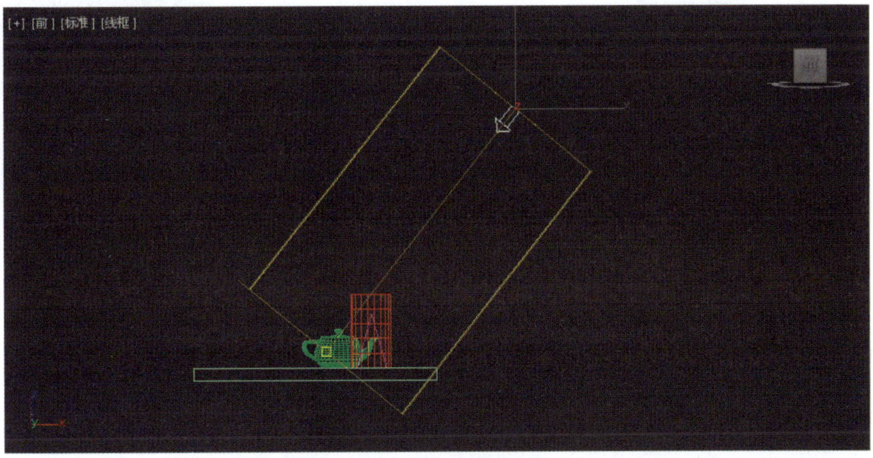

图4-2-18　创建目标平行光

（2）选择目标平行光光源，在修改面板中，打开“强度/颜色/衰减”栏，将倍增值调整为1.0，如图4-2-19所示；打开“平行光参数”，修改“聚光区/光束”为200mm，“衰减区/区域”为202mm，如图4-2-20所示。

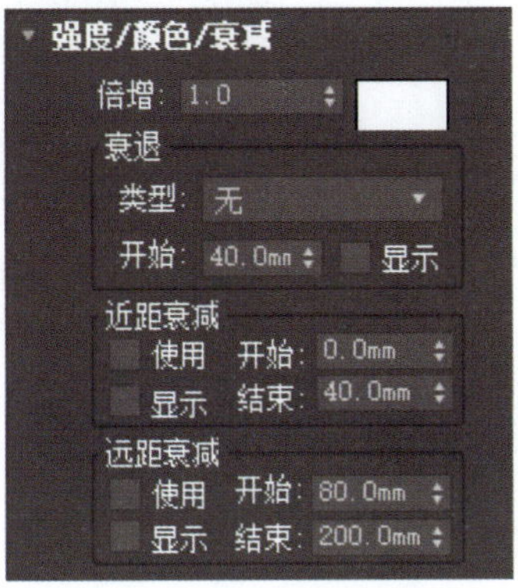

图4-2-19　调整倍增值

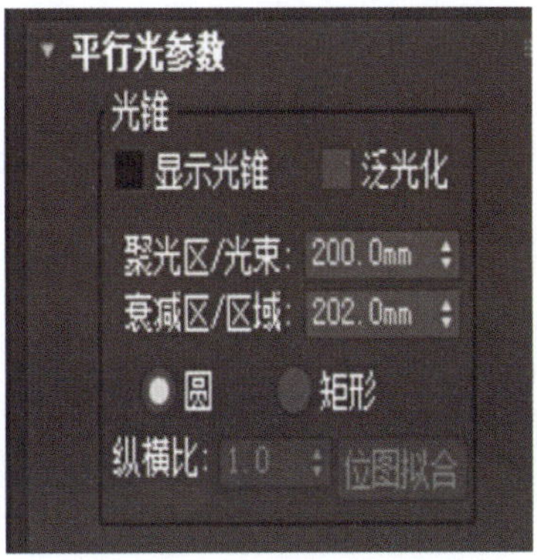

图4-2-20　参数设置

（3）在透视图中，将左上角“标准”调整为“高质量”，以查看效果预览，最终效果如图4-2-21所示。

图4-2-21　最终效果

四、自由平行光

自由平行光是一种与自由聚光灯相似的平行光束，但它的照射范围是柱形的，由于光线是平行的，所以其呈圆形或矩形棱柱，而不是“圆锥体”。

课堂实例4　自由平行光制作

（1）点击创建面板，选择灯光，点击标准菜单栏中的“自由平行光”，如图4-2-22所示。

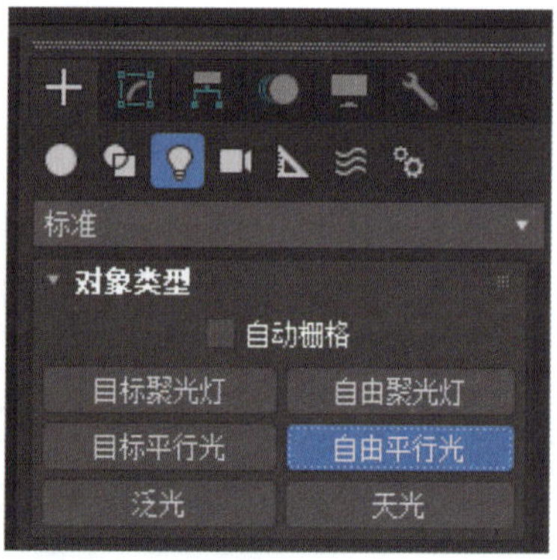

图4-2-22　创建自由平行光

（2）点击顶视图的中间位置，创建自由平行光；在前视图或左视图中，将自由平行光移动至所有物体正上方。在工具栏中，选择旋转按钮，将自由平行光旋转一定角度，如图4-2-23所示。

（3）选择自由平行光光源，点击修改栏，打开“强度/颜色/衰减”栏，将倍增值调整为1.0，如图4-2-24所示。打开“平行光参数”，修改“聚光区/光束”为203mm，“衰减区/区域”为205mm，如图4-2-25所示。

（4）在透视图中，将左上角“标准”调整为“高质量”，以查看效果预览，最终效果如图4-2-26所示。

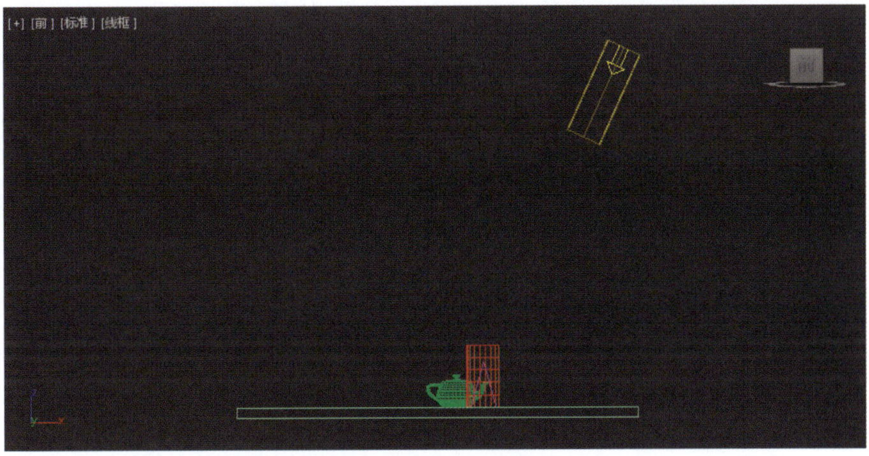

图4-2-23　移动自由平行光

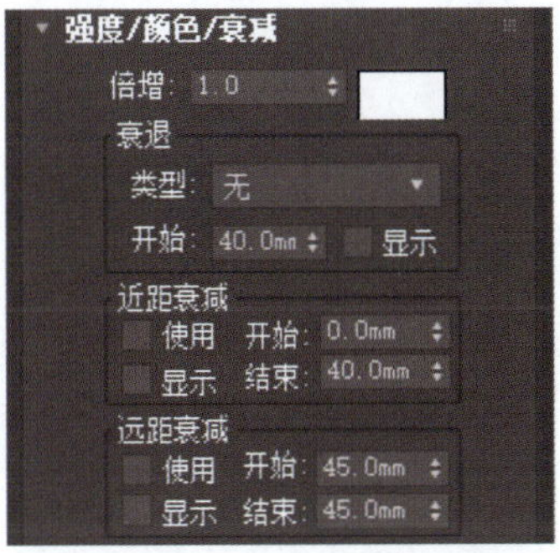

图4-2-24　调整倍增值

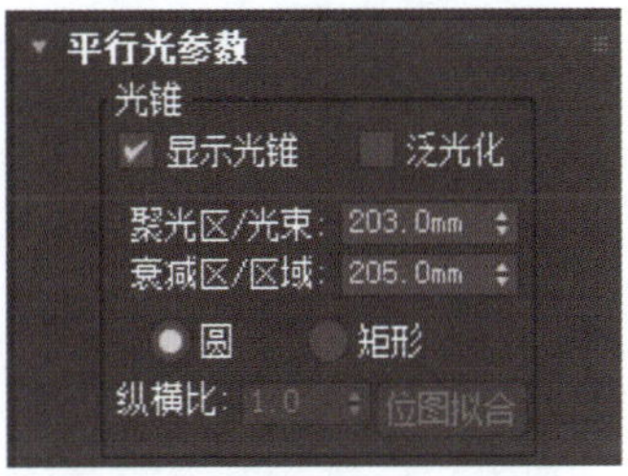

图4-2-25　参数设置

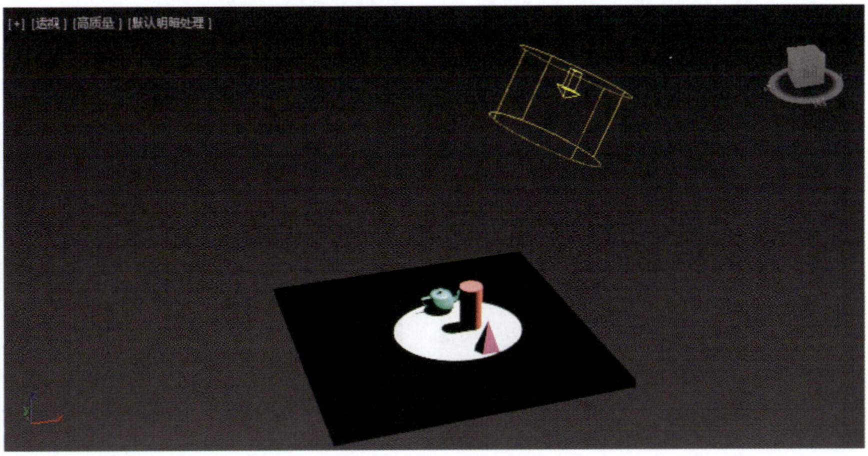

图4-2-26　最终效果

五、泛光

在3Dmax中，“泛光”从单个光源向各个方向投射光线，其光线可以到达场景中无限远的地方。泛光灯可以投射阴影和投影，光线有明暗变化。

课堂实例5 泛光制作

（1）点击创建面板，选择灯光。点击标准栏中的泛光灯，在顶视图中心处点击创建泛光。选择上方工具栏中移动工具，或者按快捷键W，将泛光光源移动至物体上方，如图4-2-27所示。

（2）选择泛光，点击修改栏，打开“强度/颜色/衰减”栏，将倍增值调整为1.0，如图4-2-28所示，其他参数不变，效果如图4-2-29所示。

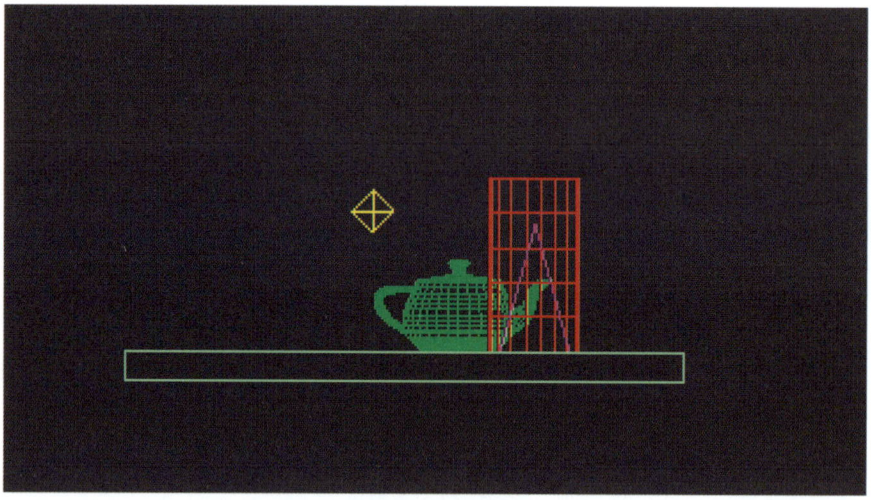

图4-2-27　创建泛光

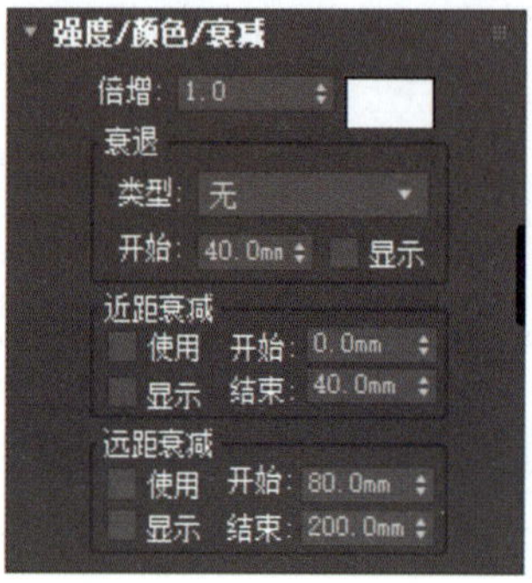

图4-2-28　调整倍增值

图4-2-29　最终效果

六、天光

天光可用来模拟现实中的环境光，其既可以作为场景中唯一的光，也可以与其他光互相配合，达到多种效果。

①启用：控制天光是否开启。

②倍增：控制天光强弱。

③使用场景环境：使用“环境与特效”对话框中设置的“环境光”颜色作为天光颜色。

④天空颜色：设置天光颜色。

⑤贴图：指定贴图影响天光的颜色。

⑥投射阴影：天光是否投射阴影。

⑦每采样光线数：计算落在场景中每个点的光线数。

⑧光线偏移：光线产生的偏移距离。

课堂实例6　天光制作

（1）点击创建面板，选择灯光。点击标准栏中的天光，如图4-2-30所示。在顶视图中点击创建天光，天光参数如4-2-31所示。

（2）天光的效果和泛光大致相同，但天光没有光线强度衰减，所有光线都均匀地照射在所有物体上，效果如图4-2-32所示。

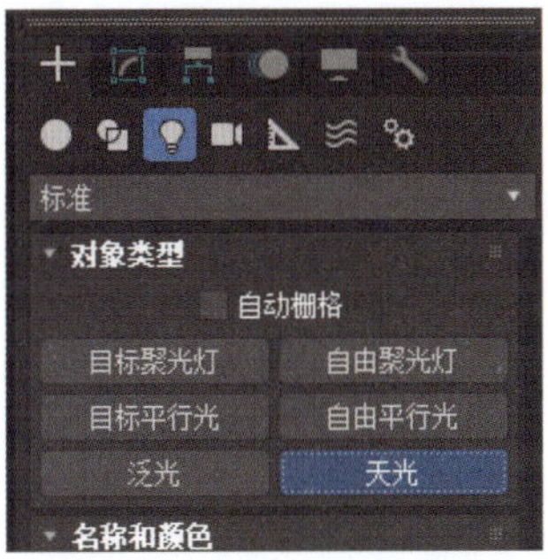

图4-2-30　创建天光

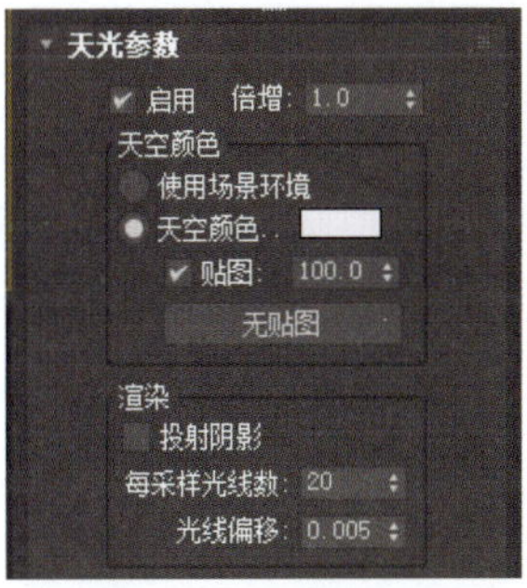

图4-2-31　参数设置

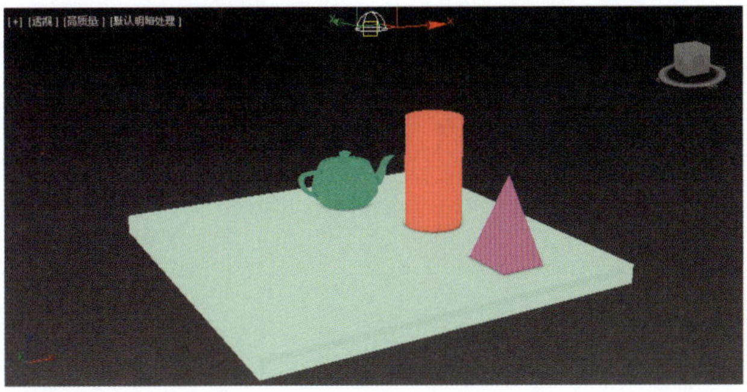

图4-2-32　效果

任务评价

1 本次任务的技能点评价

本次任务的技能点评价见表4-2-2。

表4-2-2 本次任务的技能点评价

序号	技能点评价	佐证	达标	未达标
1	标准灯光认知	能够掌握标准灯光的分类和作用		
2	依据场景需求调节灯光参数	能够通过分析场景设置灯光参数		
3	标准灯光制作	能够制作各类标准灯光		

2 本次任务的素质点评价

本次任务的素质点评价见表4-2-3。

表4-2-3 本次任务的素质点评价

序号	素质点评价	佐证	达标	未达标
1	创新和审美意识	能够通过灯光制作，培养学生创新和审美意识		
2	运用知识的能力	能够制作标准灯光		
3	持续学习能力	能够灵活运用灯光相关知识和技能，举一反三		

任务三
VRay 灯光制作

一、VRay灯光

安装好 VRay 渲染器后，在“灯光”创建面板中则会有 VRay 灯光选项。

VRay 灯光主要用于模拟室内灯光，参数设置如图4-3-1所示。VRay 灯光包含VRay 灯光（VR灯光）、VRayIES、VRay环境灯光（VR环境灯光）和VRay太阳（VR太阳）。

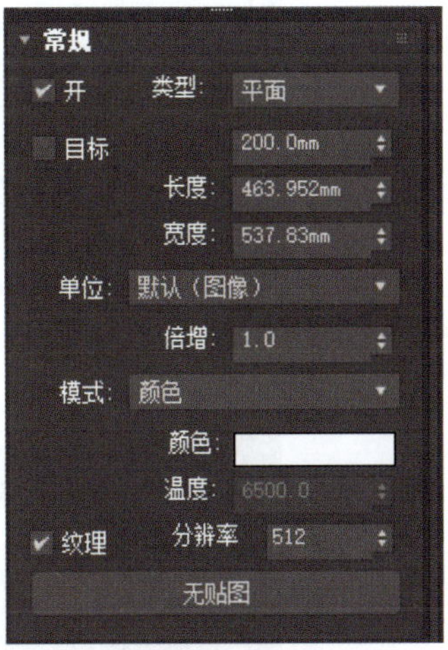

图4-3-1　参数设置

VRay灯光的常规参数：

①开：控制 VRay 灯光是否开启。

②类型：设置 VRay 灯光类型，包括平面、穹顶、球体、网格和圆形，如图4-3-2所示。

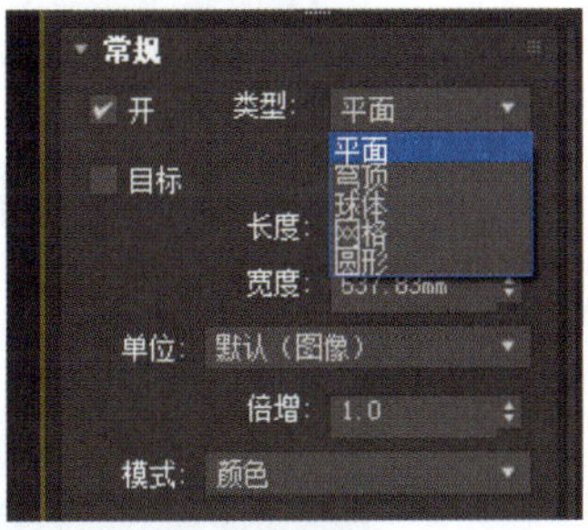

图4-3-2　VRay灯光类型

③平面：将 VRay 灯光设置成平面形状。

④穹顶：将 VRay 灯光设置成穹顶状，类似于3Dmax的天光，形状类似半球体状圆顶。

⑤球体：将 VRay 灯光设置成球体的形状，主要模拟点光源，如灯泡。当半径值为0时，倍增无效。

⑥网格：一种以网格为基础的灯光。

⑦圆形：将 VRay 灯光设置成圆形。

⑧单位：指定 VRay 灯光的发光单位，有默认（图像）、发光率、亮度、辐射率、辐射。

⑨倍增：设置 VRay 灯光的强度。

⑩模式：设置 VRay 灯光的颜色模式，有颜色和色温两种。颜色：指定灯光的颜色。温度：以温度模式来设置 VRay 灯光的颜色。

⑪长度：设置灯光的长度。

⑫宽度：设置灯光的宽度。

⑬投射阴影：控制是否对物体的光照产生阴影。

⑭双面：用来控制是否让灯光的双面都产生照明效果（当灯光类型设置为“平面”时有

效，其他灯光类型无效）。图4-3-3和图4-3-4所示分别是开启与关闭该选项的灯光效果。

⑮不可见：控制最终渲染时是否显示 VRay 灯光的形状。图4-3-5和图4-3-6所示分别是关闭与开启该选项时的灯光效果。

⑯不衰减：如勾选，VRay不计算灯光的衰减效果。图4-3-7和图4-3-8所示分别是关闭与开启该选项时的灯光效果。

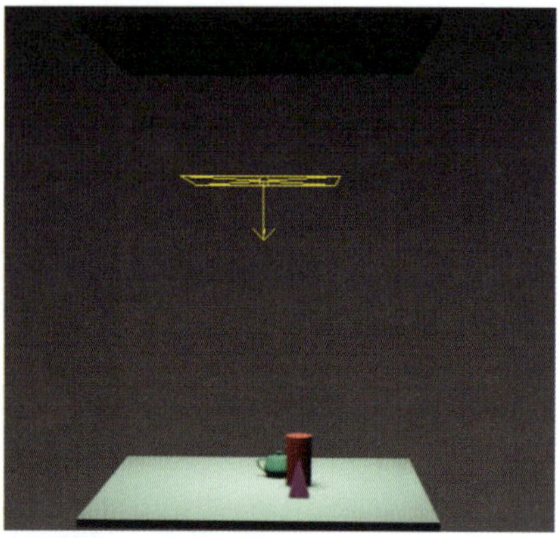

图4-3-3　双面关

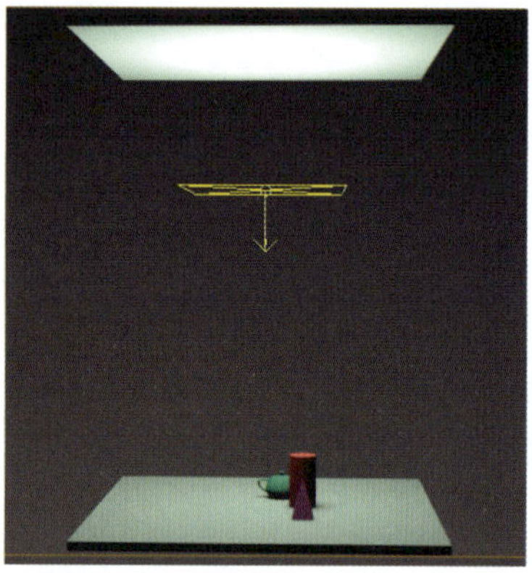

图4-3-4　双面开

图4-3-5　未勾选

图4-3-6　已勾选

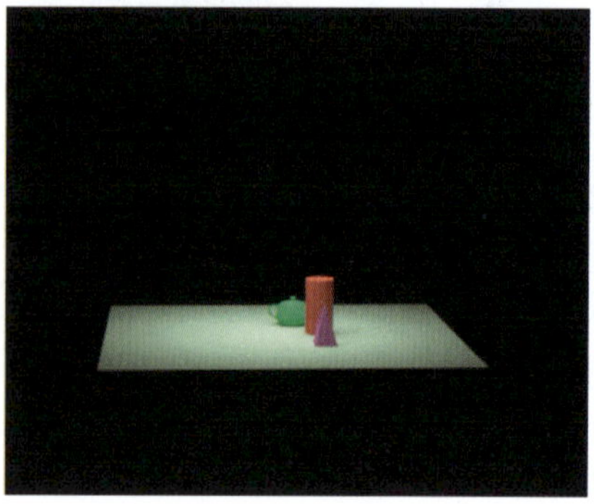

图4-3-7　未勾选

图4-3-8　已勾选

⑰阴影偏移：控制物体与阴影的偏移距离，值较高时会使阴影向灯光的方向偏移。

⑱中止：设置采样的最小值，小于这个数值采样将结束。

课堂实例1 平面灯光制作

（1）点击创建面板，选择灯光，点击VRay一栏，选择VRay灯光，从顶视图拖动创建VRay灯光，默认类型为平面灯光。

（2）3Dmax2022版VRay灯光拥有平面、穹顶、球体、网格、圆形5种类型，如图4-3-9所示。可根据实际情况，选择合适类型应用。

（3）平面灯光是由一个平面向另一方向照射的大面积光源，效果如图4-3-10所示，参数如图4-3-11所示。

（4）选中VRay灯光，在修改栏里找到选项，打开。默认投射面为单面，可勾选双面，以达到双面同时发光的效果；如勾选不可见，在渲染时，渲染图像中不会出现VRay灯光的形状，但不会影响最终光照效果，如图4-3-12所示。

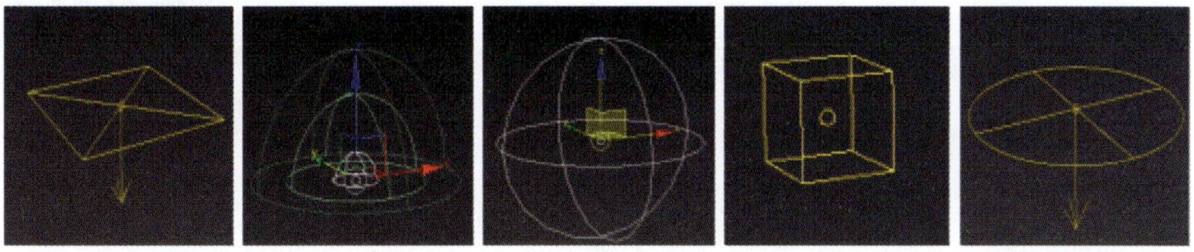

平面　穹顶　球体　网格　圆形

图4-3-9　VRay 灯光类型

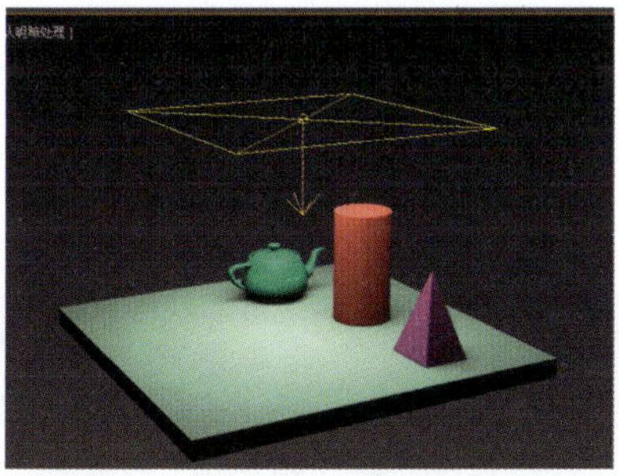

图4-3-10　效果

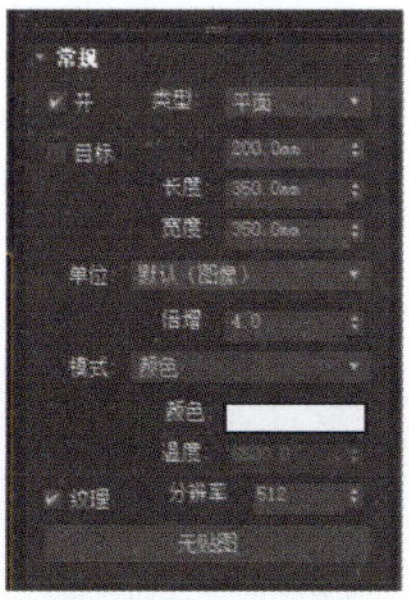

图4-3-11　参数设置

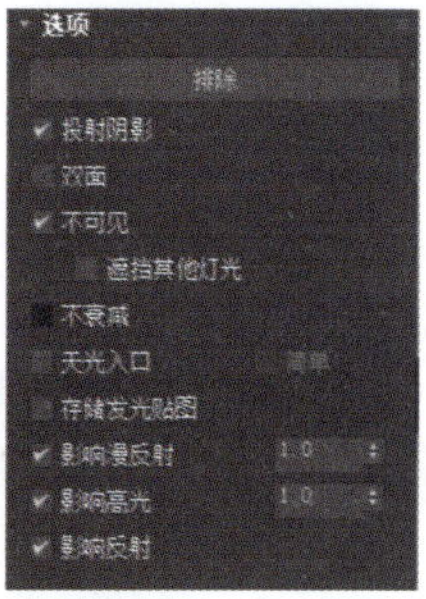

图4-3-12　参数设置

二、VRay环境灯光

VRay环境灯光在生活中是不存在的，这是VRay为了使渲染更加方便而添加的一种灯光。这种照明是一种均化照明，并不在乎物体是否被遮挡，因此，对这个灯光的位置没有特定要求。

课堂实例2 **天光制作**

无论环境光的位置在哪里，天光对物体的照明效果都是相同的。参数如图4-3-13所示。

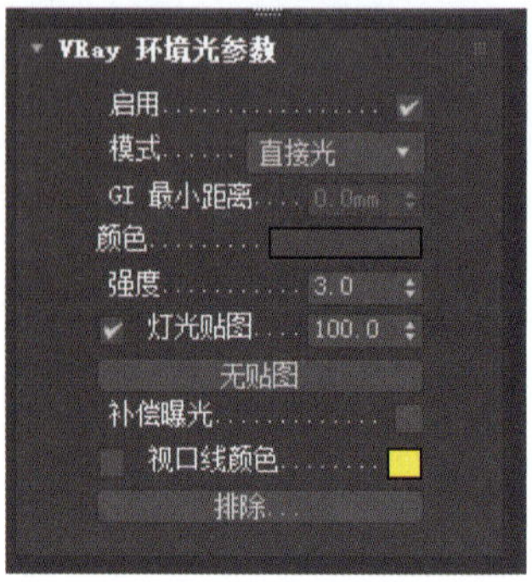

图4-3-13 参数设置

三、VRay太阳

VRay太阳主要用来模拟真实的太阳光，参数设置如图4-3-14所示。

①启用：控制阳光开关是否开启。

②强度倍增：指阳光的亮度，默认值为1。

③大小倍增：指太阳的大小，它的作用主要表现在阴影的模糊度上，较大的值可以使阳光阴影更模糊。

④过滤颜色：用于自定义太阳光的颜色。

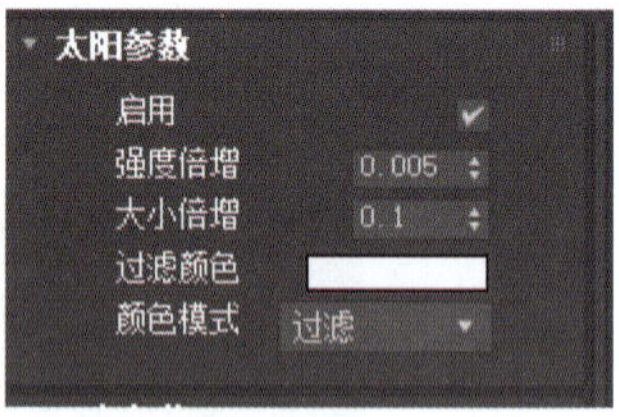

图4-3-14 参数设置

课堂实例3 **太阳光制作**

（1）点击创建面板，选择灯光，点击VRay中的VRay太阳，在前视图从右上角向左下角拖动创建，如图4-3-15所示。

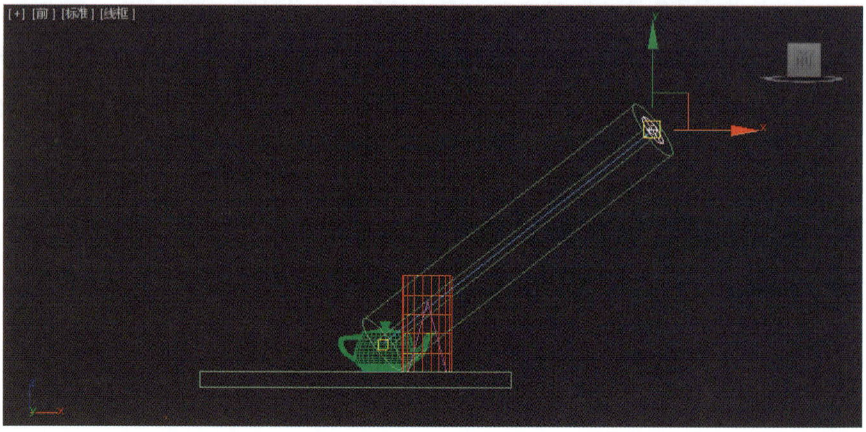

图4-3-15 创建太阳光

（2）选择VRay太阳光光源，打开修改面板，分别将太阳参数、天空参数、选项、采样设定为如图4-3-16所示。将“太阳参数”中强度倍增改为0.005，大小倍增改为0.1，最终效果如图4-3-17所示。

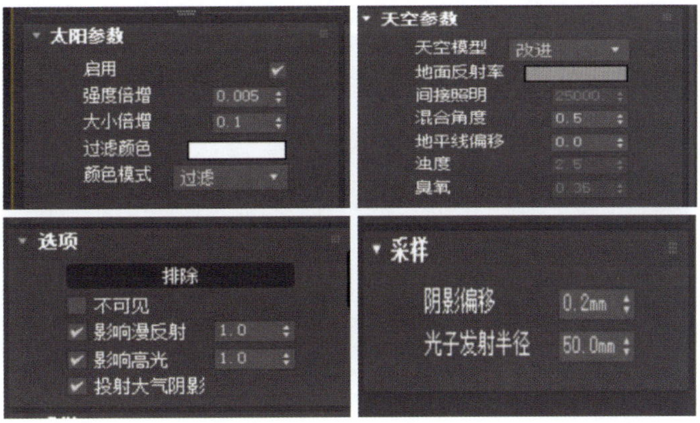

图4-3-16　参数设置

图4-3-17　效果

任务评价

1　本次任务的技能点评价

本次任务的技能点评价见表4-3-1。

表4-3-1　本次任务的技能点评价

序号	技能点评价	佐证	达标	未达标
1	VRay灯光认知	VRay灯光的分类和作用		
2	调节VRay灯光参数	能够通过分析场景设置VRay灯光参数		
3	VRay灯光制作	能够制作VRay灯光		

2 本次任务的素质点评价

本次任务的素质点评价见表4-3-2。

表4-3-2 本次任务的素质点评价

序号	素质点评价	佐证	达标	未达标
1	知识前移能力	能够由原有的灯光知识拓展到VRay灯光知识		
2	知行统一运用知识的能力	能够制作VRay灯光		
3	持续学习能力	能够根据需要合理设置VRay灯光制作参数		

05 项目五

材质与贴图技术

材质是某种材料表达出来的外观质感，3Dmax中的材质是对真实材料与质地的视觉模拟，可以使物体表面显示出不同的材质、色彩及纹理。

知识目标

1 了解材质编辑器的打开方式及分区。
2 了解VRayMtl材质编辑器参数。
3 掌握材质编辑器中常用的工具按钮。
4 掌握参数控制区的参数属性。
5 掌握利用“物理材质”制作木材、地砖等材质的方法。
6 掌握利用VRayMtl制作玻璃、布艺等材质的方法。

能力目标

1 能够分析材质的属性。
2 能够利用“物理材质”和VRayMtl制作材质。
3 能够举一反三制作不同材质。

素质目标

1 培养学生分析问题、解决问题和运用知识的能力。
2 培养学生的创新精神、团队协作、交流沟通以及综合职业技能。

任务一
材质编辑器

3Dmax中的材质是对真实材料的视觉模拟，可以使物体表面显示出不同的材质、色彩及纹理。那么如何使用材质编辑器呢?

打开材质编辑器的方法有三种：点击工具栏上的材质编辑器；输入快捷键M；在渲染命令里下拉列表中找到材质编辑器。材质编辑器对话框如图5-1-1所示。

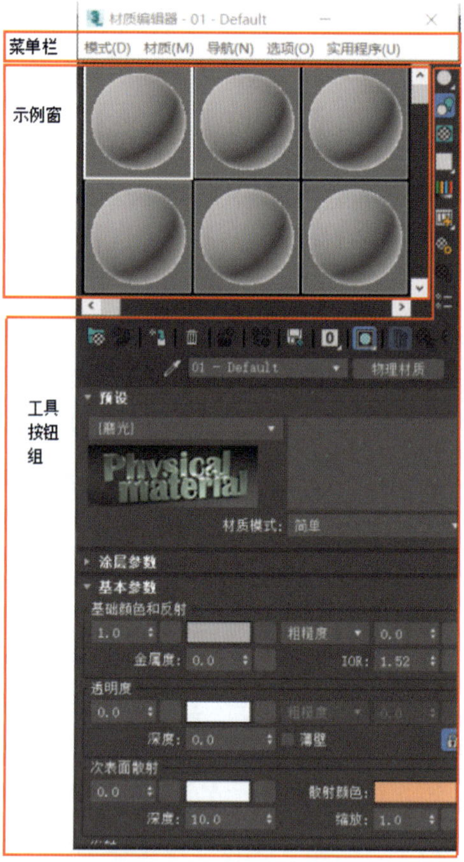

图5-1-1　材质编辑器对话框

一、菜单栏

菜单栏中的各种命令在“工具按钮组”里均可以找到相应的按钮。

二、示例窗

（1）在右键菜单里有拖动/复制、拖动/旋转、重置旋转、选项、放大等。其中，单击选项可以弹出材质编辑器选项对话框，设置环境灯光、示例窗数目等，如图5-1-2所示。

（2）在任意一个材质球上单击右键，在下拉列表中可以选择3×2、5×3、6×4示例窗，会分别显示6、15、24个材质球，如图5-1-3所示。

（3）将材质球指给场景中的物体时，其上四角就会有三角形的标志而成为同步材质，没有角的就是非同步材质。

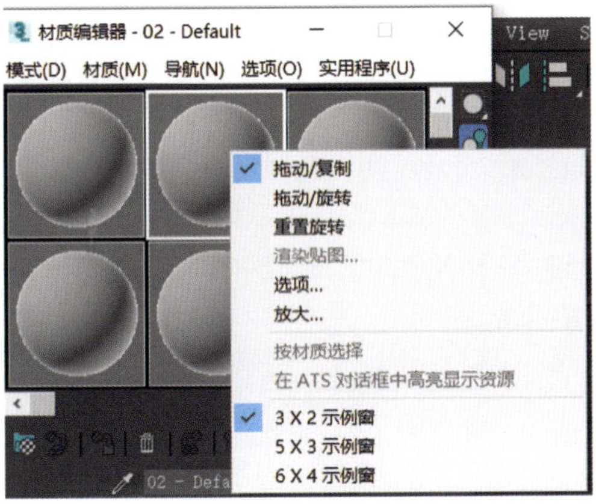

图5-1-2　右键菜单

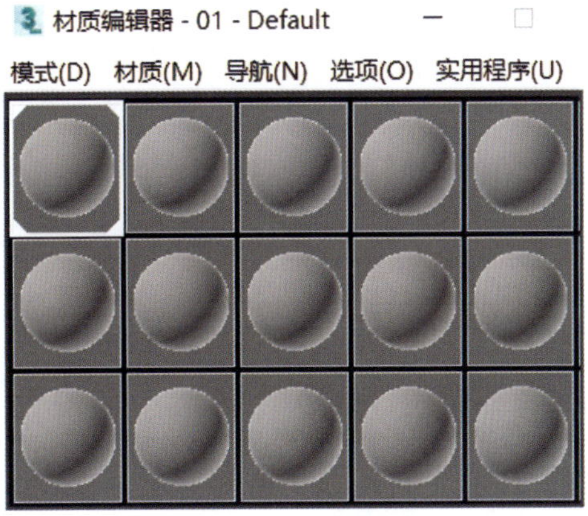

图5-1-3　5×3材质球

三、工具按钮组

材质编辑器工具按钮组中的工具可以实现将材质赋予物体等功能，下面对常用功能进行简单介绍，见表5-1-1。

表5-1-1　常用工具介绍

图例	名称	作用	使用频率
	采样类型	用于显示材质球的形状	中
	背景	为示例窗增加一个彩色的方格背景，主要用于对透明材质贴图效果的调节	中
	选项	单击弹出材质编辑器选项对话框，更改参数	高
	按材质选择	按材质选择对象	高
	将材质指定给选定对象	选择物体，单击此处便可将其赋上材质	高
	重置贴图	用于重新设置材质贴图	高
	材质ID通道	按住左键不松开，可以选择不同的ID通道	高

续表

图例	名称	作用	使用频率
	转到父对象	进退的调节，父级别和子级别	高
	从对象拾取材质	单击此处，再单击物体，将物体中的材质复制到示例窗里	高
	命名材质	可以在此处命名，方便管理材质，比如地板、木材等	高
	材质类型选择	单击此处弹出材质编辑器进行选择	高

四、参数控制区

点击每个材质时，下面都会有相应的配套参数，如图5-1-4所示。通过调节参数，得到不同的材质效果，比如基本参数中的基础颜色和反射调节材质的外观样貌等。接下来，通过不同材质的课堂实例了解材质编辑器的使用方法。

图5-1-4　参数控制区

课堂实例1　木材材质制作

（1）点击工具栏上的材质编辑器或输入快捷键M，弹出材质编辑器对话框，如图5-1-5所示。选择其中一个材质球，双击或在材质球上右击选择放大，并将其命名为“木材”，如图5-1-6所示。

（2）点击“基础颜色”，调节木材为浅褐色，点击“确定”，如图5-1-7所示。

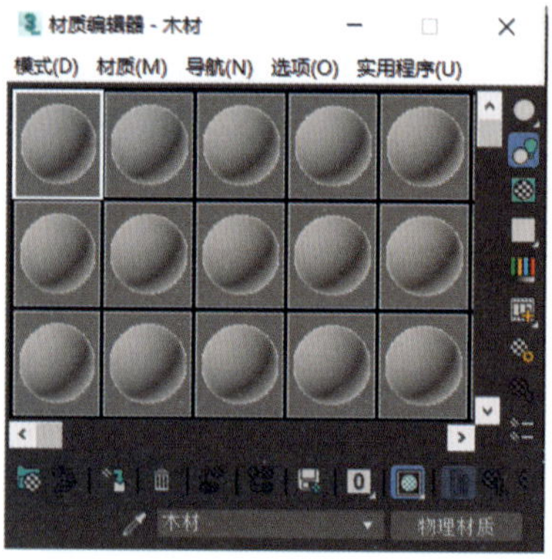

图5-1-5　材质编辑器

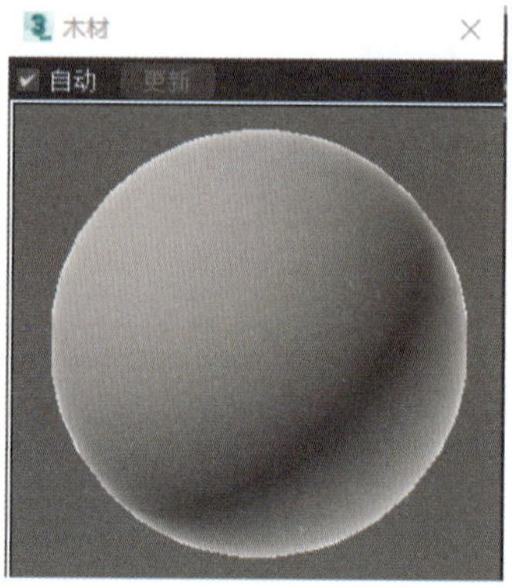

图5-1-6　放大单个材质球

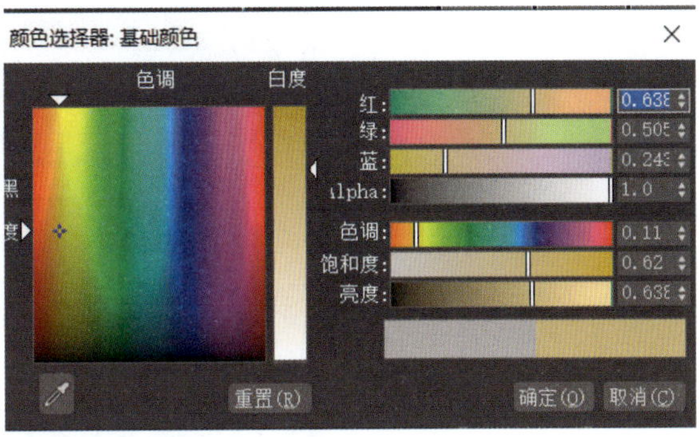

图5-1-7　基础颜色

知识链接

基本参数含义如图5-1-8所示。

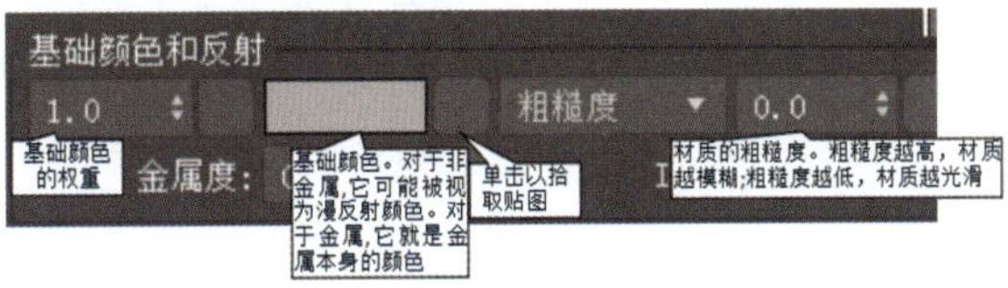

图5-1-8　基本参数含义

（3）点击“基础颜色”后面的“拾取贴图”，打开“材质/贴图浏览器”，如图5-1-9所示。在“位图”上单击，并点击“确定”或双击“位图”，弹出“选择位图图像文件”对话框，打开木材贴图所在的文件夹，选择木材贴图，单击“打开”，如图5-1-10所示。点击“转到父对象”，回到首页。

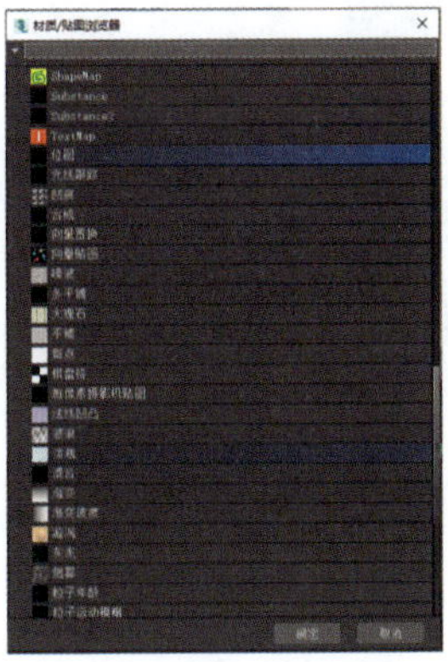

图5-1-9　位图

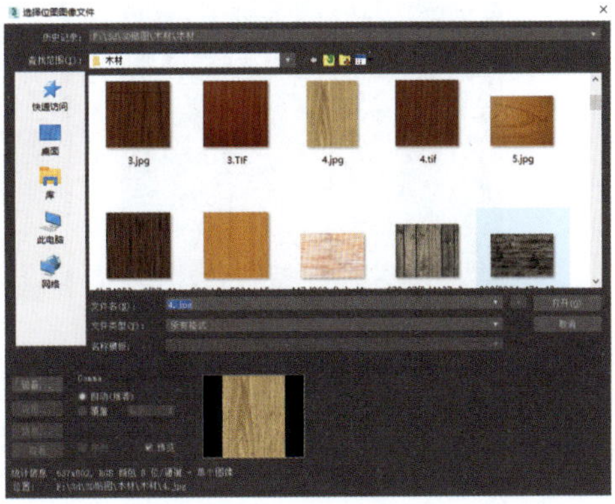

图 5-1-10　选择位图文件夹

（4）根据木材的光滑度，调节粗糙度为0.3，如图5-1-11所示。

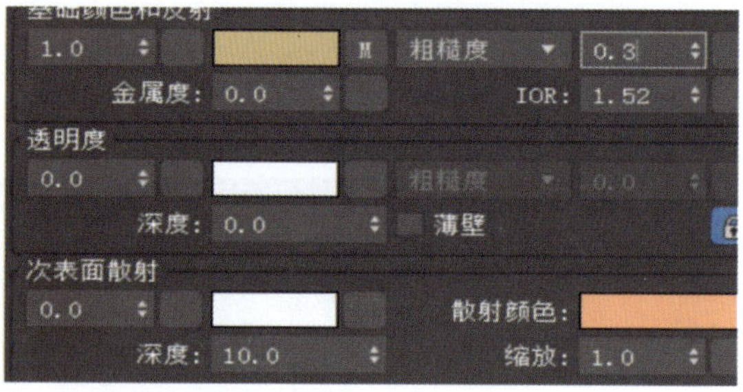

图5-1-11　木材光滑度调整

（5）打开特殊贴图，单击凹凸贴图的“拾取贴图”，如图5-1-12所示。打开“材质/贴图浏览器”，单击“位图”－“确定”或双击“位图”，如图5-1-13所示，弹出“选择位图图像文件”对话框，打开木材贴图所在的文件夹，选择木材贴图，单击“打开”，如图5-1-14所示。单击“转到父对象”，回到首页。

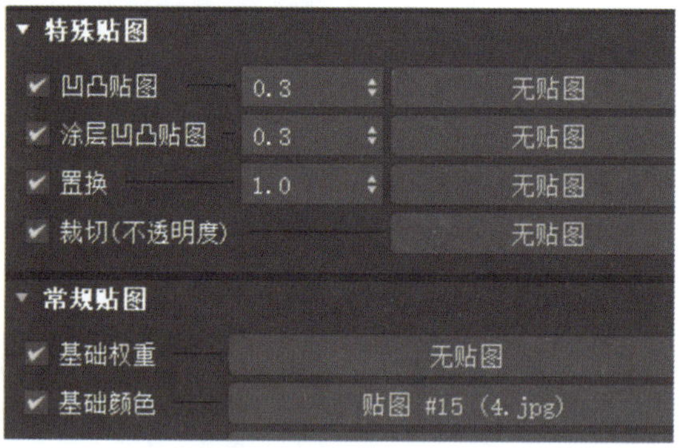

图5-1-12　凹凸贴图

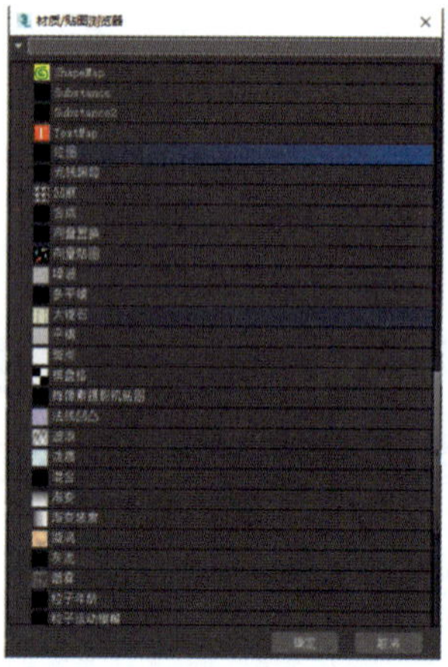
图5-1-13　位图

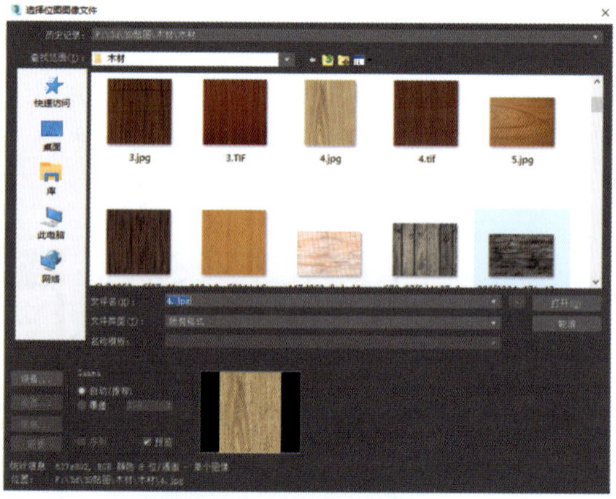
图5-1-14　选择位图图像文件

（6）根据木纹的凹凸效果调节凹凸数值，默认为0.3，如图5-1-15所示。如果希望纹理更加明显，可调高数值。最终木纹材质如图5-1-16所示。

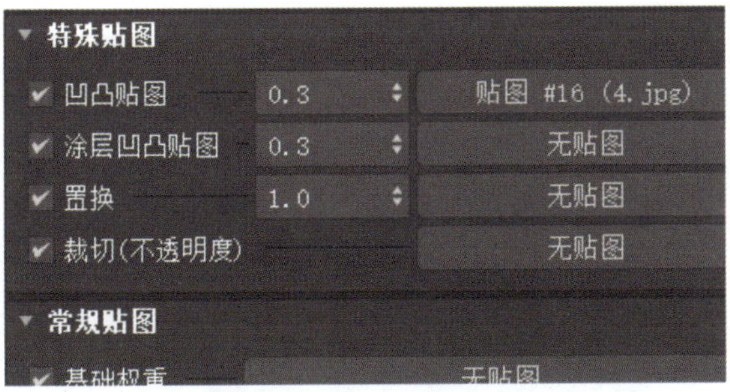

图5-1-15　凹凸数值

图5-1-16　最终效果

（7）点击“将材质指定给选定对象”，如图5-1-17所示，将木材材质赋予对象。

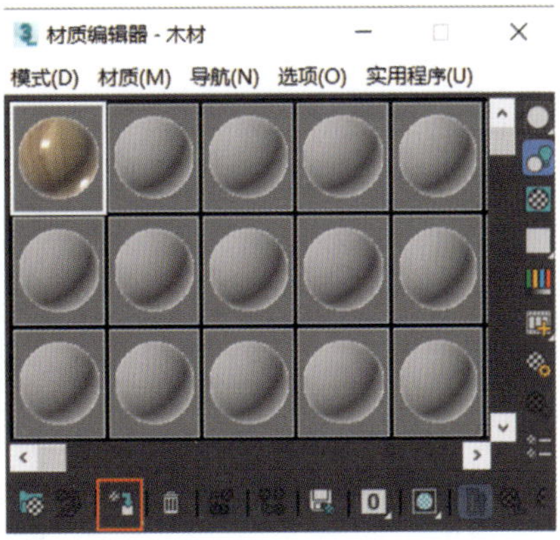

图5-1-17　将材质指定给选定对象

课堂实例2　地砖材质制作

（1）点击工具栏上的材质编辑器或输入快捷键M，弹出材质编辑器对话框，如图5-1-18所示。选择其中一个材质球，双击或在材质球上右击选择放大，并将其命名为“地砖”，如图5-1-19所示。

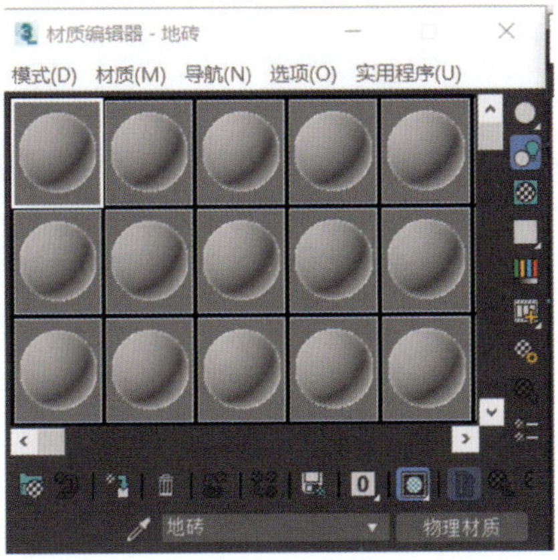

图5-1-18　材质编辑器

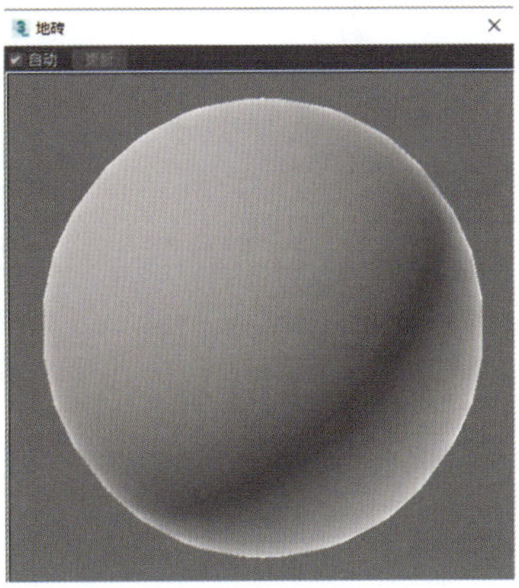

图5-1-19　放大单个材质球

（2）点击“基础颜色”，调节地砖为米黄色，点击“确定”，如图5-1-20所示。

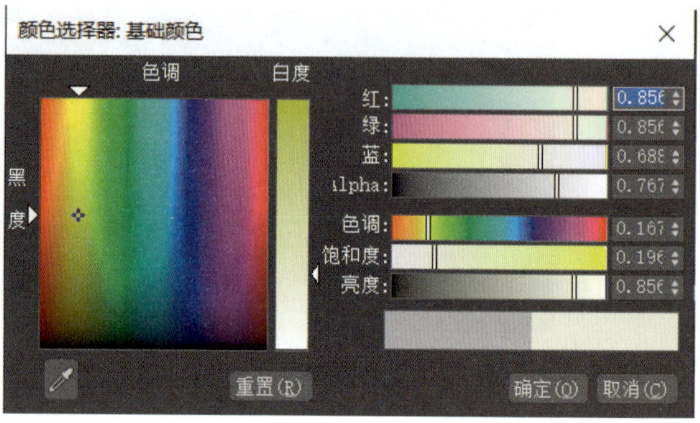

图5-1-20　基础颜色调整

（3）点击“基础颜色”后面的“拾取贴图”，打开“材质/贴图浏览器”，在“平铺”（见图5-1-21）上单击，并点击“确定”或双击“平铺”，进入平铺材质参数调节对话框，如图5-1-22所示。

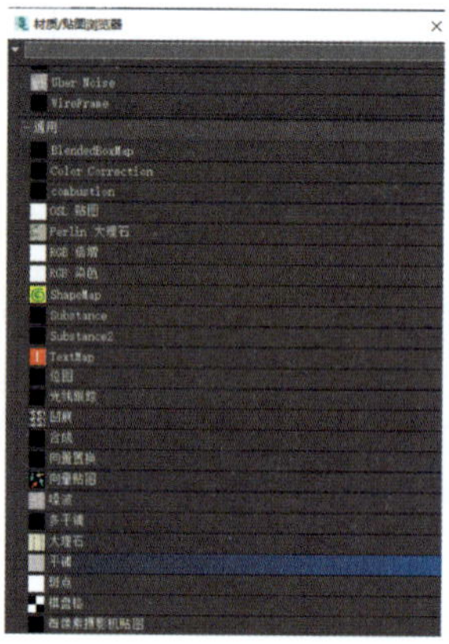

图5-1-21　平铺

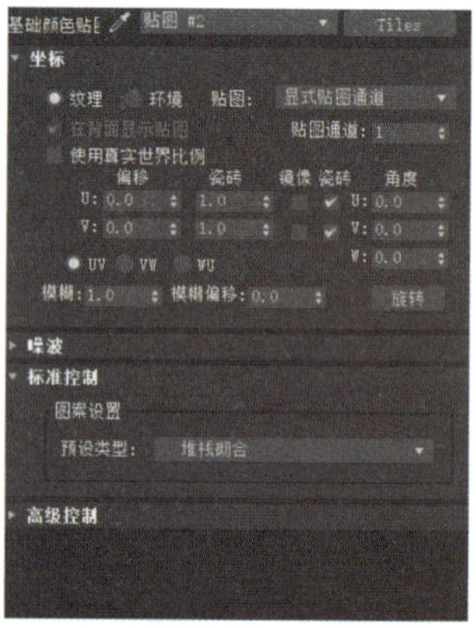

图5-1-22　平铺材质参数调节对话框

（4）点击“高级控制”（见图5-1-23），将“平铺设置”的纹理颜色调为瓷砖的米黄色，并点击后面的“None”，打开材质\贴图浏览器，双击“位图”，弹出“选择位图图像文件”对话框，打开瓷砖贴图所在文件夹，选择瓷砖贴图，单击“打开”，点击“转到父对象”，效果如图5-1-24所示。

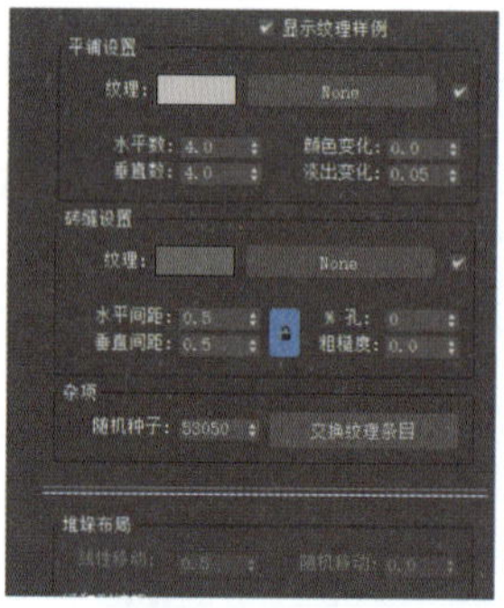

图5-1-23　高级控制

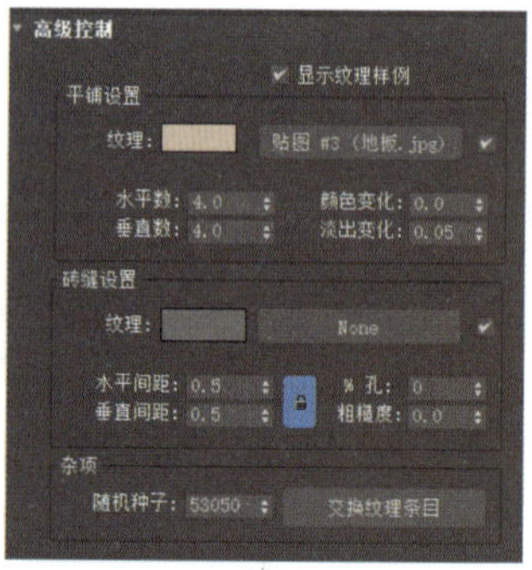

图5-1-24　高级控制平铺参数

（5）将“砖缝设置”的水平间距和垂直间距改为0.1，如图5-1-25所示，效果如图5-1-26所示。点击“转到父对象”，回到首页。

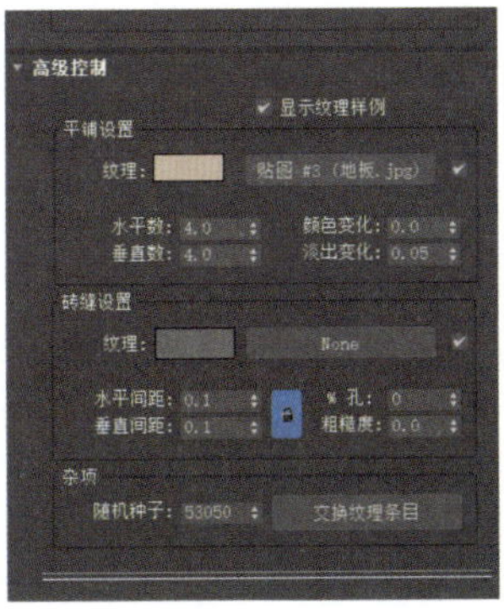

图5-1-25 砖缝设置

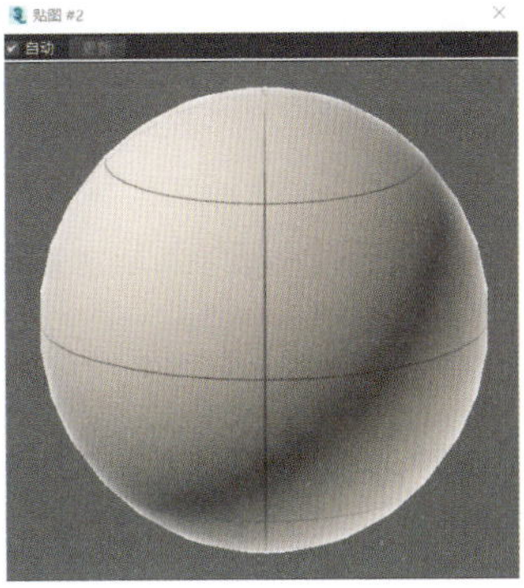

图5-1-26 平铺效果

提示

平铺设置是调节地板的瓷砖外观材质，砖缝设置是调节地板砖缝的参数。

（6）将“粗糙度”改为0.3，如图5-1-27所示。将“次表面散射”的色彩调为深灰色，使瓷砖有一定的反射，效果如图5-1-28所示。

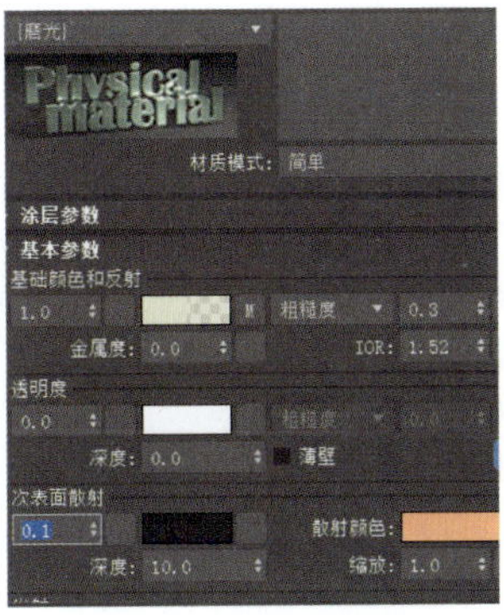

图5-1-27 调整粗糙度

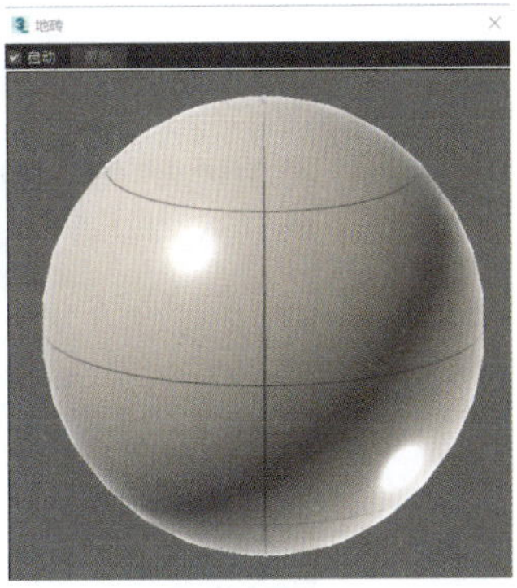

图5-1-28 反射效果

（7）将基础贴图的“贴图（Tiles）”复制到“凹凸贴图”后面，并选择“实例”复制，如图5-1-29所示。适当调整凹凸贴图权重值，如图5-1-30所示。最终瓷砖材质效果如图5-1-31所示。

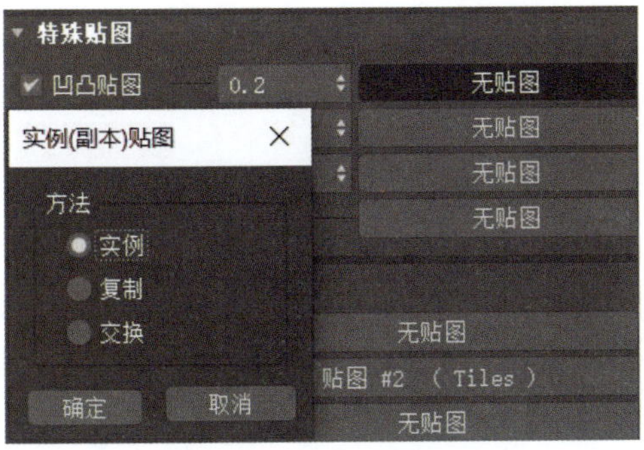

图5-1-29 凹凸贴图复制

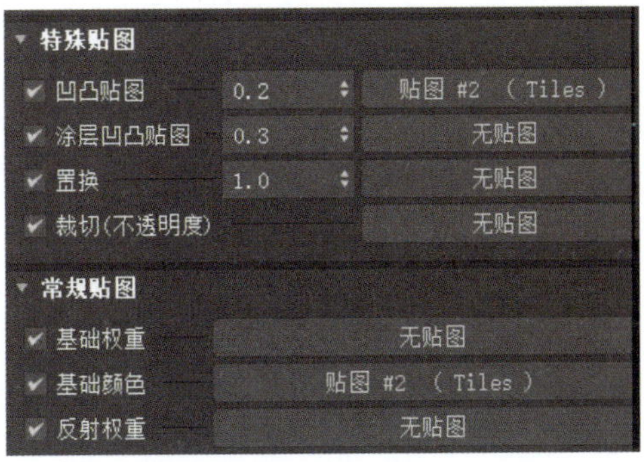

图5-1-30 凹凸数值调整

知识链接

贴图复制方法：按住鼠标左键不松开，直接拖动贴图到对象，可选择实例（跟随原贴图参数变化）、复制（不跟随原贴图参数变化）、交换。

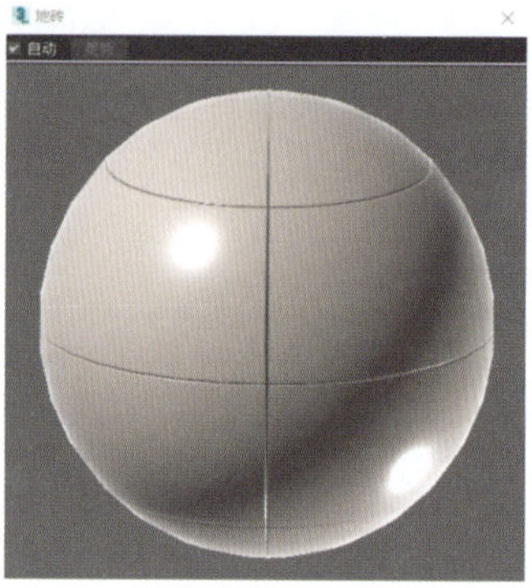

图5-1-31　最终效果

（8）最后，点击“将材质指定给选定对象”，将瓷砖材质赋予对象，如图5-1-32所示。

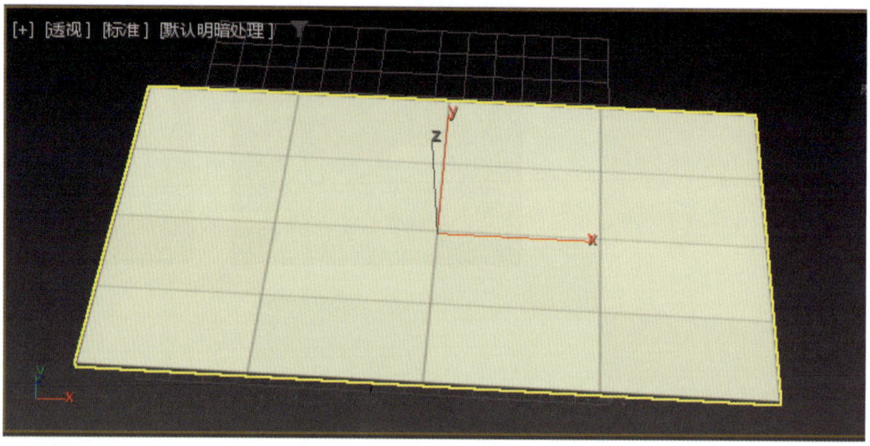

图5-1-32　将材质指定给选定对象

提示

瓷砖规格大小可通过平铺设置的水平数和垂直数调节。

任务二
VRayMtl 材质

VRayMtl（VRay材质）是VRay 渲染系统的专用材质。使用VRayMtl能在场景中得到更好的和正确的照明（能量分布），更快地渲染，也更方便控制反射和折射参数。

一、设置VRay渲染器

选择VRayMtl之前，将渲染器设置为VRay渲染器。方法如下：

（1）使用快捷键F10或在工具栏中找到“渲染”，在下拉列表中单击渲染设置，打开渲染设置对话框，如图5-2-1所示。

（2）打开“渲染器”下拉列表，单击“V-Ray 5，update1.3”，如图5-2-2所示，关闭窗口即可。

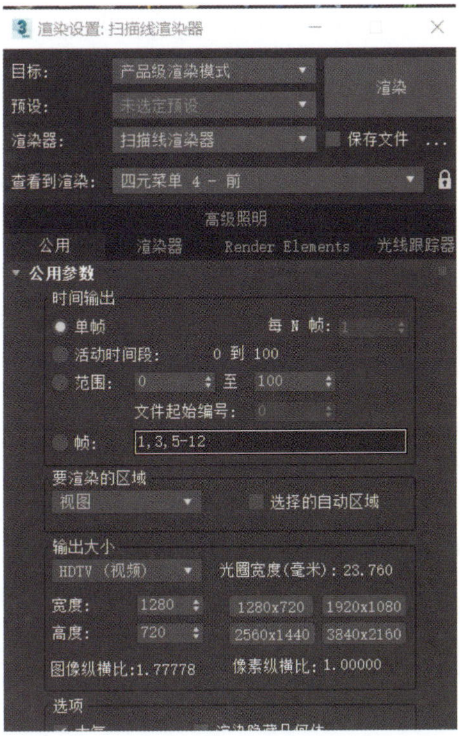

图5-2-1　渲染设置对话框

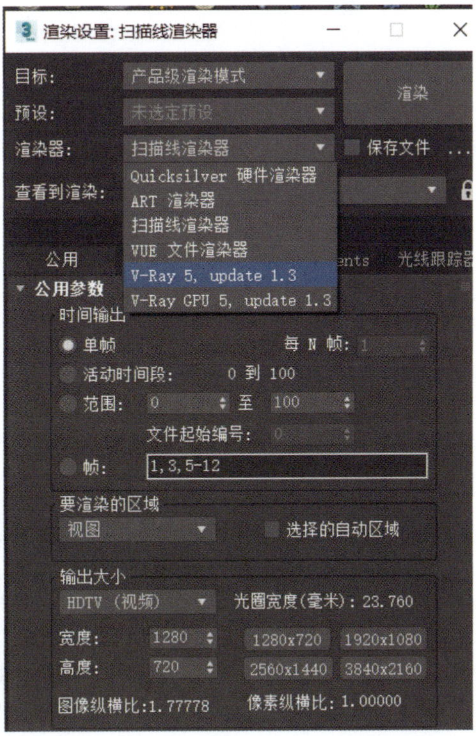

图5-2-2　选择“V-Ray 5，update1.3”

二、VRayMtl

设置VRay渲染器后，材质编辑器的示例窗如图5-2-3所示。点击“物理材质”，弹出“材质/贴图浏览器”下拉列表，找到VRayMtl，如图5-2-4所示。点击“确定”或双击，转变到VRay材质参数面板。

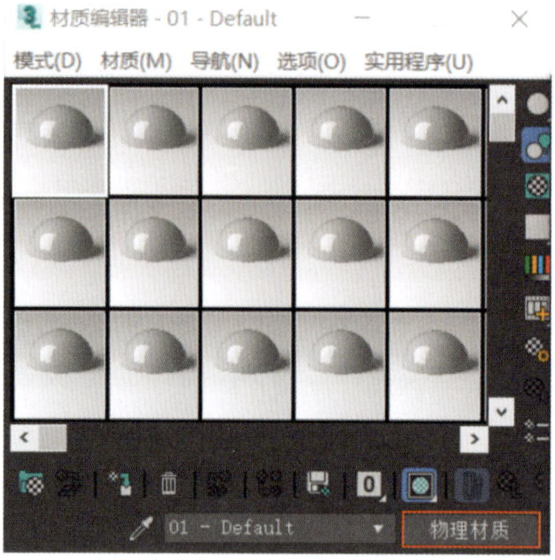

图5-2-3　材质编辑器示例窗

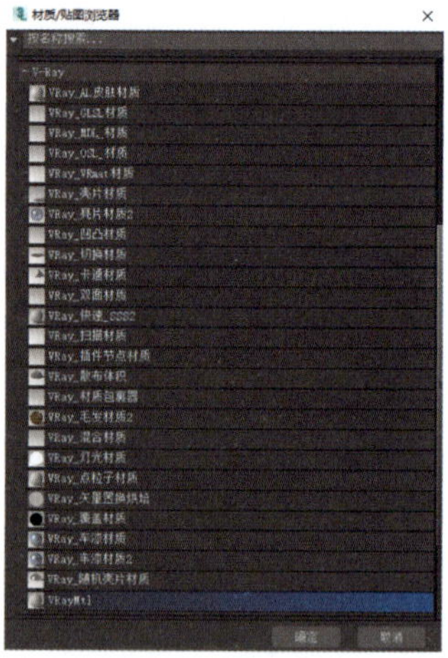

图5-2-4　修改为VRayMtl

VRay材质参数由基本参数、清漆层参数、光泽参数、双向反射分布函数、选项、贴图等组成，如图5-2-5所示。其中，基本参数中漫反射相当于物体本身的外观颜色图案。反射是通过黑与白的过渡来表现，越黑反射越小，越白反射越大。折射是制作透明、半透明材质时需要调节的，不同密度的物体折射率不同，如图5-2-6所示。

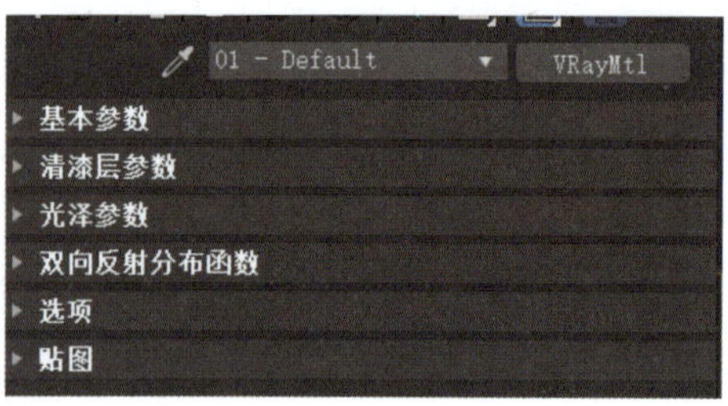

图5-2-5　VRay材质参数

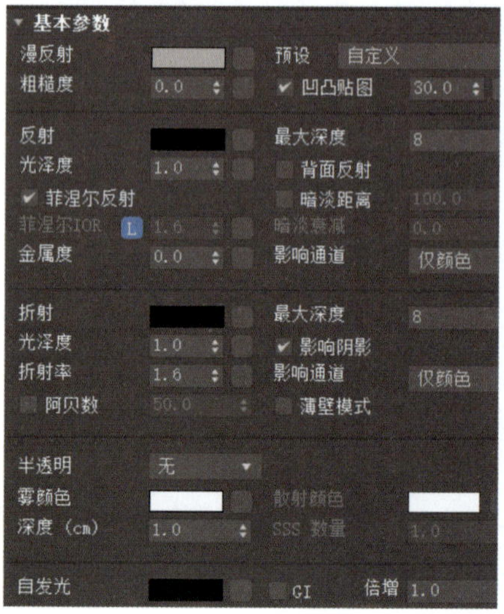

图5-2-6　VRay材质基本参数

课堂实例1　玻璃材质制作

（1）打开材质编辑器，改为VRayMtl。将材质命名为玻璃，漫反射为浅蓝色，如图5-2-7所示。

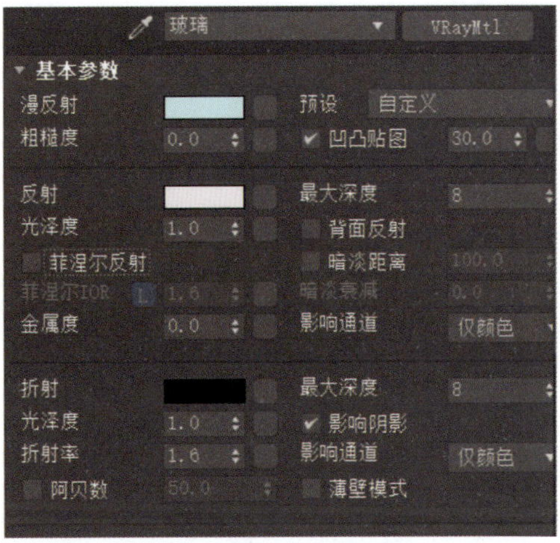

图5-2-7　漫反射调整

（2）打开反射颜色，将反射亮度调至220，单击“确定”，如图5-2-8所示。反射光泽度为1.0，打开菲涅尔反射，如图5-2-9所示。

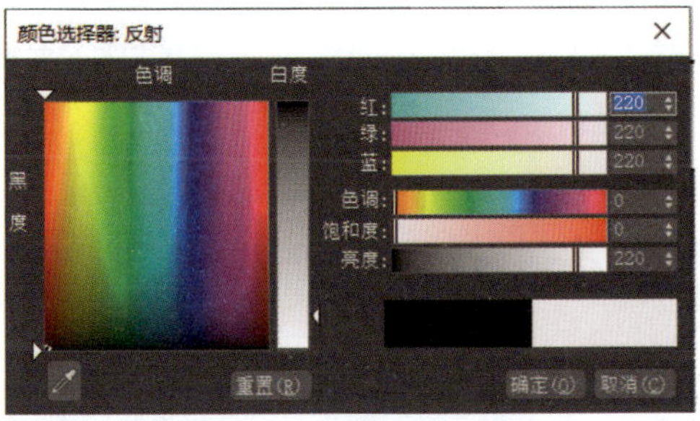

图5-2-8　反射颜色设置

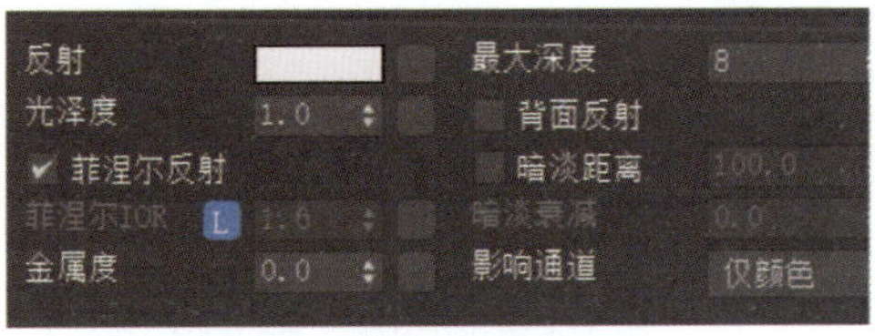

图5-2-9　反射光泽度

（3）打开折射颜色，将折射亮度调至250，单击“确定”，如图5-2-10所示。折射率为1.7，打开“影响阴影”和“薄壁模式”，如图5-2-11所示。

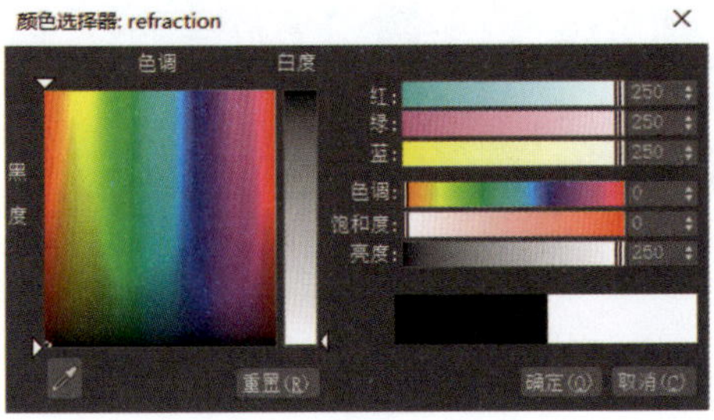

图5-2-10　折射颜色

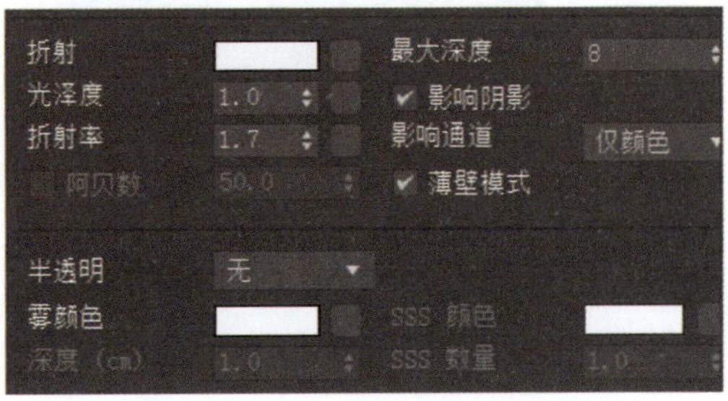

图5-2-11　折射参数设置

（4）用“雾颜色”表示玻璃的颜色，调至蓝色，如图5-2-12所示。玻璃材质最终效果如图5-2-13所示。

图5-2-12 雾颜色设置

图5-2-13 最终效果

课堂实例2 布纹材质制作

（1）打开材质编辑器，改成VRayMtl，并命名为布纹。点击“漫反射”，拾取贴图，打开材质/贴图浏览器，点击“衰减”“确定”，如图5-2-14所示。打开“衰减参数”对话框，如图5-2-15所示。

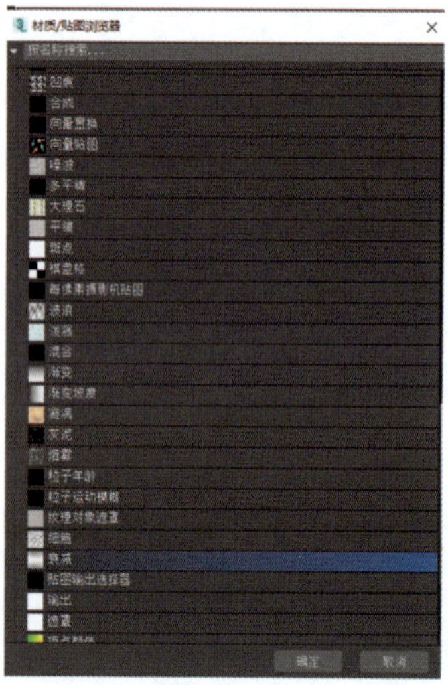

图5-2-14 衰减

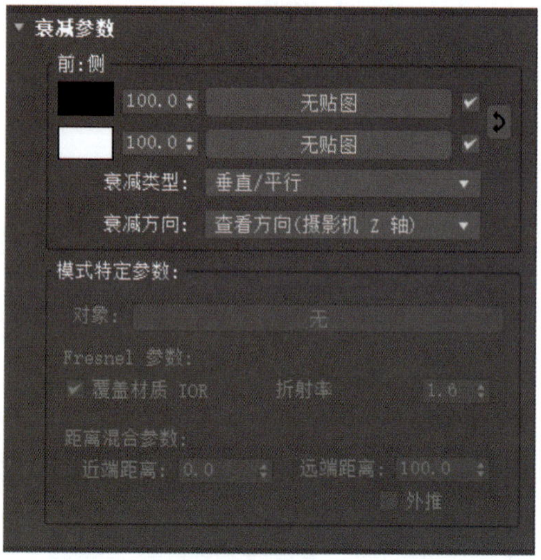

图5-2-15 “衰减参数”对话框

（2）点击如图5-2-16所示“无贴图”，打开材质/贴图浏览器，选择“位图”，双击打开“选择位图图像文件”对话框，选择布纹图片，点击“打开”，如图5-2-17所示。点击“转到父对象”。

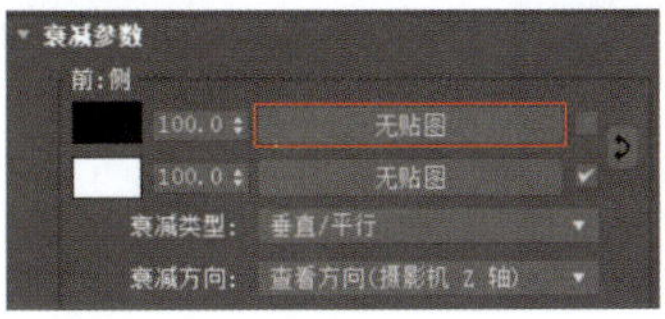

图5-2-16　衰减参数设置

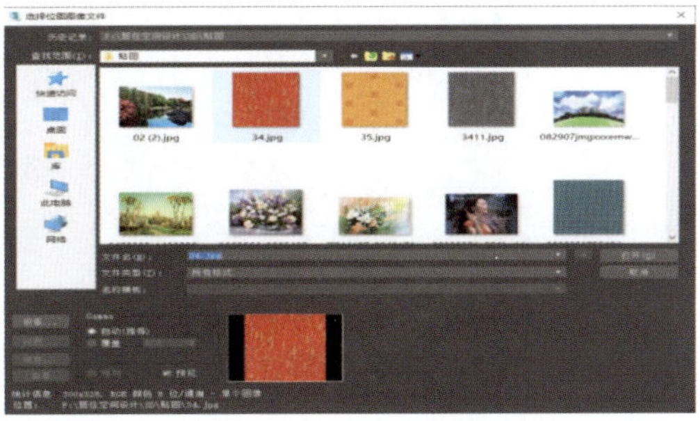

图5-2-17　衰减贴图对话框

（3）调节白色亮度为255，色调自定，点击“确定”，如图5-2-18所示。衰减类型为“Fresnel”，如图5-2-19所示。点击“转到父对象”。

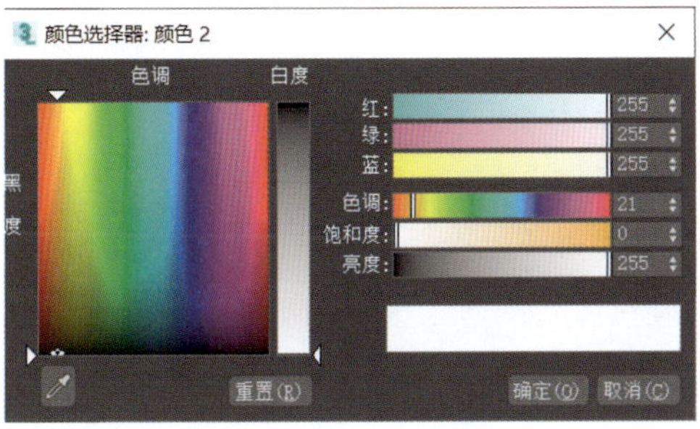

图5-2-18　色彩设置

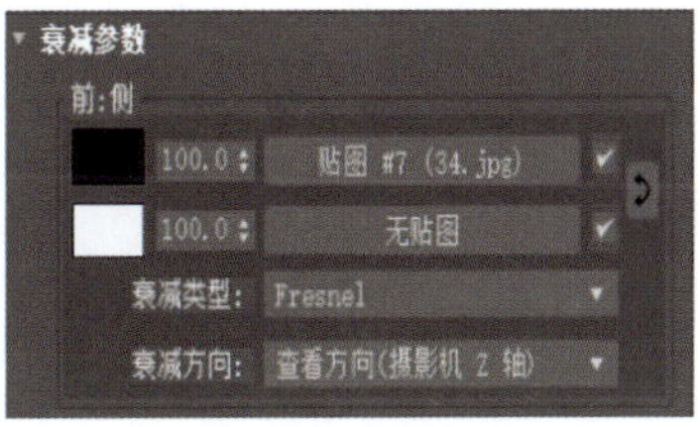

图5-2-19　衰减类型设置

（4）反射值为15，点击“确定”，如图5-2-20所示。

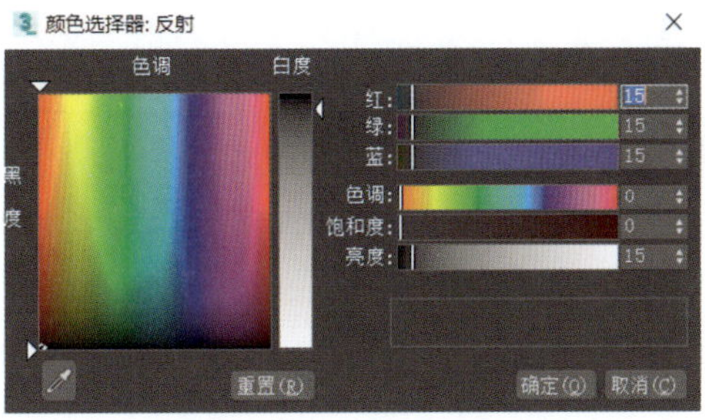

图5-2-20　反射值设置

（5）在“贴图”中，将“漫反射”贴图实例复制到“凹凸”贴图中，如图5-2-21所示。布纹最终效果如图5-2-22所示。

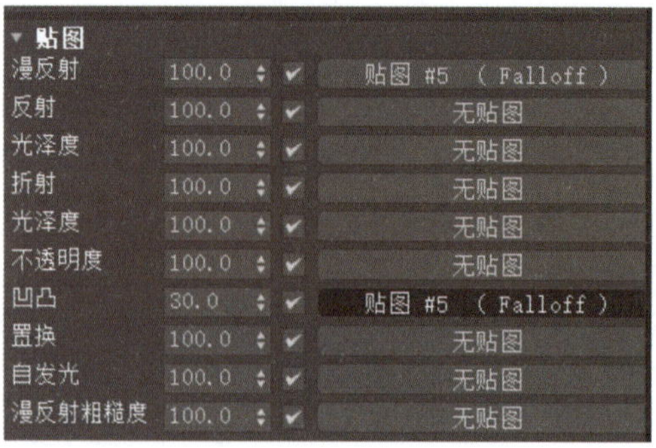

图5-2-21　凹凸设置

图5-2-22　布纹最终效果

知识链接

“多维/子对象”材质主要用于将单独的对象赋予多种材质。比如长方体六个面分别赋予不同的材质（或颜色），可使用“多维/子对象”材质来实现。具体操作方法：

（1）点击物理材质，打开材质/贴图浏览器，双击“多维/子对象”。

（2）根据ID数量添加或删除子材质数量。

（3）点击子材质，制作不同的材质。

任务评价

1　本次任务的技能点评价

本次任务的技能点评价见表5-2-1。

表5-2-1　本次任务的技能点评价

序号	技能点评价	佐证	达标	未达标
1	VRayMtl材质编辑器认知	能够熟练切换、使用VRayMtl材质编辑器		
2	材质属性分析	能够分析不同材质的漫反射、反射、折射、粗糙度等属性		
3	VRayMtl参数控制调节	能够利用VRayMtl制作不同材质		

2 本次任务的素质点评价

本次任务的素质点评价见表5-2-2。

表5-2-2　本次任务的素质点评价

序号	素质点评价	佐证	达标	未达标
1	创新意识	能够通过分析不同材质属性，完成材质创新制作		
2	分析问题、解决问题	分析材质属性，完成材质制作		
3	资源查找、整合能力	能够进行相关资源查找和整合		
4	运用知识的能力	利用VRayMtl举一反三制作不同材质		

06

项目六

VRay渲染技术

VRay渲染器是一款高质量渲染引擎，主要以插件形式应用在3Dmax、Maya等软件中。VRay渲染能够较好地平衡渲染品质与计算速度，VRay提供了多种GI方式，这样在选择渲染方案时就比较灵活。既可以选择快速高效的渲染方案，也可以选择高品质的渲染方案。

知识目标

1 了解VRay渲染技术。
2 了解不同图像采样器、颜色映射等重点内容。
3 掌握快速渲染参数设置方法。
4 掌握高精度渲染参数设置方法。

能力目标

1 能够根据不同场景需要设置渲染参数。
2 能够渲染不同质量的图纸。

素质目标

1 培养学生分析问题、解决问题和运用知识的能力。
2 培养学生精益求精的工匠精神。
3 增强学生的创新精神、团队协作、交流沟通以及综合职业技能。

任务
VRay 渲染技术

一、快速渲染参数设置

点击工具栏中渲染—渲染设置或利用快捷键F10打开渲染设置对话框，将渲染器指定为“V-Ray 5，update 2.3”。

（1）在“公用参数”面板中，输出大小类型选择自定义，宽度和高度选择720×486或800×600，如果计算机运行较慢，可以选择320×240、640×480或在输入框内输入更小的数值，如图6-1-1所示。

①宽度：设置像素的宽度。

②高度：设置像素的高度。

③图像纵横比：设置对象的长宽比例，单击后面的按钮，可以锁定图像的长宽比。

④像素纵横比：控制渲染图像的像素长宽比。

（2）在“V-Ray”面板中，全局照明GI引擎选择灯光缓存，灯光缓存细分值100，如图6-1-2所示，如果电脑运行较慢，可以适当降低数值。

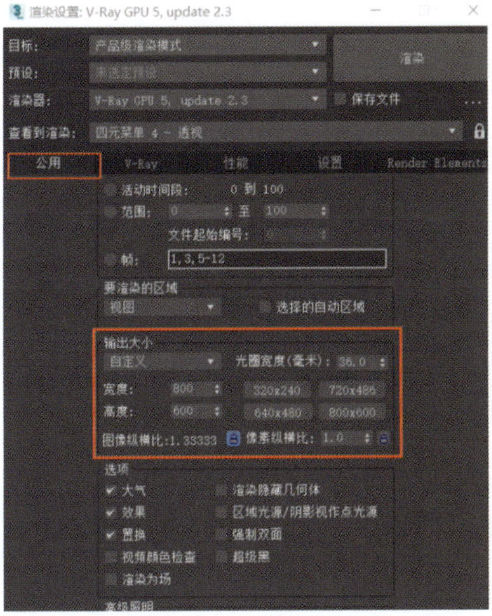

图6-1-1　公用参数

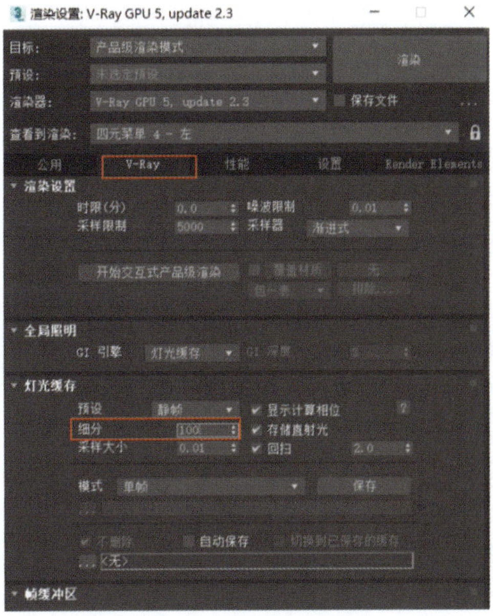

图6-1-2　灯光缓存细分

①细分：一束光线反弹后漫射出去的光线条数。数值越高，光线条数越多，渲染品质越好，速度越慢。

②采样大小：对样本进行模糊处理。值越大，效果越模糊；值越小，效果越锐利。

（3）在“V-Ray”面板中，打开“GI环境”，如图6-1-3所示。主要是用来改变黑色的背景颜色，也可以用后面的贴图。

①颜色：设置天光的颜色。

②倍增颜色值：设置天光亮度的倍增。值越高，天光的亮度越高。

③贴图：选择贴图作为天光的光照。

（4）在“设置”中，图像采样器选择“VRayLanczosFilter”，颜色映射类型选择“线性倍增”。

①图像采样器：

a. VRayLanczosFilter（VR蓝佐斯过滤器）：参数大小可以调节。当数值为2时，图像柔和细腻且边缘清晰。当数值为20时，图像类似于Photoshop中的高斯模糊+单反相机的景深和散景效果。注意：数值低于0.5时，图像会有溶解的效果；数值高于5时，开始出现边缘模糊效果。

b. VRayBoxFilter（VR盒子过滤器）：参数大小可以调节。当参数为1.5时，场景边缘较为模糊，阴影和高光的边缘也是模糊的，质量一般。当参数为20时，图像彻底模糊了，场景色调会略微偏冷（白蓝色）。

②颜色映射：提供不同的曝光模式，如图6-1-4所示。

a. 线性倍增：这种模式将基于最终色彩亮度来进行线性的倍增，可能会导致靠近光源的点过分明亮。“线性倍增”模式包括2个局部参数，“暗色倍增”是对暗部的亮度进行控

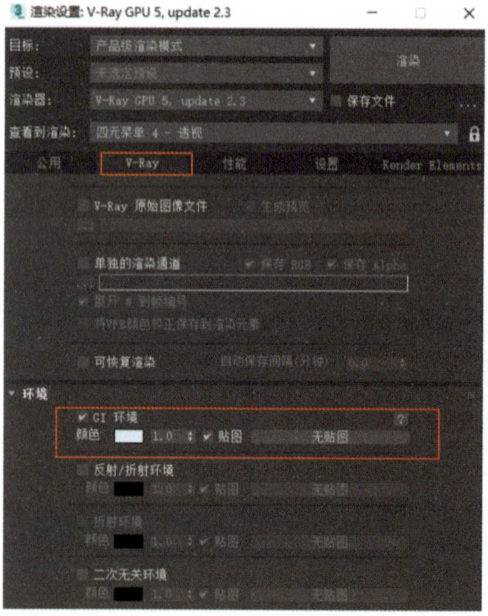

图6-1-3　GI环境

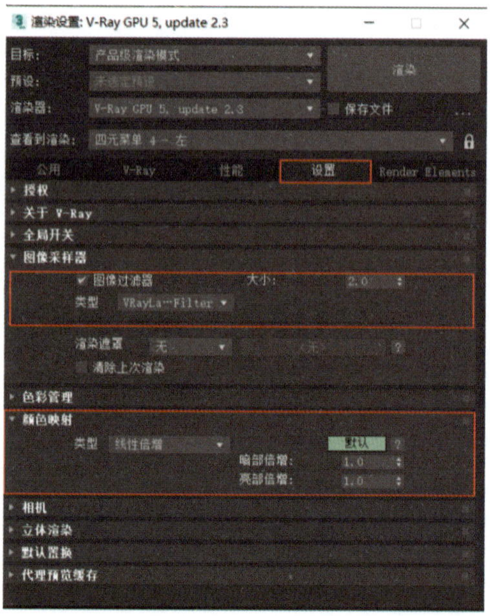

图6-1-4　设置参数

制，加大该值可以提高暗部的亮度；“亮度倍增”是对亮部的亮度进行控制，加大该值可以提高亮部的亮度。

b. 指数：这种曝光是采用指数模式，它可以降低靠近光源处表面的曝光效果，同时场景颜色的饱和度会降低。“指数”模式的局部参数与“线性倍增”一样。

c. HSV指数：与“指数”曝光比较相似，不同在于其可以保持场景物体的颜色饱和度，但是这种方式会取消高光的计算。

d. 强度指数：这种方式是对上面两种指数曝光的结合，既抑制了光源附近的曝光效果，又保持了场景物体的颜色饱和度。

e. 伽玛校正：采用伽玛来修正场景中的灯光衰减和贴图色彩，其效果和“线性倍增”曝光模式类似。

f. 强度伽玛：这种模式不但有“伽玛校正”优点，还可以修正场景灯光的亮度。

g. 菜因哈德：这种曝光方式将“线性倍增”和“指数”混合起来。

以上几种模式中，最常用的是线性倍增和指数两种模式。

二、高精度渲染参数设置

（1）在“公用参数”面板中，输出大小选择2560×1440，如果计算机运行较快，可以将数值调更大，如图6-1-5所示。

（2）在“V-Ray”面板中，全局照明GI引擎选择灯光缓存，灯光缓存细分值1000，采样值调为0.01，如图6-1-6所示。

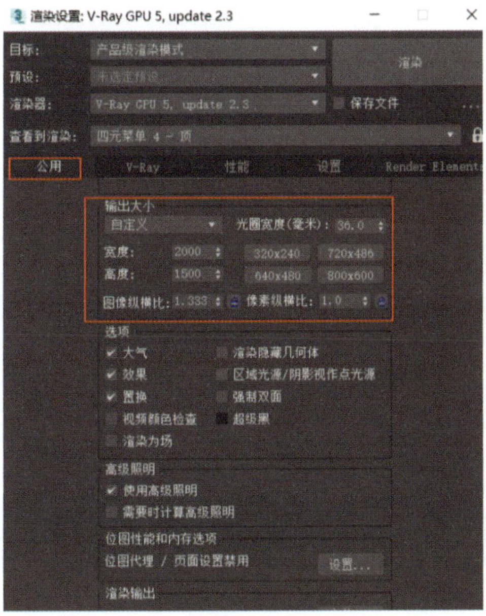

图6-1-5　输出大小

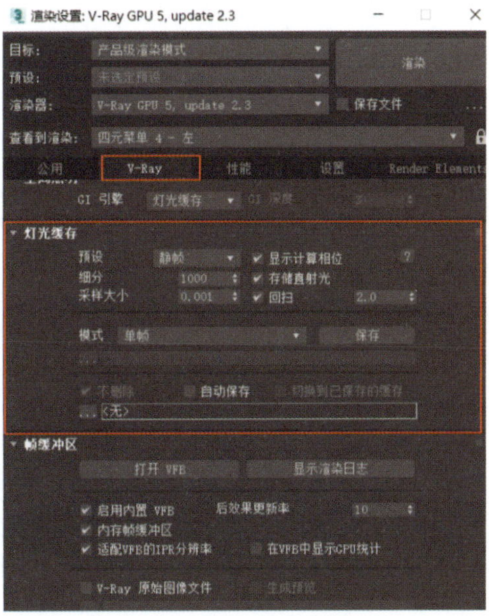

图6-1-6　灯光缓存细分与采样

（3）在“V-Ray”面板中，保持“GI环境”，如图6-1-7所示。

（4）在“设置”中，颜色映射类型选择“指数”，如图6-1-8所示。

VRay渲染参数设置成功后，点击“渲染”或按快捷键Shift+Q，渲染图像。

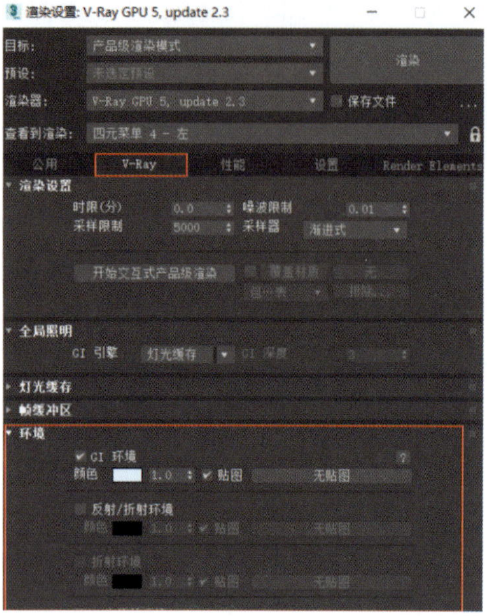

图6-1-7　环境

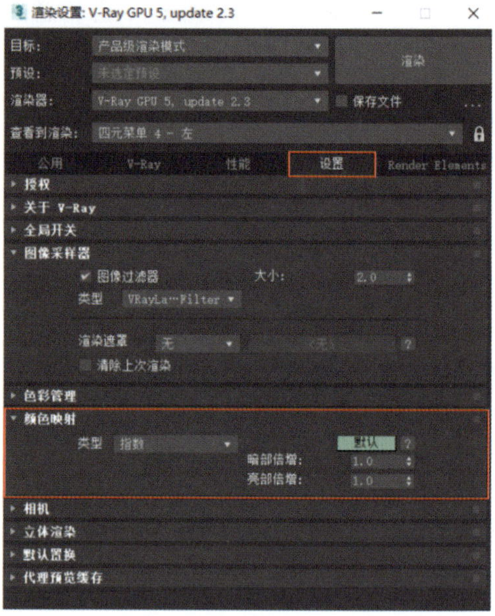

图6-1-8　颜色映射类型

任务评价

1　本次任务的技能点评价

本次任务的技能点评价见表6-1-1。

表6-1-1　本次任务的技能点评价

序号	技能点评价	佐证	达标	未达标
1	熟练操作3Dmax软件	能够熟练操作3Dmax软件，进行建模、创建摄影机、制作灯光材质等		
2	熟练绘制室内环境效果图	能够利用3Dmax软件绘制、渲染室内环境效果图		
3	检验、修改室内环境效果图	能够通过不断调试场景灯光、材质参数，检验、修改室内环境效果图		

2　本次任务的素质点评价

本次任务的素质点评价见表6-1-2。

表6-1-2　本次任务的素质点评价

序号	素质点评价	佐证	达标	未达标
1	创新和审美意识	能够渲染不同场景的效果图，培养学生创新和审美意识		
2	分析问题、解决问题	分析场景灯光、材质参数，完成效果图渲染		
3	运用知识的能力	利用VRay渲染检验场景的最终效果		

07 项目七
案例练习

本案例是一个现代卧室空间，为“1+X”数字创意建模职业技能等级证书中级考试实操样题。

知识目标

1 了解效果图制作的整体思路。
2 掌握效果图的模型制作方法。
3 掌握效果图的相机制作方法。
4 掌握效果图的材质制作方法。
5 掌握效果图的灯光制作方法。
6 掌握效果图的渲染方法。

能力目标

1 能够进行效果图的模型制作。
2 能够进行效果图的相机制作。
3 能够进行效果图的材质制作。
4 能够进行效果图的灯光制作。
5 能够进行渲染出图。

素质目标

1 精细制作，潜移默化地培养学生的诚信与匠心精神和意识。
2 实际案例的解析和实训，培养学生独立自主解决问题的能力。
3 学生先收集、再思考、后操作学习，培养学生的创新精神和创新意识。
4 培养学生的团队合作意识、交流沟通能力以及综合职业技能。

任务一

卧室空间效果图制作

本案例是一个现代卧室空间，参照数字创意建模职业技能等级标准。

一、模型制作

本案例主要结合平面图、立面图来进行户型的创建。

（1）将平面图和立面图拖入3Dmax中，并调整平面图和立面图的位置，效果如图7-1-1所示。

（2）在顶视图中，用“线”命令画出墙体。根据立面图尺寸，墙体挤出设置为3250，阳台飘窗挤出设置为450，效果如图7-1-2所示。

（3）运用“布尔”命令，制作窗洞和门洞，尺寸根据立面图绘制，效果如图7-1-3所示。

（4）根据立面图的尺寸，用“可编辑样条线”命令绘制窗框，效果如图7-1-4所示。

（5）用“线”命令绘制卧室的顶面和地面，并使用“挤出”命令，挤出设置为100，效果如图7-1-5所示。

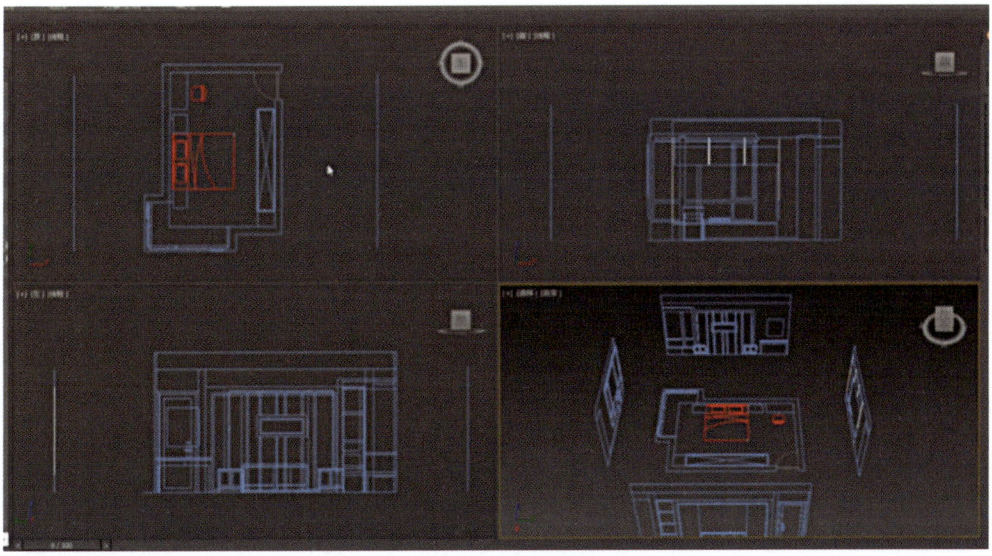

图7-1-1　平面图和立面图

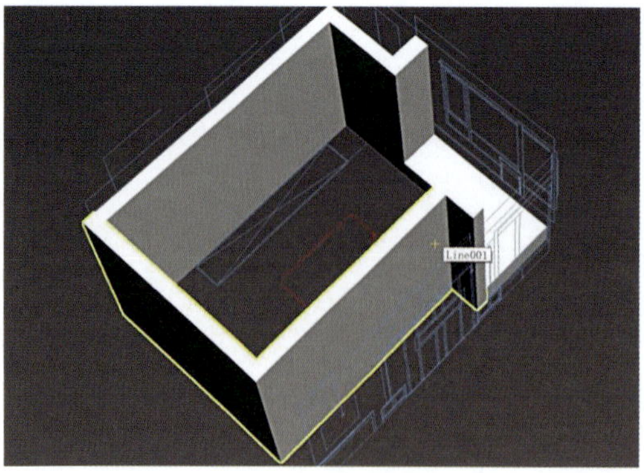

图7-1-2　墙体

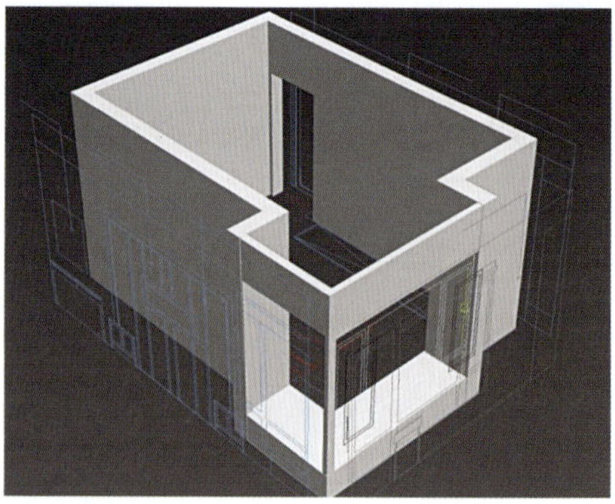

图7-1-3　窗洞和门洞

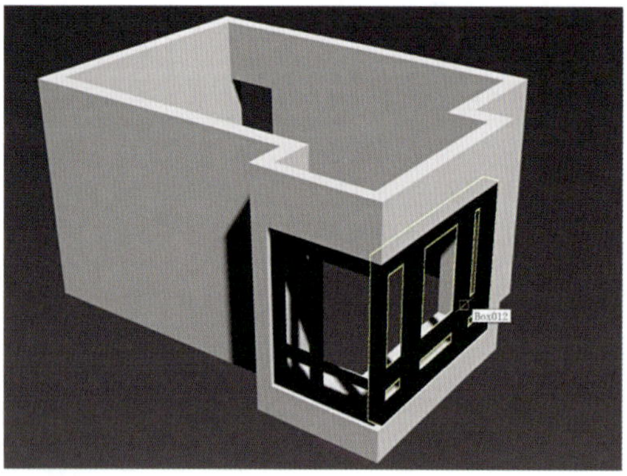

图7-1-4　窗框

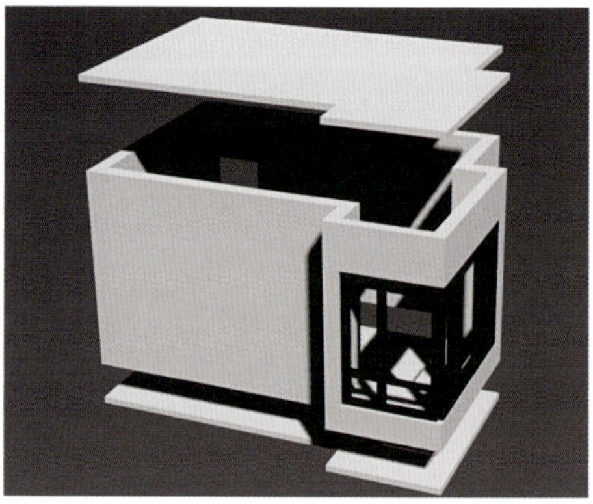

图7-1-5　顶面和地面

（6）完成整个户型的模型制作后，先设置相机，便于观察和调整模型，如图7-1-6所示。

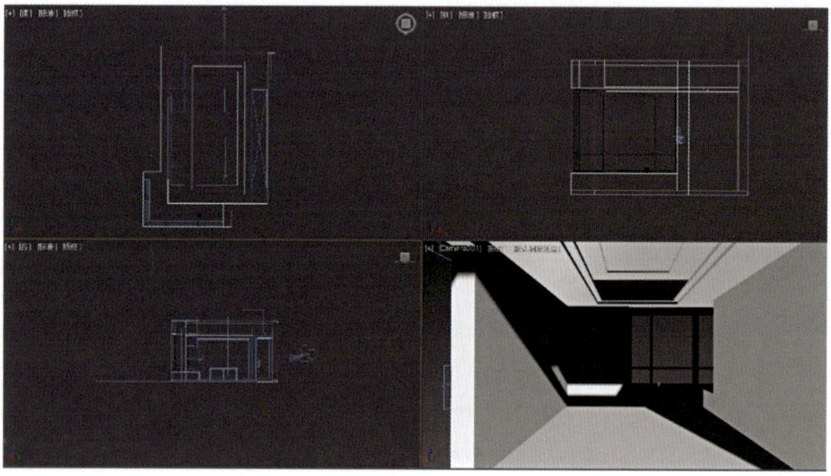

图7-1-6　相机

（7）根据立面图和平面图，完成电视柜制作，效果如图7-1-7所示。

（8）将提供的模型导入场景中，并进行对齐调整，一定要和立面图和平面图对齐。完成模型和相机的创建，最终效果如图7-1-8所示。

图7-1-7　电视柜

图7-1-8　模型和相机效果

二、材质制作

本案例为实操题，场景部分模型已经给出了材质。下面主要对衣柜材质、墙体材质、自发光材质、金属材质等进行详细讲解。

1. 制作衣柜材质

选择一个空白材质球，设置材质类型为VRayMtl，并将其命名为“衣柜”，具体参数设置如图7-1-9所示。

（1）在“漫反射”贴图通道中加载“衣柜”贴图文件。

（2）在“反射”通道设置颜色（红：17，绿：17，蓝：17），设置“高光光泽度”为

图7-1-9　“衣柜”参数设置

0.8，“反射光泽度”为0.85，“细分”为10。

2. 制作墙体材质（墙布）

选择一个空白材质球，设置材质类型为VRayMtl，并将其命名为“墙面”，具体参数设置如图7-1-10所示。

图7-1-10 墙布参数设置

（1）在“漫反射”贴图通道中加载“墙面”贴图文件。

（2）在“反射”通道设置颜色（红：17，绿：17，蓝：17），设置“高光光泽度”为0.8，“反射光泽度”为0.85，“细分”为10。

（3）展开“贴图”卷展栏，将“墙面凹凸”贴图文件加载到“凹凸”贴图通道，如图7-1-11所示。

图7-1-11 “贴图”卷展栏

3. 制作金属材质

选择一个空白材质球，设置材质类型为VRayMtl，并将其命名为“金属”，具体参数设置如图7-1-12所示。

（1）设置“漫反射”颜色为黑色。

（2）在“反射”通道设置颜色（红：17，绿：17，蓝：17），设置“反射光泽度”为0.95，“细分”为10。

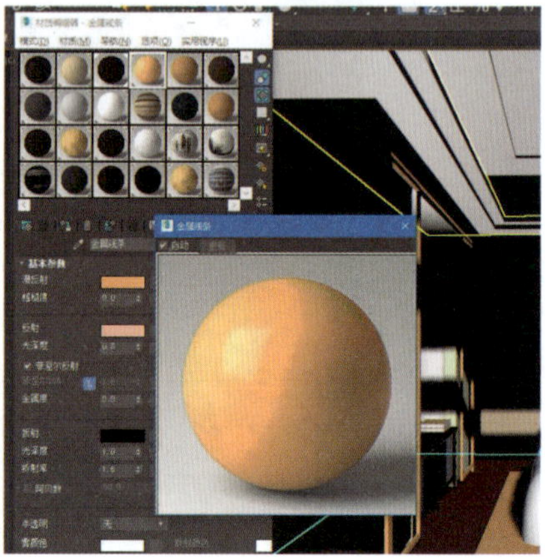

图7-1-12 金属材质参数设置

4．制作自发光材质

选择一个空白材质球，设置材质类型为VRay_灯光材质，并将其命名为“射灯”。在“参数”卷展栏下设置“颜色”的发光强度为1.0，如图7-1-13所示。

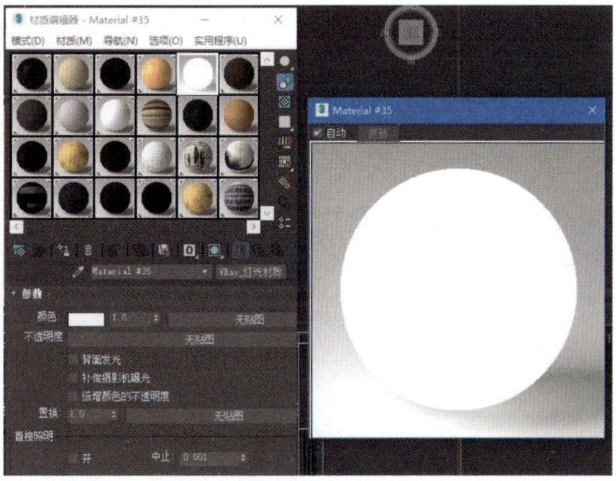

图7-1-13　自发光材质参数设置

三、背景设置

按快捷键8，打开“环境和效果”对话框，在“公用参数”选项下，为“环境贴图”贴图通道加载“位图”，选择“背景”图。具体步骤如图7-1-14所示。

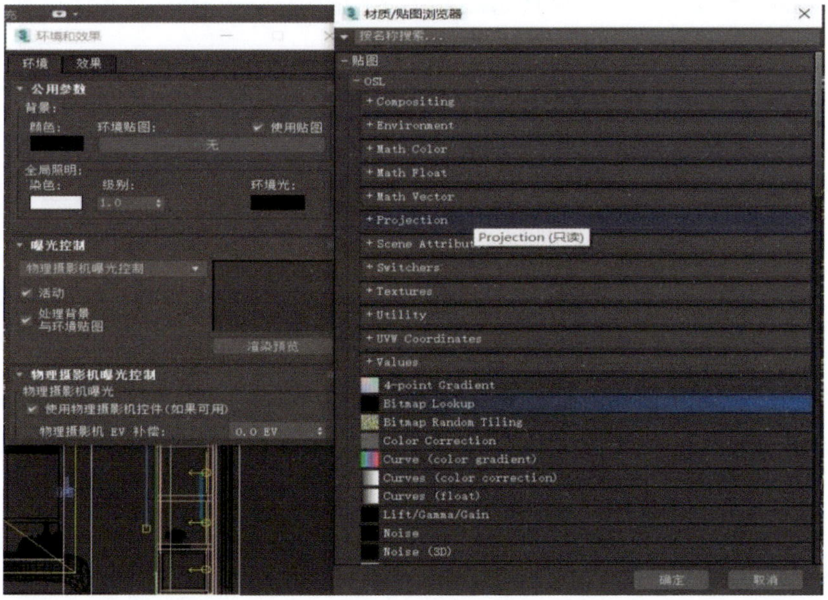

图7-1-14　背景设置

四、灯光设置

本案例共有5处灯光，分别是室外天光、室内射灯、室内灯带、室内台灯和衣柜装饰灯。

1. 创建天光

（1）设置灯光类型为VRay，然后在前视图和左视图中分别创建一盏VRay光源（放窗外），位置如图7-1-15所示。

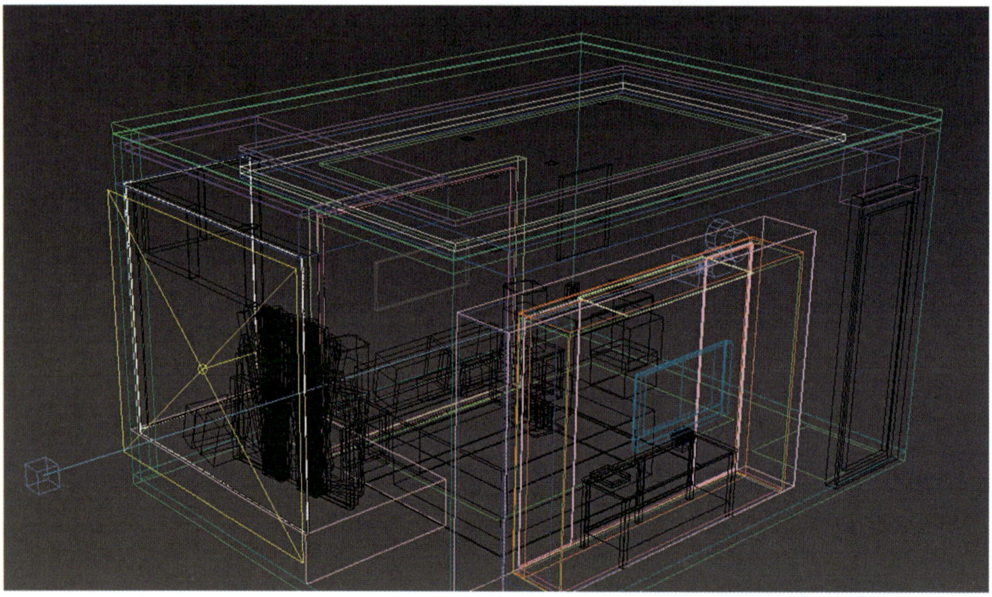

图7-1-15　天光位置

（2）选择上一步创建的VRay光源，展开“参数”卷展栏，具体参数设计如图7-1-16所示。

①在“常规”选项下设置“类型”为“平面灯”，“长度”为2800mm，“宽度”为2500，“倍增”为10，颜色为红144、绿187、蓝252。

②在“选项”选项组下勾选“不可见”选项。

（3）在左视图中创建的“天光”，参照以上参数调整。

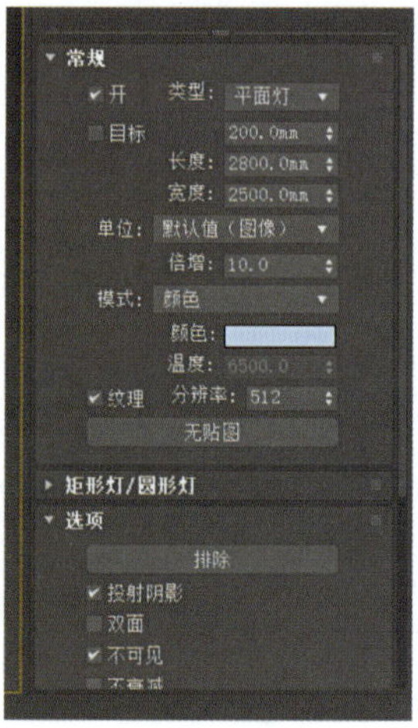

图7-1-16　“参数”卷展栏

2. 创建射灯

（1）在前视图中创建目标灯光，设置灯光类型为“光度学”，位置如图7-1-17所示。

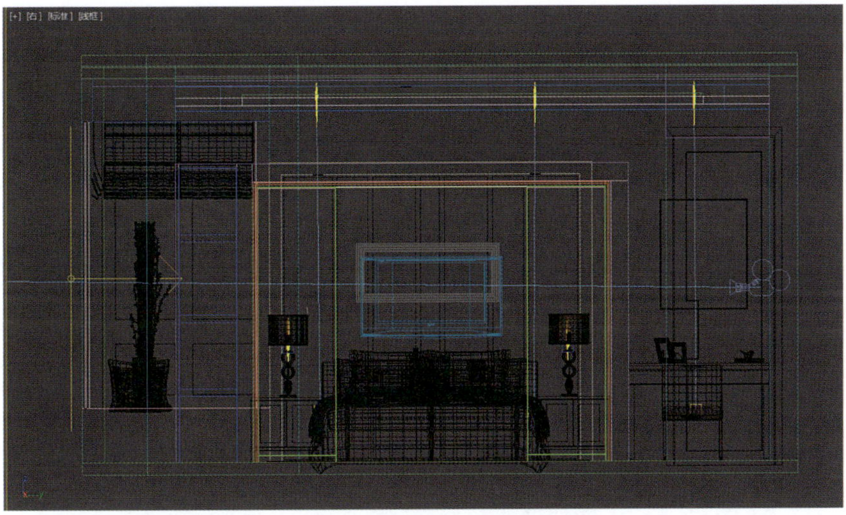

图7-1-17　射灯位置

（2）选择上一步创建的目标灯光，切换到“修改面板”，具体参数设置如图7-1-18所示。

①展开“常规参数”卷展栏，在“阴影”选项组下勾选“启用”选项，设置阴影类型为“VRayShadow”，最后设置“灯光分布（类型）”为“光度学Web”。

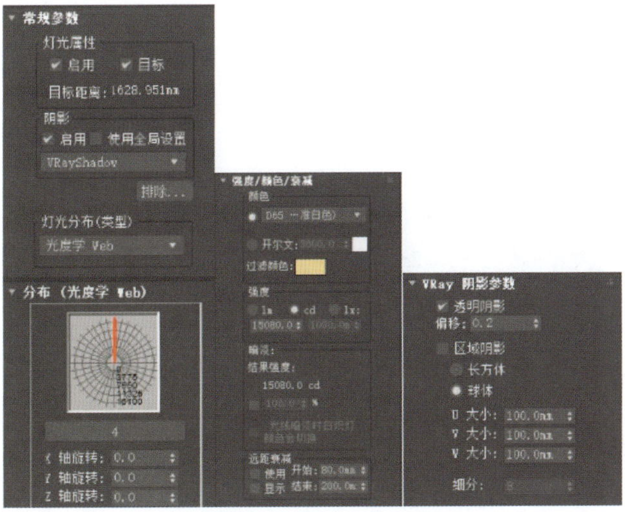

图7-1-18　射灯具体参数

②展开“灯光分布（类型）”，选择“4.ies”光域网文件。

③展开“强度/颜色/衰减”卷展栏，设置“过滤颜色”（红：255，绿：243，蓝：159），设置“强度”为15080。

④打开“VRay阴影参数”卷展栏，勾选“区域阴影”和“球体”选项，设置“U大小”“V大小”“W大小”均为100。

（3）继续在前视图中创建目标灯光，位置如图7-1-19所示。

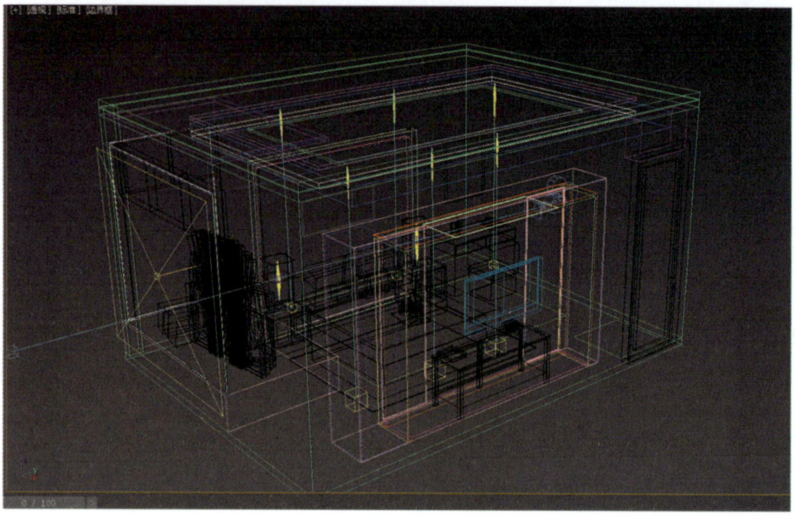

图7-1-19　目标灯光位置

（4）选择上一步创建的目标灯光，切换到“修改面板”，具体参数设置如图7-1-20所示（其设置参数和步骤参照上一步的目标灯光）。

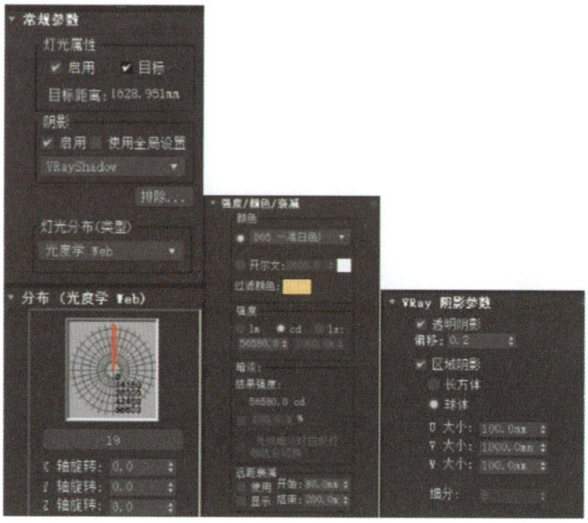

图7-1-20　目标灯光具体参数

3. 创建灯带

（1）在天花上先创建2盏VRay光源，作为灯带，位置如图7-1-21所示。

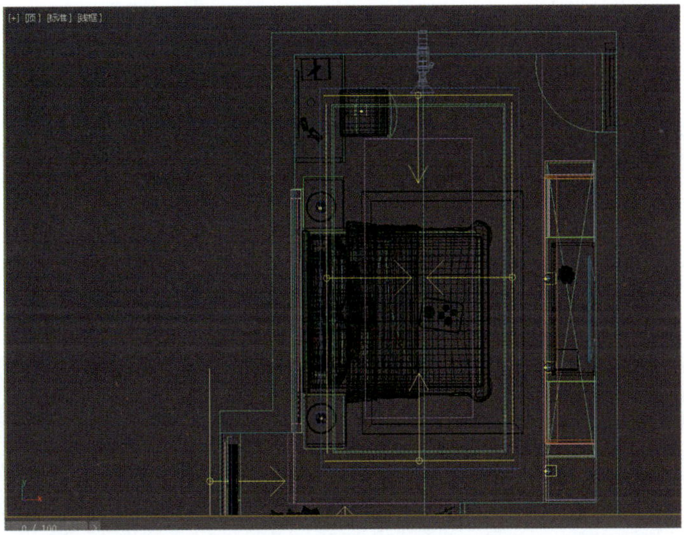

图7-1-21　灯带位置

（2）选择上一步创建的VRay光源，展开“参数”卷展栏，具体参数设计如图7-1-22所示。

①在“常规”选项下设置“类型”为“平面”，长度为4100mm，宽度为480，“倍增”为10；颜色为红255、绿215、蓝146。

②在“选项”选项组下勾选“不可见”选项。

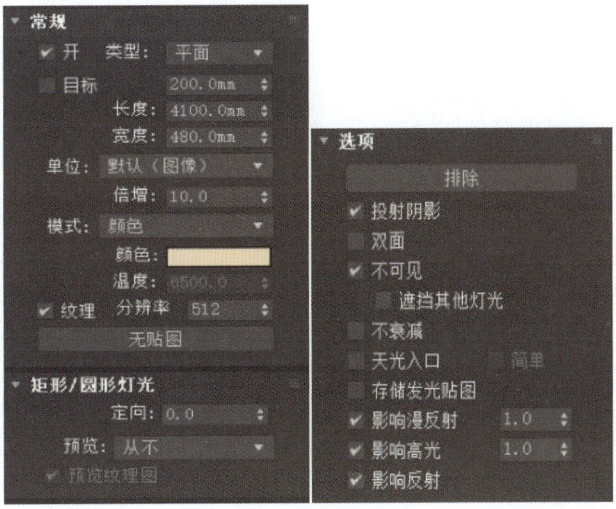

图7-1-22　灯带具体参数

4. 创建台灯

（1）设置灯光类型为VRay，在前视图中创建VRay光源（将其分别放在床头的台灯罩内），位置如图7-1-23所示。

（2）选择上一步创建的VRay光源，展开“参数”卷展栏，具体参数设计步骤如下：

①在“常规”选项下设置“类型”为“平面”，半径为64，“倍增”为30，颜色为红255、绿198、蓝92。

②在“选项”选项组下勾选“不可见”选项。

5. 创建衣柜灯带

（1）设置灯光类型为VRay，在前视图中创建4盏VRay光源，位置如图7-1-24所示。

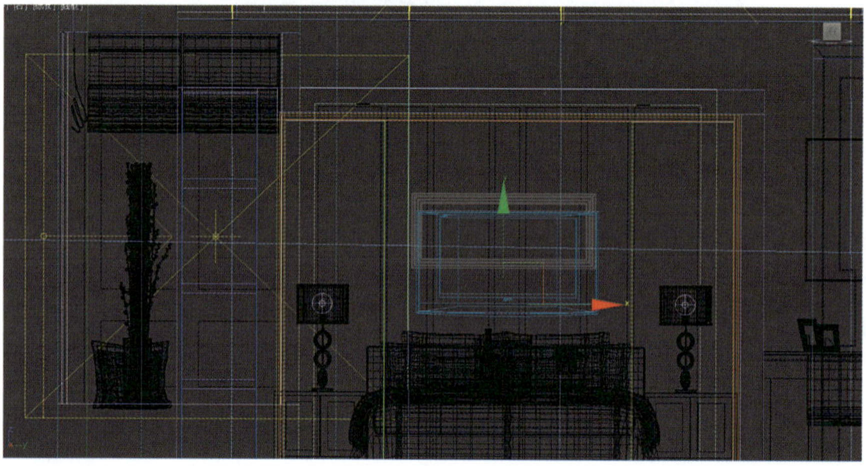

图7-1-23　台灯位置

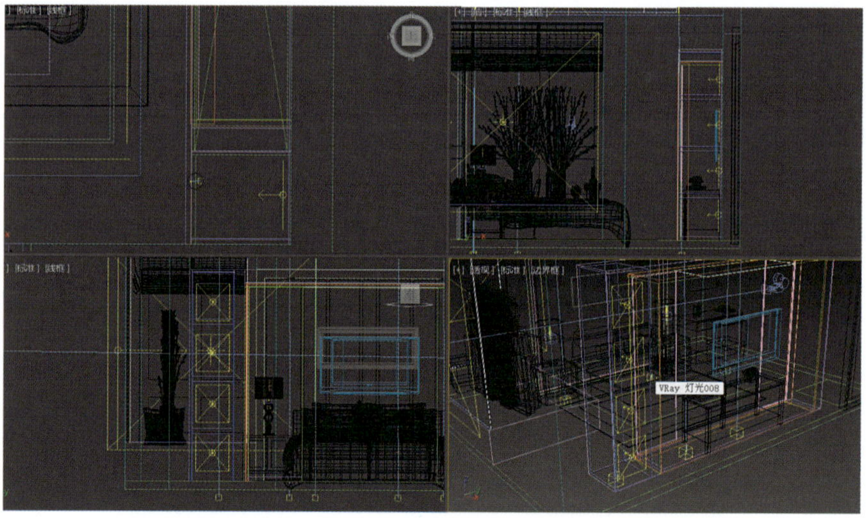

图7-1-24　衣柜灯带位置

（2）选择上一步创建的VRay光源，展开“参数”卷展栏，具体参数设计如图7-1-25所示。

①在“常规”选项下设置“类型”为“平面”，半径为457，“倍增”为10；颜色为红255、绿198、蓝92。

②在“选项”选项组下勾选“不可见”选项。

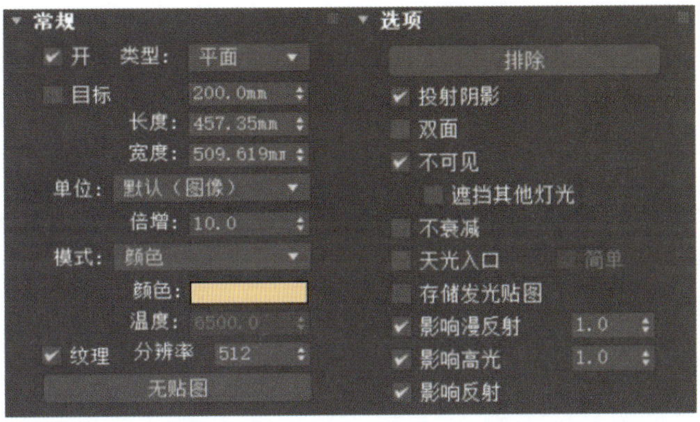

图7-1-25　衣柜灯带具体参数

五、渲染设置

设计渲染参数，具体参数见项目六中的设置，最终效果如图7-1-26所示。

图7-1-26　卧室效果图

任务二
公共空间效果图制作

本任务公共空间效果图如图7-2-1所示。

图7-2-1　公共空间效果图

一、室内场景制作

建立墙体所用到的命令有导入CAD图纸、场景资源管理器、冻结命令、旋转命令、2.5栅格捕捉命令、样条线矩形命令、线命令、挤出命令、倒角命令。

（1）打开3Dmax软件，点击标题栏自定义中单位设置，修改公制为毫米，系统单位设置为毫米，“捕捉”修改为顶点、端点、中心点，如图7-2-2和图7-2-3所示。

（2）点击“文件”，导入平面布置图，点击打开，如图7-2-4所示。打开场景资源管理器，建立新图层，然后冻结新图层。

（3）利用“样条线”下“矩形”或“线”命令，在“顶视图”中打开“2.5捕捉”命令，绘制墙体图形，如图7-2-5所示，并在修改器列表添加“倒角”或“挤出”命令，高度为3500。

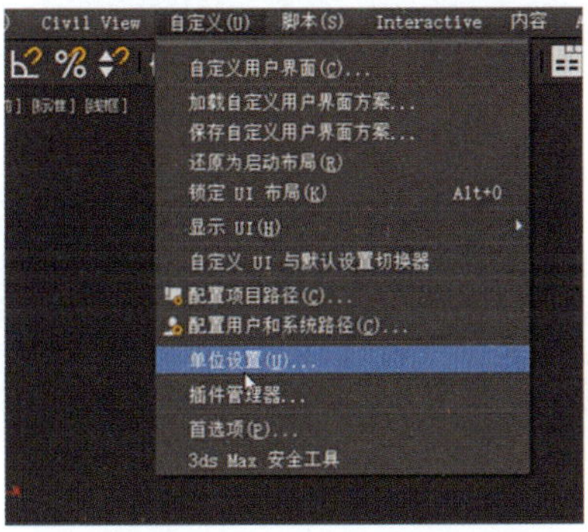

图7-2-2　单位设置

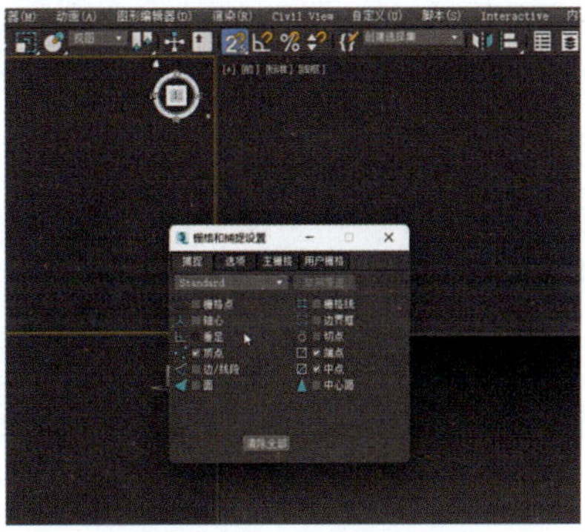

图7-2-3　捕捉设置

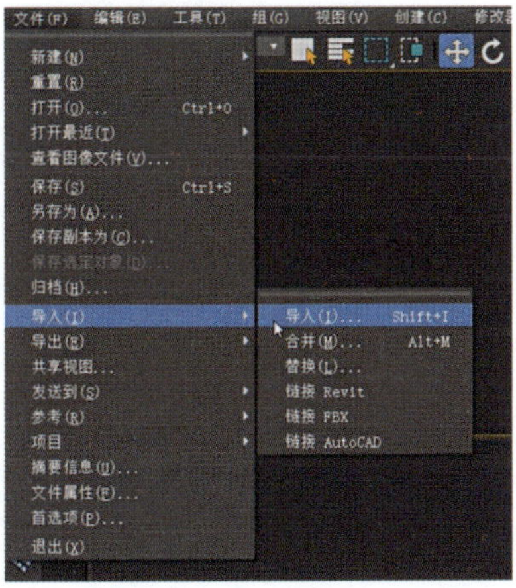

图7-2-4　导入图纸

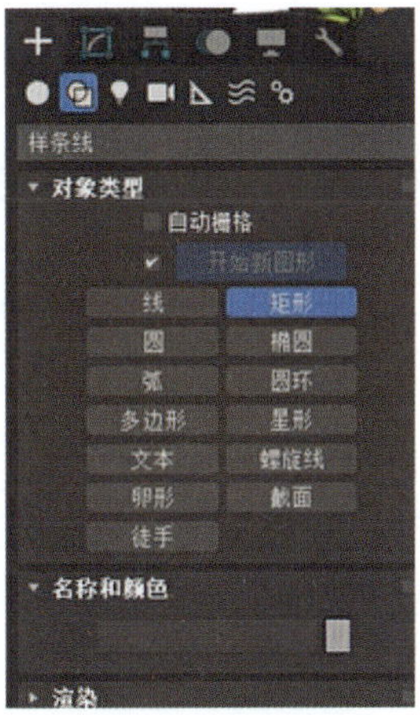

图7-2-5　矩形工具

二、家具制作与导入

下载3D模型并导入3Dmax中或者通过模型提取插件提取模型，能有效提升对模型提取的效率。图7-2-6所示为家具导入的效果图。

1. 3Dmax模型提取插件的使用方法

（1）打开需要提取的模型空间，将模型拖到3Dmax中。

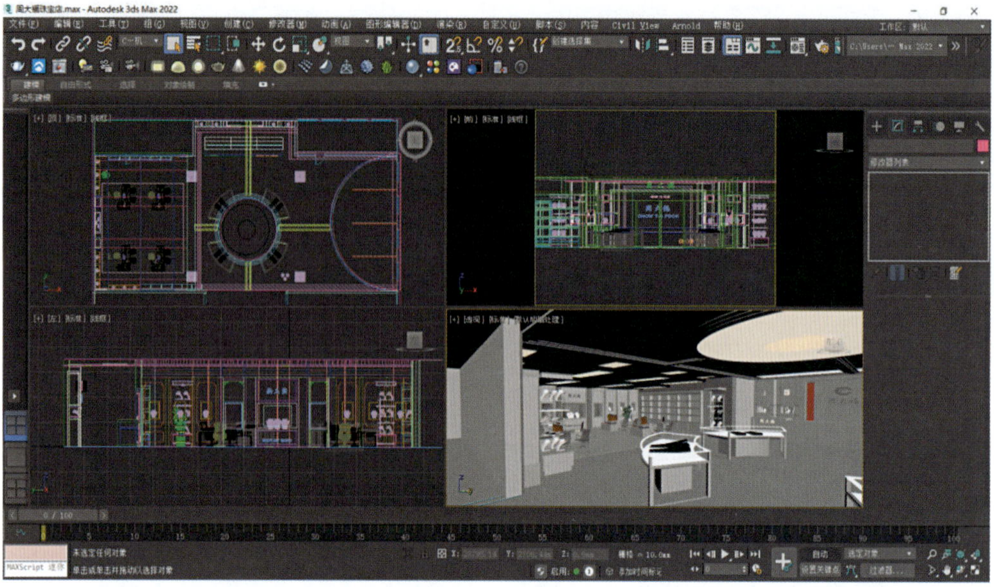

图7-2-6　家具导入

（2）操作“第一步框选要取出的模型，可以连光域网，代理一起选中”，等待提取完成。

（3）将模型提取拖到空间里面，然后设定好存储路径，执行“在你的制作场景里粘贴模型”。

2. 3D模型导入方法

（1）下载合适的家具模型，打开模型，对模型进行修改优化。

（2）在顶视图中，点击文件—导入—合并，打开合并文件，点击“全部”，“列出类型”去掉“灯光”“摄影机”，如图7-2-7所示，点击“确定”。

（3）利用移动、旋转、缩放等工具调整家具的位置和大小。

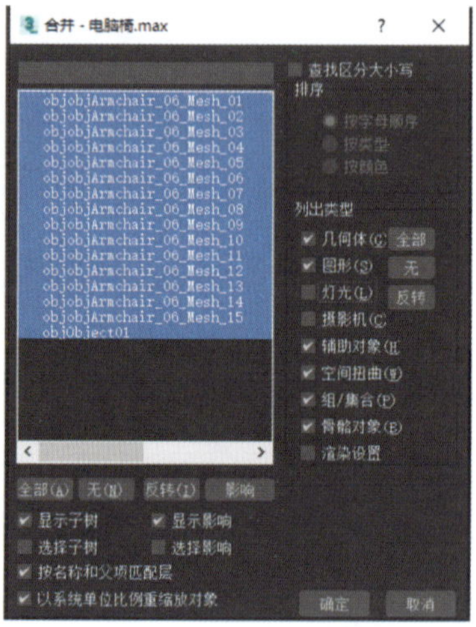

图7-2-7　合并家具类型

三、创建摄像机

创建目标摄像机，将镜头参数调整为24，如图7-2-8所示。按快捷键C，切换到“摄像机视图”，或者点击其中一个视图，点击切换“摄像机视图”，观察效果，如图7-2-9所示。按快捷键Shift+F，打开摄像机视口，观察渲染出图的范围是否合适。

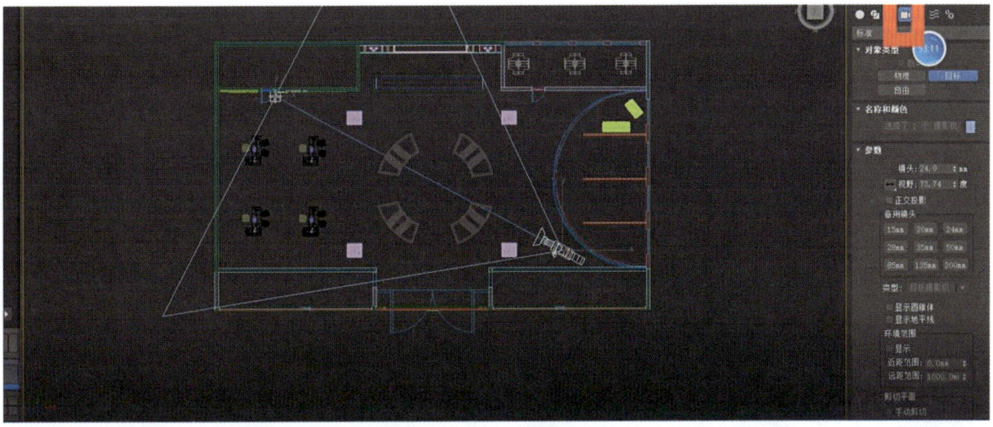

图7-2-8　创建摄像机

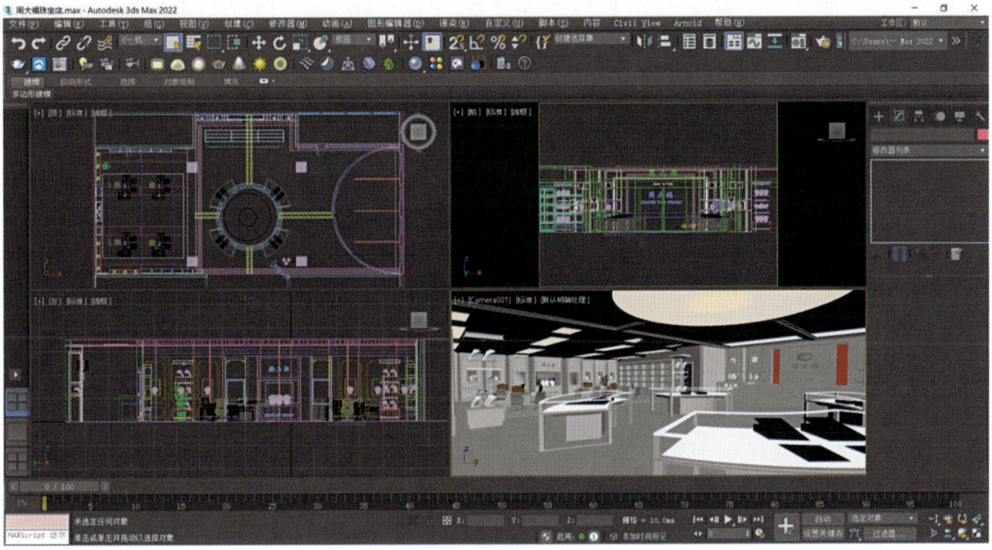

图7-2-9　摄像机视图

四、材质制作

按照材质制作方法制作不同的材质，并且通过渲染观看材质效果，如图7-2-10所示。将材质球转换为“VRayMtl”。

1. 金属材质

（1）漫反射：黑色。

（2）反射：颜色黄色（金属本身的颜色），反射光泽度为0.8。

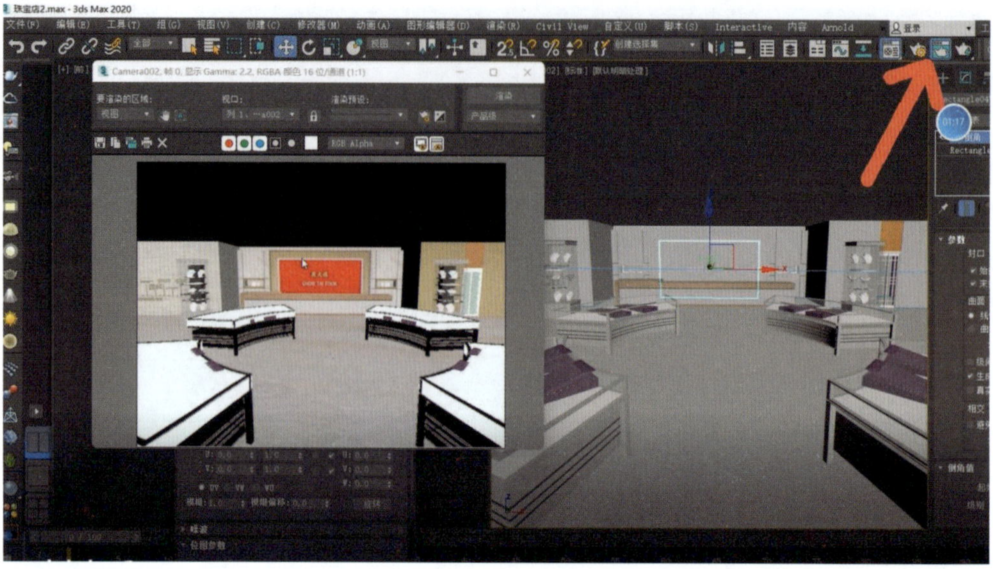

图7-2-10　材质制作效果

2. 大理石材质

（1）漫反射：贴位图。

（2）反射：贴衰减，黑色通道色彩亮度为10；白色通道色彩亮度255；衰减类型Fresnel。

（3）反射光泽度：0.95，金属度0.07。

（4）凹凸通道：贴位图。

3. 清玻璃材质

（1）漫反射：颜色亮度255。

（2）反射：颜色亮度220。

（3）折射：颜色亮度255，打开“薄壁模式”和“影响阴影”，折射率1.5，“雾颜色”处调整颜色。

4. 清漆木材材质

（1）漫反射：贴位图。

（2）反射：贴衰减，黑色通道色彩亮度为20；白色通道色彩亮度为150；衰减类型Fresnel。

（3）凹凸通道：贴位图。

五、灯光制作

利用“VRay灯光”制作场景中的整体照明，“VRay环境光”制作阳光，“光度学”制作场景中的射灯，通过调节灯光的颜色和强度，达到最佳效果。灯光的效果需要不断渲染调整来测试，如图7-2-11所示。

射灯制作方法如下：

（1）创建灯光。选择“光度学”中的目标灯光，在前视图或左视图中创建灯光。

（2）在修改器列表中，启用“灯光属性”和“阴影”，阴影类型“VRayShadow”。

（3）灯光分布（类型）选择“光度学Web”，分布（光度学Web）中点击“选择光度学文件”，打开光度学文件，如图7-2-12和图7-2-13所示。

（4）调节灯光的强度和颜色。

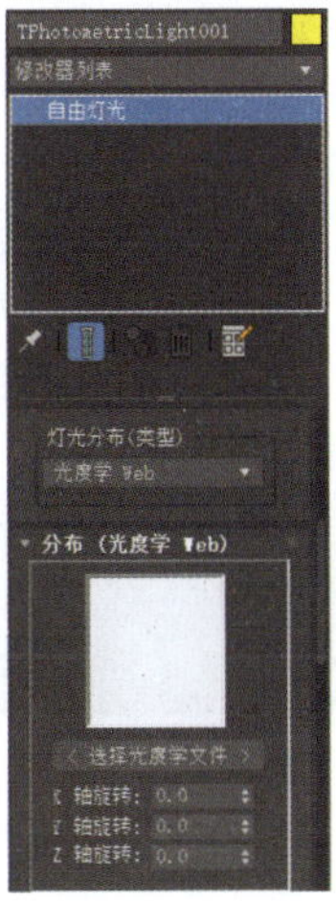

图7-2-11　光度学Web

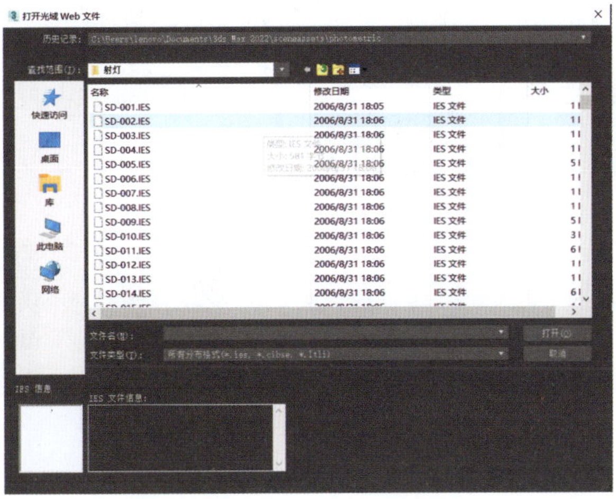

图7-2-12　光度学文件选择

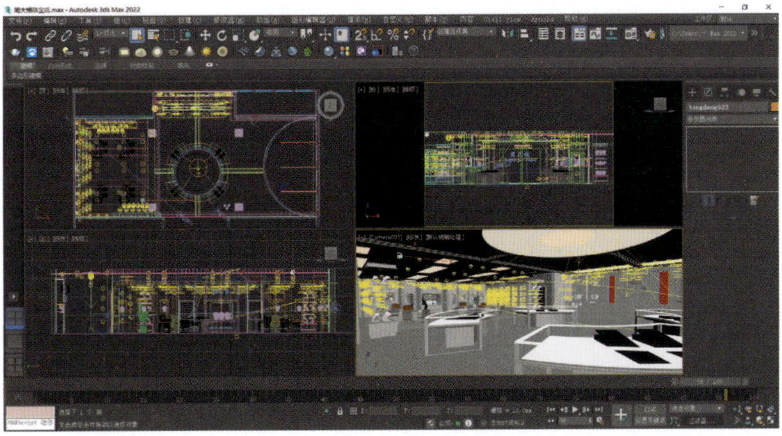

图7-2-13　灯光效果

六、渲染设置

设置快速渲染参数，测试摄像机、灯光、材质，最终出图设置高精度渲染参数（具体参数设置见项目六），渲染出图，效果如图7-2-14所示。

图7-2-14　最终效果

任务评价

1　本次任务的技能点评价

本次任务的技能点评价见表7-2-1。

表7-2-1　本次任务的技能点评价

序号	技能点评价	佐证	达标	未达标
1	效果图模型制作	能够完成卧室模型制作		
2	效果图相机制作	能够完成卧室相机制作		
3	效果图材质制作	能够完成卧室材质制作		
4	效果图灯光制作	能够完成卧室灯光制作		
5	效果图渲染技术	能够渲染出卧室的效果图		

2 本次任务的素质点评价

本次任务的素质点评价见表7-2-2。

表7-2-2　本次任务的素质点评价

序号	素质点评价	佐证	达标	未达标
1	创新意识	能够创新性地完成卧室效果图制作		
2	团队合作精神	能够和团队成员协商合作，共同完成卧室效果图的制作		
3	精益求精的工匠精神	模型的精细制作，尊重并养成工匠精神		
4	良好的工作习惯	案例提供了大量素材，在作图过程中，养成先收集、再思考、后操作的良好习惯		